신 편

전기전자재료공학

우성훈, 임헌찬 공저

동일출판사

머 리 말

오늘날 우리는 급속한 기술 발전의 시대에 살고 있으며 첨단과학기술은 기술개혁을 선도하는 지표가 되고 있다. 더불어 전기·전자공학이 산업분야에서 중요한 위치를 차지하고 눈부신 발전을 하게 된 것은 전기·전자재료의 연구개발에 의한 성과로 이루어 진 것이다.

이러한 의미에서 저자는 오랫동안 대학 및 산업현장에서의 경험을 바탕으로 각종 재료의 기초개념에서부터 성질 및 응용분야, 그리고 새로 개발되고 있는 신소재에 이르기까지 다양한 내용을 포함하여 교재를 구성하였다.

본서의 내용은 8개의 장으로 구성되며, 1장에서는 재료공학의 기초가 되는 물성이론인 물질의 구조와 개요를 기술하였고, 2장에서 6장까지는 전기·전자공학의 주요 핵심분야인 도전재료, 절연재료, 자성재료, 반도체재료, 초전도재료에 관하여 기술하였다. 그리고 7장에서 9장까지는 최근 그 응용분야가 나날이 확대되고 있는 광통신재료, 레이저재료, 센서재료에 관하여 기술하였다.

본 교재는 여러 형태의 전기·전자재료에 대하여 다루고 있기에 전기·전자재료 공학을 공부하고자 하는 대학생은 물론 현장에서 근무하는 분들에게도 많은 도움이 되었으면 한다.

본 교재를 끝내면서 최선을 다하였으나 엮어가는 중에 부족한 점이 많으리라 생각되며 추후 이 책에 대하여 많은 조언을 바라며 계속 수정·보완하여 더욱 개선할 것을 약속 드린다.

마지막으로 본서를 출간함에 있어서 각종 문헌을 참고한 국내외의 원저자들에게 감사를 드리며 더불어 출판을 위해 많은 도움을 주신 동일출판사 임직원 여러분께 깊은 감사를 드리는 바이다.

저자 씀

차 례

제1장 물질의 구조와 개요

1.1 원자의 구조

1.1.1 원자와 전자

모든 물질은 분자로 구성되어 있고, 원자는 그보다 작은 소립자로 구성되어 있다. 원자의 중심에는 원자핵(nucleus)이 있고, 이 핵은 양(+)의 전하를 가지고 있는 양성자(proton)와 전기적으로 중성인 중성자(neutron)로 구성되며, 이 원자핵의 주위에는 음(-)의 전하를 가지고 있는 전자(electron)가 일정한 궤도를 돌고 있다.

원자핵의 주위를 원운동하고 있는 전자의 크기는 대체로 그 지름이 10^{-11} [m] 정도이며 핵의 크기는 전자와 비슷하며 그 지름이 약 10^{-15}[m] 정도이다. 전자 한 개가 가지고 있는 전하의 크기는 일반적으로 e로 표시되며, 그 값은 $e = 1.602 \times 10^{-19}$ [C]이고, 어떤 종류이든 전하 입자가 가지고 있는 전기량은 반드시 이 e 값의 양 또는 음의 정수배로 되어 있기 때문에 이 e를 전기 소량(elementary charge)이라 한다.

전자는 전기량뿐만 아니라 일정한 크기의 질량을 가지고 있는 소립자이며,

전자 1개의 질량 m_e 는 아주 작은 양이므로 직접 측정할 수는 없지만 전자의 전하량 e 와 정지질량 m_e 의 비 e/m_e 를 측정할 수 있다. 이 값을 비전하라하며 실험에 의한 그 값은 $e/m_e = 1.759 \times 10^{11}$ [C/kg]이다.

여기서, $m_e = 9.109 \times 10^{-31}$ [kg]이 되며, 이는 양성자 또는 중성자의 질량의 1/1,836 배인데, 1개의 양성자가 가지는 전하의 절대값은 전자 전하의 크기와 같으므로, 원자는 전체적으로 중성이고 원자의 질량은 원자핵에 집중되어 있다고 볼 수 있다.

표 1-1은 원자를 구성하는 입자의 성질을 나타내고 있다.

표 1-1 원자를 구성하는 입자의 성질

입자	기호	질량[kg]	질량[a.m.u]	전하량[C]	비전하[C/kg]
양성자	p($^1_1$H)	1.673×10^{-27}	1.0073	$+1.602 \times 10^{-19}$	9.5792×10^{7}
중성자	n	1.675×10^{-27}	1.0087	0	0
전 자	e	9.109×10^{-31}	0.00055	-1.602×10^{-19}	1.7588×10^{11}

1.1.2 원자핵

(1) 원자핵의 구조

원자는 중심에 (+)전하를 갖는 원자핵이 있고 그 주위를 (-)전기를 띤 전자가 돌고 있다. 전자는 매우 가벼우므로 원자의 무게는 거의 원자핵의 무게와 같다. 그러나 원자핵은 원자의 크기에 비하여 매우 작다.

원자핵은 질량이 거의 비슷한 양성자(proton)와 중성자(neutron)로 구성되어 있으며 이들 입자는 핵자(nucleon)라고 한다.

양성자는 전자의 전하량과 같은 양전하 $+e$ 를 가지고 있고(원자번호), 질량은 수소원자 질량과 대략 같으며(질량수 1) 전자 질량의 1,836배이다. 양성자는 $^1_1$H, $_1$H^1 또는 p 라 표시하고 원자번호 Z 인 원자핵 속에 Z 개가 들어 있다.

중성자는 채드윅(Chadwick)에 의하여 발견되었으며 원자핵을 구성하는 기본 입자로서 전기적으로 중성(전하 0이므로 원자번호 0)이고 질량은 양성자와 거의 같아(질량수 1) ${}_{0}^{1}\mathrm{n}$ 으로 표시한다.

(2) 원자번호와 질량수

원자번호 Z, 질량수 A인 원소의 원자핵은 Z개의 양성자와 $A-Z$개의 중성자로 이루어져 있다.

- 원자번호(Z) = 원자핵 속의 양성자수 = 중성 원자의 핵외 전자수
- 질량수(A) = 양성자수 + 중성자수 = 원자번호 + 중성자수

(3) 원자핵의 표시

원자핵의 종류는 양성자수(원자번호) Z와 질량수 A에 의해서 정해지므로 임의의 원소의 기호를 X라 하면 원자핵은 ${}_{Z}^{A}X$ 또는 ${}_{Z}X^{A}$ 와 같이 표시된다.

(4) 원자핵의 크기

원자핵의 부피는 질량수 A, 즉 원자핵 속에 있는 핵자의 수에 비례한다. 반지름 R인 구의 부피는 $\dfrac{4}{3}\pi R^3$ 이므로 원자핵이 구와 같이 생겼다면 원자핵의 반지름 R은 $A^{1/3}$에 비례한다. 따라서 이 관계를 식으로 나타내면 다음과 같다.

$$R = R_0 \sqrt[3]{A} \qquad (1\text{-}1)$$

중성자나 전자를 이용한 산란 실험에 의하면 원자핵은 거의 공 모양으로 되어 있으며 R_0는 대략 $1.2\times10^{-15}[m]$ 정도이다. 질량수 A인 원자핵의 반지름은 $R = 1.2\times A^{1/3}\times10^{-15}[m]$ 으로 된다. 또한, 중성자나 양성자의 크기는 대략 $1.2\times10^{-15}[m]$이다.

원자핵 속 핵물질의 밀도는 약 2.3×10^{17}[kg/㎥]이며 보통 고체밀도의 10^{14}배이므로 물체가 차지하는 대부분의 공간은 비어 있다고 생각된다.

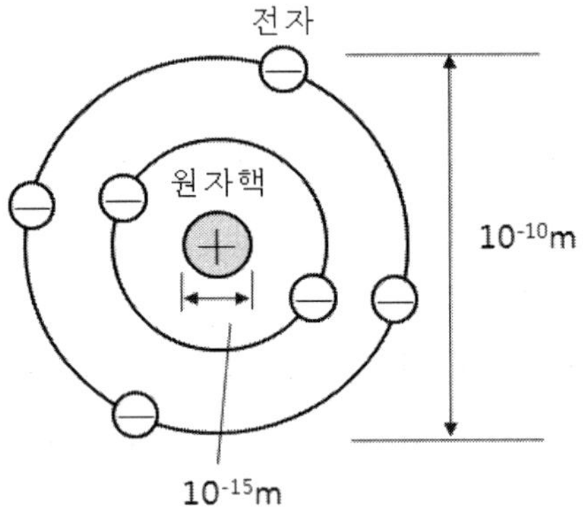

그림 1-1 원자핵의 크기

(5) **원자핵의 질량**

원자핵 또는 핵자의 질량은 질량수 12인 탄소원자 질량의 $\frac{1}{12}$을 단위로 하여 나타내는데, 이것을 원자질량단위라 부르며 [u] 또는 [a.m.u]로 표시한다. 질량수 12인 탄소원자($^{12}_{6}C$) 1몰의 질량은 12×10^{-3}[kg]이고, 원자수가 아보가드로수 6.02×10^{23}개 이므로 1 [a.m.u]의 값은 다음과 같다.

$$1\ [\text{a.m.u}] = \frac{12\times10^{-3}}{6.02\times10^{23}}\times\frac{1}{12} = 1.6604\times10^{-27}[\text{kg}] \qquad (1-2)$$

1.1.3 전자와 그 특성

(1) **음극선의 발생**

그림 1-2와 같이 유리관의 양단에 전극을 고정시키고 진공펌프로 배기시키면서 전극에 고전압을 가하면 음극에서 양극으로 빛과 같은 것(미소한 입자)이 흐른다. 진공 속을 전류가 흐르는 것을 진공방전, 유리관을 진공방전관이라 하며, 관 내의 진공도를 더욱 높이면 방전상태가 서서히 변한다. 진공도가 10^{-3} [torr] 정도가 되면 빛은 없어지고 (+)극 쪽의 유리관 벽에 녹색의 형광이 나타난다. 이것은 (-)극에서 나온 선이 유리벽에 부딪쳐 형광을 내기 때문이며, 이 선을 음극선이라 한다.

1897년 영국의 물리학자 톰슨(Joseph John, Thomson)의 진공방전 실험에서 음극에서 나가는 입자의 편향을 확인할 수 있었으며, 이는 음극선의 입자가 부의 전하임을 나타낸다. 이와 같이 음극선은 (-)전하와 어떤 크기의 질량을 갖는 입자의 흐름으로써 이 입자를 전자(electron)라고 한다.

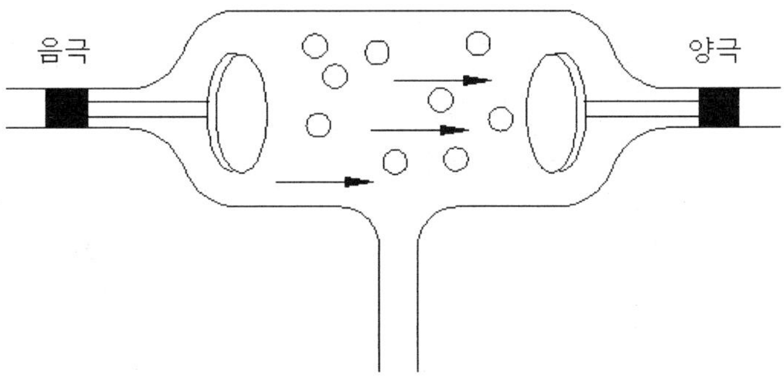

그림 1-2 진공방전관 실험

음극선의 성질은 다음과 같다.

■ 음극선은 직진한다. 음극선의 진로에 +자형 금속판을 놓고 이 금속판에 의해서 음극선의 진로가 막히기 때문에 그 뒤쪽에 그림자가 생긴다.

- 물체에 부딪치면 압력을 미친다. 음극선의 진로에 바람개비를 장치해 두면 바람개비에 압력을 주어서 바람개비를 돌게 한다.
- 유리나 형광물질에 부딪치면 형광 또는 인광을 발생한다.
- 사진건판을 감광시킨다.
- 음극선의 진로에 전기장이나 자기장을 걸어주면 진로가 굽어진다.
- 음극선이 백금과 같은 금속판에 부딪치면 X-선이 발생한다.

(2) 전자의 비전하

전자의 전하와 질량을 직접 측정하기가 곤란하므로 톰슨은 실험을 통하여 전자의 전하(e)를 질량(m_e)으로 나눈 양 즉, 전자의 비전하(specific charge) e/m_e를 측정하였다.

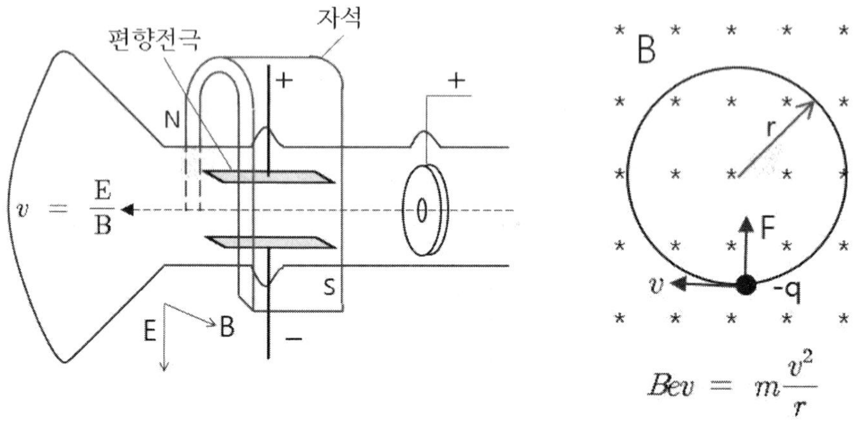

그림 1-3 톰슨의 비전하 측정 실험

두 전극에 가속전압 V를 걸어 전자가 서로 수직 방향의 전기장 E와 자기장 B 속을 속도 v로 직진하면

$$\frac{1}{2}m_e v^2 = eV \tag{1-3}$$

이고, 전기력 $F_E = eE$, 로렌츠 힘 $F_B = evB$ 일 때

$$eE = evB, \ v = \frac{E}{B} \tag{1-4}$$

$$\therefore \frac{e}{m_e} = \frac{v^2}{2V} = \frac{E^2}{2B^2 V} \tag{1-5}$$

이다. 이 식에서 측정되는 전자의 비전하 값은

$$\frac{e}{m_e} = 1.759 \times 10^{11} \ [\mathrm{C/kg}] \tag{1-6}$$

이 값은 음극선에서 사용한 물질의 종류나 관 속의 기체의 종류에 관계없이 일정하다. 따라서 음극선의 입자는 물질에 보편적으로 존재하는 기본 입자라는 것을 알 수 있다.

(3) 전자의 전하와 질량

전자의 비전하에서 설명한 것과 같이 비전하는 알고 있는 값이므로 전하와 질량 중 하나만 알면 다른 값을 알 수 있다. 1909년 미국의 밀리컨(R. A. Millikan)은 기름방울 실험을 통하여 전자의 전하를 정확히 측정하였고 동시에 전자의 전하가 전기량의 기본단위임을 실험적으로 증명하였다.

밀리컨은 그림 1-4와 같이 저압인 용기 중에 평행금속판전극 A, B를 수평으로 놓고 수천볼트의 전압을 가할 수 있게 만들었다.

금속판 A에는 작은 구멍을 만들어 용기의 위쪽에서 분무기로 기름을 뿜어준다. 이 때 X선을 조사하여 A, B 사이에 있는 공기를 이온화 시키면 기름방울은 평행판 A, B 사이를 지나면서 전하를 띠게 된다. 두 금속판에 전압 V를 걸어 기름방울에 작용하는 중력 mg와 전기력 qE가 평행을 이루어 기름방울이 정지해 있도록 V를 조절한다.

두 금속판 사이 간격이 d일 때 $mg = qE$, $E = \dfrac{V}{d}$

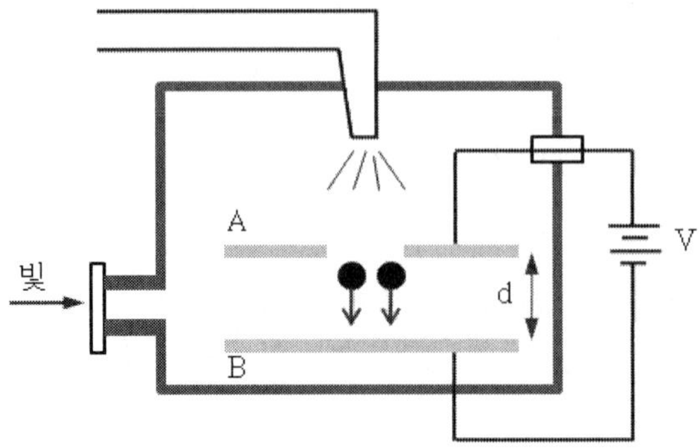

그림 1-4 밀리컨의 기름방울 실험장치

$$\therefore q = \frac{mg}{E} = \frac{mgd}{V} \tag{1-7}$$

밀리컨은 기름방울 실험으로 전하 q를 구하여 표 1-2와 같이 q의 값이 어느 것이나 1.6×10^{-19}[C]의 정수배가 되고 이 값이 기본전하(e), $e = 1.60218 \times 10^{-19}$[C]임을 확인하였다.

표 1-2 측정한 기름방울의 전하

측정한 기름방울의 전하[C]
$6.55 \times 10^{-19} = 4 \times e$
$8.20 \times 10^{-19} = 5 \times e$
$9.87 \times 10^{-19} = 6 \times e$
$11.49 \times 10^{-19} = 7 \times e$
$13.13 \times 10^{-19} = 8 \times e$
$e = 1.60 \times 10^{-19}$ [C]

전자의 비전하 e/m_e 와 전자의 전하 e에 의해 전자의 질량 m_e 은 $m_e = 9.1094 \times 10^{-31}$ [kg] 으로 구해진다.

원자 중에서 가장 작은 수소(H) 원자의 질량은 1.673×10^{-27}[kg]이므로, 전자의 질량은 수소의 약 1/1,836이 된다. 수소 이온의 비전하 q/m 은 전자의 비전하 e/m_e 의 1/1,836이므로, 수소 이온의 전하량은 기본 전하와 같고 (+) 전하라는 점에서 전자와 다르다.

(4) 전자볼트

전기적으로 1[J]은 1[V]인 전위차에 의해서 1[C]의 전하량이 하는 일량이다. 따라서 1 전자볼트(electron volt, eV)는 전하량이 e 인 한 개의 입자가 전위차가 1[V]인 두 전극 사이에서 가지게 되는 일량과 같다. 즉, 전자볼트(eV)는 에너지의 단위로서 화학 및 원자핵에 관한 에너지 단위로 흔히 쓰이고 있으며 다음식과 같은 관계가 있다.

$$1[\text{eV}] = 1.6 \times 10^{-19}[\text{C}] \times 1[\text{V}] = 1.6 \times 10^{-19}[\text{J}] \qquad (1\text{-}8)$$

$$1[\text{J}] = 0.63 \times 10^{19}[\text{eV}]$$

1.1.4 원자의 모형

(1) 톰슨의 원자모형

1904년 영국 물리학자 톰슨(Joseph John, Thomson)이 원자모형을 제시하였다. 톰슨이 제시한 모형은 그림 1-5와 같이 (+) 전하를 갖는 입자가 원자 중에 균등히 분포되어 구상(球狀)을 이루고 이 연속적인 정(+)전하 중에 (-) 전자가 수박씨 같이 분포되어 원궤도를 그리면서 운동한다는 것이다.

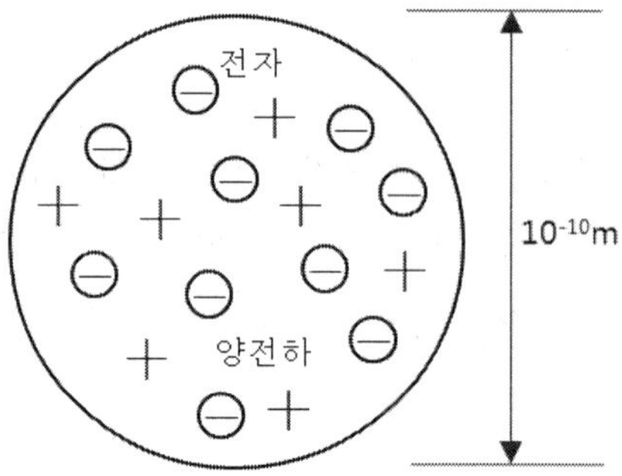

그림 1-5 톰슨의 원자모형

톰슨은 전자의 비전하 e/m_e 의 값이 기체의 종류에 관계없이 같은 것을 발견하고 모든 원자 속에는 전자가 포함되어 있다고 생각하였다. 그런데 전기적으로 중성인 원자는 전자들의 전하량과 같은 양의 (+)전하로 원자를 구성해야 하기 때문에, 원자번호에 해당하는 수의 전자가 전자와 동일량의 (+)전하를 갖고 있는 원자 크기의 양전하구 속에 띄엄띄엄 박혀서 원자를 이루고 있다는 원자모형을 제안하였다. 톰슨의 원자모형은 원자의 안정성을 설명할 수 있었으나 러더퍼드의 α입자 산란 실험에 의해 잘못된 것임이 밝혀졌다.

(2) 러더퍼드의 원자모형

1911년 영국의 물리학자 러더퍼드(Rutherford)는 α선을 금박에 투사시켜 α선의 산란 현상을 관찰하였다. 그 결과 대부분의 입자는 금박의 원자를 그대로 통과하여 2~3[°]의 각도로 산란되어 거의 직진하지만 일부의 α입자는 그 진로가 굽어지는 것을 알게 되었다. 특히 약 8,000개 중의 한 개 정도가 90[°]보다 큰 각으로 산란하는 것을 발견하게 되었다. 러더퍼드가 사용한 α입자는 라듐에서 방출되는 헬륨이온(He^{2+})의 빠른 입자이다. 따라서 α입자의 전하는 $2e$ 이고, 무게는 전자 무게의 약 7,300배였다. 이러한 무거운 양전하 입자의 대부분이 금박을 통과할 수 있는 것은 원자의 대부분이 공간을 이루고 α입자와 상호 작용이 작기 때문이라 할 수 있다.

또, α 입자의 일부가 진로를 굽혀 산란되고 수천 개 중 하나가 90[°] 이상의 각도로 산란된다는 사실은 원자의 중심부에서 양전하를 띤 무거운 입자와 강한 반발력이 작용하기 때문이라 할 수 있다.

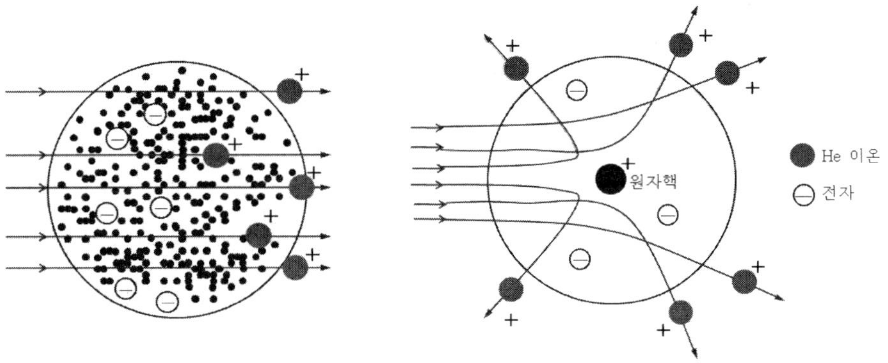

그림 1-6 톰슨 모형(좌측) 및 러더퍼드 모형(우측)에 의한 α입자 산란

따라서 러더퍼드는 원자의 중심에 양전하로 대전된 입자를 원자핵이라고 하고 다음과 같은 결론을 내렸다.

■ 원자의 중심에는 원자 질량의 거의 전부를 점유하고 그 지름은 $10^{-14} \sim 10^{-15}$[m] 정도의 크기로서 체적을 거의 갖지 않는 양(+)전하인 핵이 있다. 이 원자핵의 양전하는 외측 전자가 갖는 부전하와 꼭 같으므로 원자는 전기적으로 중성상태 이다. 이 전자는 원자핵에 속박되어 있다.

■ 원자핵이 갖는 양전하는 전자가 갖는 전하의 정수배이고 그 수는 원자번호와 같다.

이 결론에서 러더퍼드는 그림 1-7과 같은 모형을 제시하였다. 이는 비교적 정확하지만 다음과 같은 모순을 포함하고 있다.

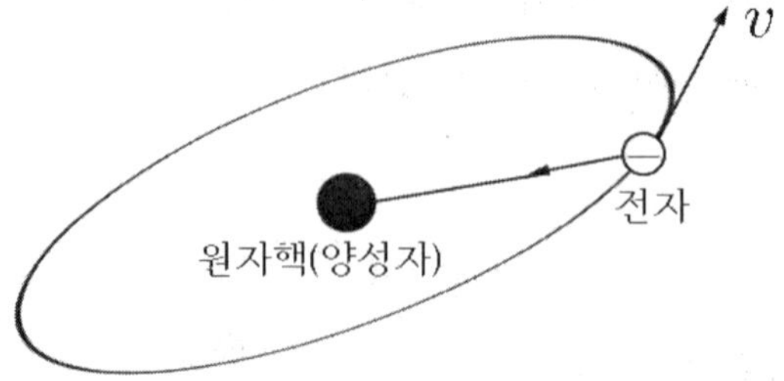

그림 1-7 수소원자의 러더퍼드 모형

① 원자의 안정성을 설명할 수 없다.

전자의 원운동은 가속도 운동이므로 그림 1-8과 같이 전자는 전자기파를 방출하면서 에너지를 잃게 된다. 따라서 전자의 궤도 반지름은 작아지게 되고 결국 원자핵에 흡수될 것이다. 그러나 원자는 실제로 안정되고 일정한 크기를 갖는다.

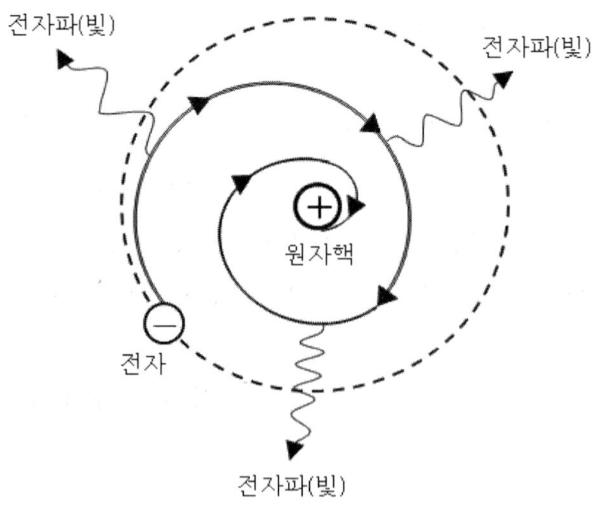

그림 1-8 러더퍼드 원자모형의 모순

② 원자에서 방출되는 빛의 선스펙트럼을 설명할 수 없다.

전자의 궤도 반지름이 줄어들면서 방출되는 빛의 파장은 점점 짧아지므로 원자에서는 모든 파장의 빛이 방출되어 연속 스펙트럼이 나타나야 한다. 그러나 그림 1-9와 같이 원자는 원자의 종류에 따라 고유의 불연속적인 파장의 빛을 방출하여 선스펙트럼이 나타난다.

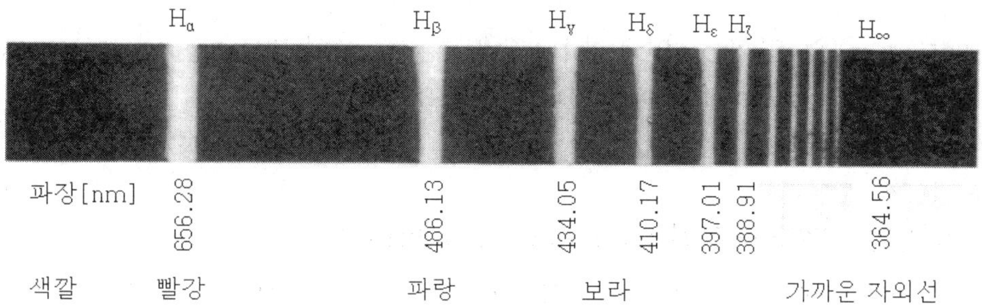

그림 1-9 수소원자의 선스팩트럼

이와 같이 러더퍼드의 원자모형은 원자핵의 존재와 전자의 운동을 잘 설명하였지만 원자의 구조를 밝히지는 못하였다.

(3) 보어의 원자모형

1913년 덴마크의 물리학자 보어(N. Bohr)는 러더퍼드 원자모형의 모순을 피하기 위하여 러더퍼드의 원자모형에 양자론을 도입한 새로운 이론을 발표하였다. 보어의 가정은 다음과 같다.

① 제1가설 : 양자조건(quantum condition)

원자핵 주위를 돌고 있는 궤도 전자는 어떤 특정한 불연속적인 궤도에서만 존재한다. 이런 상태에 있는 전자는 빛을 방출하지도 않고 흡수하지도 않는다. 이때 원자는 정상상태(stationary state)에 있다고 한다.

보어는 전자의 정상상태란 다음 관계식이 성립되는 경우라고 규정하였다.

$$m_e vr = n\frac{h}{2\pi},\ (n=1,\ 2,\ 3 \cdots) \tag{1-9}$$

$$2\pi r \cdot m_e v = nh$$

여기서, r 은 궤도반경, m_e 는 전자의 질량, v 는 운동속도, h 는 플랑크 상수 ($=6.6253\times10^{-34}$[J·s]), n 은 주양자수(principal quantum number)이다. 전자의 각운동량($m_e vr$)은 임의의 연속적인 값을 갖는 것이 아니고 $\frac{h}{2\pi}$ 를 단위량으로 그 정수배의 값만을 가질 수 있다는 것을 의미한다.

② 제2가설 : 진동수조건(frequency condition)

전자가 어떤 궤도에서 다른 정상 궤도로 전이할 때, 궤도 에너지의 차이에 해당하는 진동수의 전자기파를 방출 또는 흡수한다. 전자가 양자수 n_i 인 정상 상태에서 n_f 인 정상상태로 이동할 때, 두 정상상태의 에너지가 E_i, E_f 이고, $E_i > E_f$ 이면 ($E_i - E_f$)의 에너지를 갖는 광자 1개가 방출된다. 따라서 광자의 진동수를 ν라 하면 다음과 같다.

$$h\nu = E_i - E_f \tag{1-10}$$

또한, 전자가 E_f 에서 E_i 로 이동할 때는 위와 같은 에너지를 갖는 광자 1개를 흡수한다. 이 때 두 정상상태의 에너지 차가 클수록 광자의 진동수가 크고 파장이 짧게 된다.

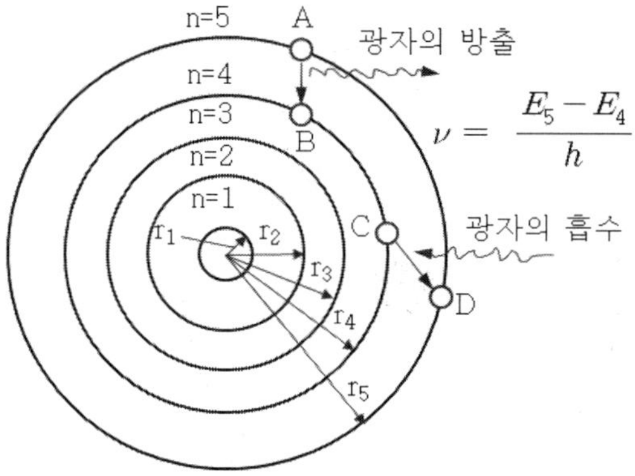

그림 1-10 광자의 방출과 흡수

보어의 두 가정을 도입하여 가장 간단한 수소원자의 원궤도를 생각해 보자. 그림 1-11과 같이 전자의 궤도 반경을 r, 전자 전하량의 절대치를 e 라 하면 전자가 원자핵을 중심으로 속도 v 로 등속 원운동 할 때의 구심력(F)은 쿨롱의 법칙에 의한 기전력이 된다.

$$F = \frac{m_e v^2}{r} = \frac{e^2}{4\pi\epsilon_0 r^2} = \frac{ke^2}{r^2} \qquad (1\text{-}11)$$

단, ϵ_0 : 진공의 유전율(8.854×10^{-12}[F/m]), k : $\frac{1}{4\pi\epsilon_0}$

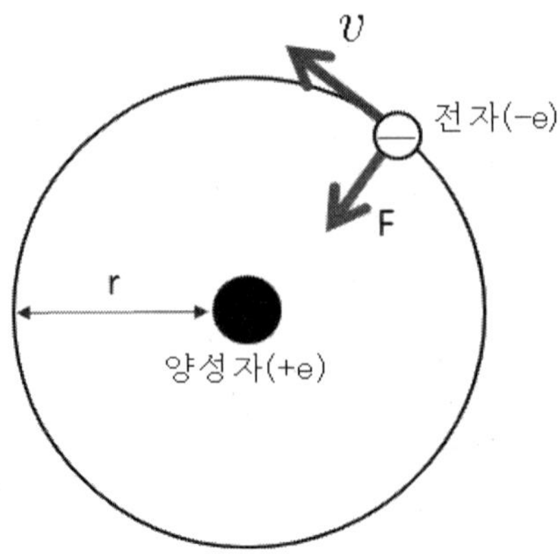

그림 1-11 수소원자의 보어모형

보어의 제1가설 양자조건 $2\pi r \cdot m_e v = nh$ 에서 v를 소거하면 정상상태에서의 궤도 반지름 r_n 은

$$r_n = \left(\frac{h^2}{4\pi^2 k m_e e^2}\right) n^2 \ (n=1,\ 2,\ 3 \cdots) \tag{1-12}$$

이고, 보어의 반지름 r_1은 궤도 반지름 $n=1$일 때 다음과 같다.

$$r_1 = \left(\frac{h^2}{4\pi^2 k m_e e^2}\right)$$

$$= \frac{(6.63\times10^{-34}[\mathrm{J \cdot s}])^2}{4\times3.14^2\times(9\times10^9[\mathrm{N \cdot m^2/C^2}])\times(9.1\times10^{-31}[\mathrm{kg}])\times(1.6\times10^{-19}[\mathrm{C}])^2}$$

$$= 5.3\times10^{-11}[m] = 0.53[\text{Å}] \tag{1-13}$$

$$r_n = n^2 r_1 \tag{1-14}$$

따라서 전자의 최소 궤도 반경은 $n=1$일 때인 $r_1 =$ 0.53[Å] (수소원자의 보어 반경)이 된다. 식 (1-14)에서 n=1, 2, 3··· 에 대한 수소원자의 궤도 반경은 그림 1-12와 같다.

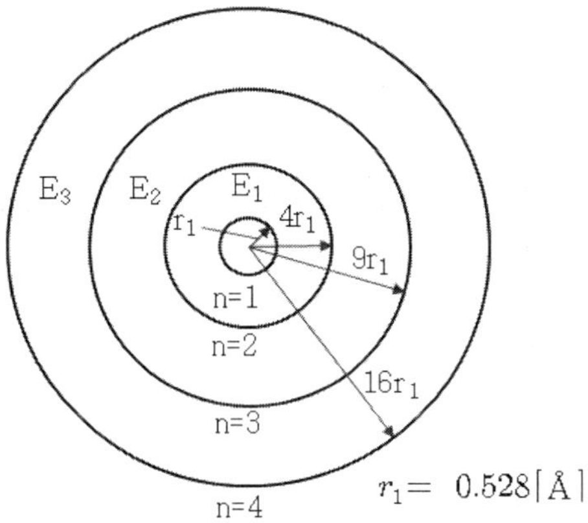

그림 1-12 보어의 반경

다음에 정상 궤도의 하나인 n 번째의 궤도에서 전자가 갖는 에너지를 구해보자. 식 (1-11)에서

$$E_k = \frac{1}{2}m_e v^2 = \frac{ke^2}{2r} \tag{1-15}$$

또, 전기력에 의한 위치에너지 E_p 는 전자가 원자핵에서 무한히 먼 거리에 있을 때를 0으로 잡으면 $E_p = -\dfrac{ke^2}{r}$ 이 된다.

따라서 원자의 정상상태에서 전체의 에너지 E_n 은

$$E_n = E_k + E_p = \frac{1}{2}\frac{ke^2}{r} - \frac{ke^2}{r} = -\frac{ke^2}{2r} \quad (1\text{-}16)$$

이 되고, 수소원자의 에너지 준위 E_n 은 다음과 같다.

$$E_n = -\frac{ke^2}{2r} = -\frac{ke^2}{2}\left(\frac{4\pi^2 k m_e e^2}{h^2}\right)\frac{1}{n^2} \quad (1\text{-}17)$$

$$= -\left(\frac{2\pi^2 k^2 m_e e^4}{h^2}\right)\frac{1}{n^2} = -\frac{13.6}{n^2}[\text{eV}] \ (\text{n}=1,\ 2,\ 3\ \cdots)$$

$$= -\frac{2.18}{n^2}\times 10^{-18}[\text{J}]$$

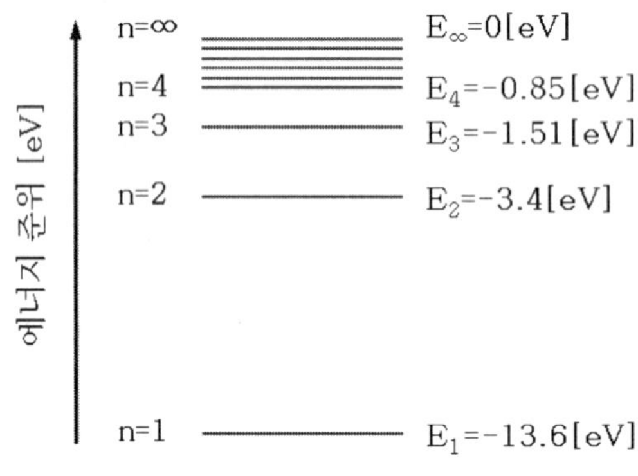

그림 1-13 수소원자의 에너지 준위

이 때, $n=1$인 정상상태를 바닥상태(기저상태, ground state)라 하며, 이보다 높은 정상상태 $n = 2, 3, 4 \cdots$ 를 들뜬상태(여기상태, excited state)라 한다. 그리고 전자를 원자로부터 떼어내는 데 필요한 에너지를 이온화 에너지라고 한다.

보어의 제2가설에 따라 정상상태에 있는 전자가 다른 정상상태로 이동할 때

에너지를 방출 또는 흡수하는 빛의 진동수에 대하여 생각해 보자.

수소원자에서 양자수 n, m인 정상상태 에너지 준위는 E_n, E_m 이므로 전자가 전이할 때 방출 또는 흡수하는 에너지는 식 (1-18)과 같다.

$$E_n = -\frac{13.6}{n^2}, \quad E_m = -\frac{13.6}{m^2} \tag{1-18}$$

$$h\nu = (-\frac{13.6}{n^2}) - (-\frac{13.6}{m^2}) = 13.6(\frac{1}{m^2} - \frac{1}{n^2})$$

$h\nu$ 의 에너지를 갖는 광량자가 λ 의 파장을 갖는다면 파장의 역수는

$$\frac{1}{\lambda} = \frac{13.6}{hc}(\frac{1}{m^2} - \frac{1}{n^2}) = R(\frac{1}{m^2} - \frac{1}{n^2}) \tag{1-19}$$

단, $R = 1.0967776 \times 10^7 [m^{-1}]$: 리드베리(Rydberg) 상수

이 된다.

한편, 보어의 이론은 전자가 한 개 뿐인 수소원자에 대해서는 설명이 잘 되지만 전자가 많은 일반적인 원자에 대해서는 전자마다 특정한 궤도를 정하는데 문제가 있다. 전자가 많은 경우에는 전자의 특정 궤도를 확정할 수 없으므로 전자가 분포되어 있는 확률로 설명하여야 한다.

따라서 오늘날은 양자역학을 도입하여 전자가 원자핵 주위에 전자구름을 만들고 있다는 새로운 원자모형을 받아들이고 있다.

현대 원자모형의 특징은 전자 궤도가 존재하지 않고 오직 전자를 발견할 확률만을 알 수 있으며, 입자가 아닌 파동함수로서 스펙트럼 현상을 더욱 완벽하게 설명할 수 있다.

(4) 일반 원자의 구조

원자는 그 질량의 대부분을 차지하며 양전하를 띠고 있는 원자핵과 그 원자핵 주위를 돌고 있는 전자로 구성되어 있으며, 전기적으로 중성이다.

일반적으로 원자번호 Z인 중성원자는 양전하 $+Ze$를 가진 원자핵과 그 주위를 도는 Z개의 전자로 되어 있다. 원자핵 주위를 돌고 있는 전자, 즉 핵외 전자의 수는 원자번호 Z의 증가에 따라서 늘어나지만 이들 전자는 원자핵 둘레에 몇 개의 층을 이루면서 배열되어 있다고 할 수 있다. 이들의 층을 전자각이라 한다. 전자각은 양자수 n에 의해 정해지는 에너지 준위를 가지므로 에너지가 작은 쪽에서부터(가장 원자핵에서 가까운 곳에서부터) K각($n=1$), L각($n=2$), M각($n=3$), N각($n=4$)으로 불린다.

각 전자각에 들어갈 수 있는 전자의 수는 그림 1-14 및 표 1-3과 같이 제한되어 있어 K각에 2개, L각에 8개, M각에 18개···, 양자수 n인 전자각에는 $2n^2$개가 들어간다. 그러나 최외각 궤도에 분포되는 전자는 8개 이내가 된다. 이들의 각은 조금씩 다른 에너지 준위를 가진 s, p, d, f 등의 부각으로 나누어진다.

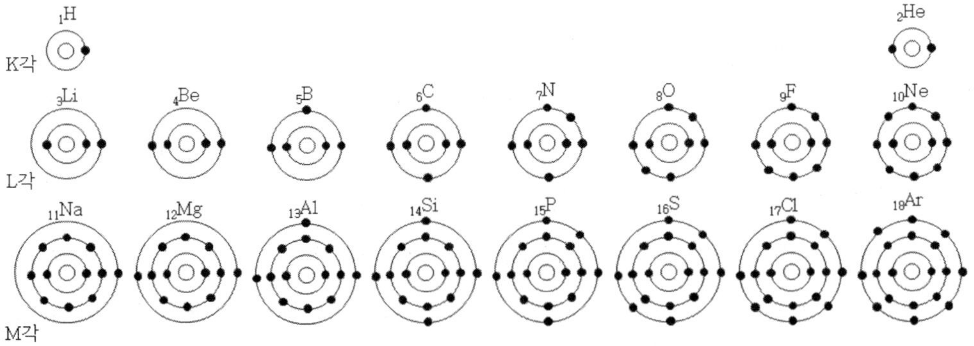

그림 1-14 주기율표 순서에 따른 원자 구조

전자는 에너지 준위의 낮은 상태에서부터 차례로 위치하고 있으며 전자 분포에 따라 각 원자는 화학적 성질이 다르게 된다. 궤도는 안쪽의 준위에서부터 전자가 채워지므로 원자번호가 커지게 되는 데에 따라서 가장 바깥쪽 준위에 있는 전자의 수는 주기적으로 변하게 된다. 즉, 원소의 화학적 성질은 최외각에 있는 전자수에 의해 결정되는데, 이 최외각의 전자를 원자가전자라 부른다.

표 1-3 전자배치

에너지 준위 / 원소			K준위	L준위		M준위		
			1s	2s	2p	3s	3p	3d
중성 원자의 전자 배치	1	H	1					
	2	He	2					
	3	Li	2	1				
	4	Be	2	2				
	5	B	2	2	1			
	6	C	2	2	2			
	7	N	2	2	3			
	8	O	2	2	4			
	9	F	2	2	5			
	10	Ne	2	2	6			
	11	Na	2	2	6	1		
	12	Mg	2	2	6	2		
	13	Al	2	2	6	2	1	
	14	Si	2	2	6	2	2	
	15	P	2	2	6	2	3	
	16	S	2	2	6	2	4	
	17	Cl	2	2	6	2	5	
	18	Ar	2	2	6	2	6	

※ 1. 원소기호 좌측의 숫자는 원자번호
   2. 각 궤도의 폐각의 전자수는
      (1s 2개, 2s 2개, 2p 6개, 3s 2개, 3p 6개, 3d 10개)

최외각 전자수가 꽉 차 있는 $_{2}He$, $_{10}Ne$, $_{18}Ar$ 등은 화학적으로 다른 원자와 결합하지 않는 불활성원소이다. $_{3}Li$, $_{11}Na$, $_{19}K$ 등은 항상 원자의 전자가 1개이고 이 전자만이 특히 원자핵으로부터 떨어지기 쉬워 1가의 양이온 Li^+, Na^+, K^+ 등으로 된다.

또, $_{9}F$, $_{17}Cl$ 등은 원자가전자가 7개로 다른 것으로부터 1개의 전자를 얻어서 8개의 포화상태로 되기가 쉬워 1가의 음이온 F^-, Cl^- 로 된다.

1.1.5 전자의 파동성

보어의 원자모형은 원자의 상태를 실험적 사실에 부합하도록 설명하고 있으나 가정에서 비롯된 것이다. 이 가정의 합리성을 뒷받침하기 위하여 1924년 드브로이(L. de Broglie)는 파동이라고 생각하고 있던 빛이 입자성을 갖는다면 물질 입자도 파동성을 가지고 있을 것이라는 가설을 제시하였다.

파동인 빛의 광자에너지 $E = h\nu$ 와 운동량 $p = mv = \frac{h\nu}{c} = \frac{h}{\lambda}$ 가 빛의 입자성을 나타내는 것을 고려하여 질량 m 인 입자의 속도 v 일 때 입자인 파동의 파장 λ 는

$$\lambda = \frac{h}{mv} \tag{1-20}$$

이 파장 λ를 드브로이 파장이라 하며, 이 물질 입자에 수반된 파를 물질파(matter wave) 또는 드브로이파라고 한다.

1927년 미국의 데이비슨(C. T. Davisson)과 게르머(L. H. Germer) 및 톰슨(Thomson)은 각각 원자 간격이 적당한 결정에서 전자가 산란될 때의 회절현상을 확인함으로써 드브로이 가설의 합리성을 입증하였다.

식 (1-20)을 보어가 가정한 정상상태의 양자조건 식 (1-9)에 대입하면

$2\pi r = n\lambda \, (n=1, 2, 3 \cdots)$ 가 된다.(그림 1-15 참조)

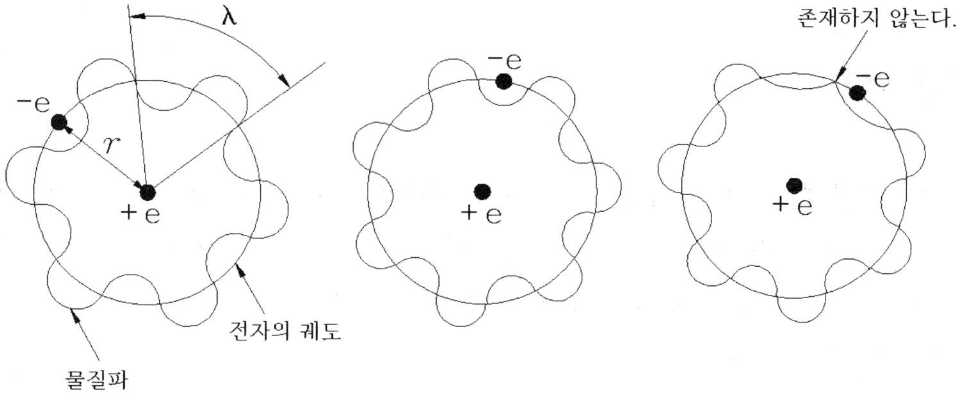

(a) $\dfrac{2\pi r}{\lambda} = 6$ (b) $\dfrac{2\pi r}{\lambda} = 7$ (c) $\dfrac{2\pi r}{\lambda} = 6.5$

그림 1-15 전자의 물질파 파장

결국, 전자의 정상궤도는 궤도길이 $2\pi r$ 이 전자의 드브로이파장 λ 의 정수배라는 조건을 만족시키는 궤도이며, 전자가 계속해서 돌 수 있는 안정된 상태인 정상상태이다.

1.2 여기와 전리

1.2.1 여기

원자는 원자핵과 그 외측을 도는 핵외전자로 구성되어 있으며, 보통 핵외전자는 원자핵에 가까운 궤도 즉, 에너지가 최소인 안정상태인 $n=1$의 궤도에 있다. 이 전자는 외부에서 에너지를 주게 되면 보다 높은 에너지 준위($n \geq 2$)의 궤도에 도달할 수 있다.

이와 같은 현상을 여기(excitation)라 부르고 여기에 필요한 에너지를 전자볼트(eV)로 나타낼 때의 전압을 여기전압(exciting potential)이라 한다. 여기상태에는 많은 준위가 존재하므로 여기전압에도 여러 가지 값이 존재한다. 그러나 그 최소치를 공진전압(resonance potential) 또는 방사전압(radiation potential)이라 한다. 수소원자의 공진전압은 식 (1-18)을 사용하면 $E_2 - E_1 = 10.15$[eV]로 된다.

여기상태는 불안정한 상태이므로 극히 짧은 시간(약 10^{-8}[sec])에 최초의 안정상태로 복귀하고 이때 과잉의 에너지가 전자파로 방출되어진다. 여기상태 레벨(n)에서 이것보다 낮은 에너지 레벨(m)이 될 때까지 방출되는 전자파의 진동수를 ν라 하면 $E_n - E_m = h\nu$ 가 성립한다.

그러나 불활성가스 등에서는 평균수명이 10^{-4}[sec]~수[sec]의 준안정상태가 존재한다. 이 상태에서는 직접 전자파를 방출해서 원래의 상태로 복귀하지 않고 다른 원자와 충돌해서 에너지를 전해주거나, 더 많은 에너지를 얻어 한 차원 더 높은 에너지 상태로 이동한 후 복귀한다.

1.2.2 전리

핵외전자가 외부로부터 얻는 에너지가 $(E_\infty - E_1)$보다 크면 전자는 원자핵의 속박을 벗어나서 자유전자(ⓔ↗)로 되고 원자는 1가의 양이온(positive ion)으로 된다. 이러한 현상을 전리(ionization)라 하고, 이에 필요한 최소의 에너지가 전리에너지이며 이것을 전자볼트(eV)로 나타내었을 때의 전압을 전리전압(ionization potential : V_i)이라 한다. 표 1-4는 각종 원자의 공진전압(최저여기전압), 전리전압 및 주요한 준안정준위를 나타내고 있다.

표 1-4 원자의 전리전압, 최저여기준위전압, 준안정준위

원자		전리전압 [V]	최저여기준위전압* [V]	주요 준안정준위전압 [V]
불활성 원소	H	13.59	10.15	
	He	24.58	21.2	19.8 ; 20.96
	Ne	21.55	16.54	16.62 ; 16.72
	Ar	15.75	11.61	11.53 ; 11.72
	Kr	13.96	9.98	9.82 ; 10.51
	Xe	12.12	8.45	8.28 ; 9.4
알칼리 금속	Li	5.39	1.845	-
	Na	5.14	2.11	-
	K	4.33	1.61	-
	Cs	3.87	1.39	-
	Hg	10.42	4.89	4.67 ; 5.47
	N	14.54	10.33	2.38 ; 3.57
	O	13.61	9.15	1.97 ; 4.2
	Cl	13.01	9.2	0.1 ; 3.57

* 준안정준위를 제외하고 가장 낮은 것.

전리를 발생시키는 에너지가 전자파(광자, photon : $h\nu$)의 흡수에 의하면 광전리(photo ionization), 전계로부터 에너지를 얻어 고속전자와 충돌할 경우는 충돌전리(ionization by collision of electron), 또한 고온의 기체 중에서 기체분자들끼리의 충돌에 의해 전리가 생기는 현상을 열전리(thermal ionization)라 한다.

기체분자를 A, 전리전압을 V_i라 하면 각각 다음 식으로 표현된다.

광전리($h\nu \geq eV_i$) $h\nu + A \rightarrow A^{+}(ⓔ\nearrow)$ (1-21)

충돌전리($\frac{1}{2}m_e v^2 \geq eV_i$) $ⓔ + A \rightarrow A^{+}(ⓔ\nearrow) + ⓔ$ (1-22)

열전리 $A + A \rightarrow A^{+}(ⓔ\nearrow) + A$ (1-23)

또, 기체 A와 B의 혼합 기체 중에서 한쪽 기체(A) 원자의 준안정에너지가 다른 기체(B)의 전리에너지보다 약간 클 때는

$$ⓔ + A \rightarrow A^{*} + ⓔ \quad (1\text{-}24)$$

$$A^{*} + B \rightarrow A + B^{+}(ⓔ\nearrow)$$

단, A^{*}는 A 의 준안정상태, (ⓔ↗)는 자유전자

이와 같이 2단계의 전리(누적전리)가 일어난다. 이러한 현상은 페닝효과(Penning effect)라고 불리는 매우 중요한 현상이다.

1.3 분자와 화학결합력

1.3.1 분자의 형성

원자는 100여종 밖에 없지만 자연계는 이루 헤아릴 수 없을 만큼 다양한 물질이 존재한다. 이것은 같은 원자나 서로 다른 원자가 결합한 분자로 존재하기 때문이다.

자연조건하에서 원자가 단독으로 존재할 수 있는 경우는 헬륨(He)이나 네온(Ne) 등과 같이 매우 안정한 불활성 기체원자에 한정된다. 다른 모든 물질은

원자 단독으로는 형성될 수 없고 수 개 원자가 조합된 분자의 형태로 존재한다. 이와 같이 원자가 아닌 분자라는 결합체를 생각하는 이유는 물질을 해석하는 데 원자의 성질보다 분자의 성질이 중요한 역할을 하기 때문이다.

분자는 원자가 두 개 이상 결합해서 이루어진 물질로 그 결합이 강하기 때문에 마치 하나의 물질인 것처럼 행동한다. 경우에 따라 그 구성 원자의 성격을 물려받은 것도 있지만 경우에 따라 전혀 새로운 성질을 가지고 나타나기도 한다. 이렇게 원자가 분자를 형성하는 것은 기본적으로 분자의 형성에서 에너지를 방출하기 때문이다. 즉, 분자가 원자보다는 일반적으로 더 안정된 상태에 있는 것이다.

물질을 구성하는 단위입자를 결합시키는 힘을 화학결합력이라하며, 결합력에는 공유결합력, 정부 이온 간에 작용하는 정전인력, 금속결합력, 반데르발스의 힘(Van der Waals force) 등이 있다. 이와 같이 수개의 원자가 모여서 분자를 형성할 때는 서로 결합시키는 원자 간의 힘이 작용하여 표 1-5와 같은 결정을 만들게 된다.

표 1-5 분자 · 이온 · 원자 · 금속 결정의 특성 비교

결정	성분 원소	구성 입자	결합	녹는점	전기전도성		보기
					고체	액체	
분자 결정	비금속 + 비금속	분자	분자결합	낮음	없음	없음	드라이아이스 (고체 CO_2)
이온 결정	금속 + 비금속	양이온 음이온	이온결합	높음	없음	있음	NaCl
원자 결정	비금속 + 비금속	원자	공유결합	매우 높음	없음	없음	C(다이아몬드), SiO_2
금속 결정	금속	양이온 자유전자	금속결합	높음	있음	있음	Cu, Zn, Fe

1.3.2 이온결합

이온(ion)은 중성인 원자나 분자가 전자를 얻거나 잃어버려서 전하를 가지게 된 것이다. 전자를 얻어서 음전하를 띠는 것이 음이온, 전자를 잃어서 결과적으로 양전하를 띠는 것이 양이온이다. 이러한 양과 음의 이온은 전기력에 의해 단단하게 결합할 수 있는데 이것을 이온결합이라 한다.

이온결합은 한 원자가 음이온이 되고, 다른 한 원자가 양이온이 되는데 드는 에너지의 합보다 둘이 결합하면서 내어 놓을 수 있는 에너지가 클 때에 가능해진다. 따라서 이온결합의 여부는 각 원자들의 음이나 양의 이온이 되는데 소요되는 에너지와 원자들이 얼마나 접근할 수 있는가 고려하여야 한다. 이온결합은 일반적으로 금속과 비금속이 쌍을 이루는 경우이다.

원소 주기율표에서 볼 수 있는 바와 같이 Na이나 K 등은 최외각에 한 개밖에 전자를 가지지 않으므로 이것을 방출하여 양이온이 되기 쉬운 성질이 있다. 반대로 F나 Cl와 같이 전자의 공석이 1개 있는 것은 외부에서 전자를 1개 받아서 폐각 구조를 만들어 음이온으로 되기 쉽다. 따라서 그림 1-16과 같이 Na과 같은 원자가 Cl와 같은 원자를 만나면 Na의 최외각의 1개의 전자는 Cl로 옮기어 각각 (+)이온과 (-)이온으로 되고, 이들 사이에 작용하는 쿨롱 인력에 의하여 결합될 수 있다. 이와 같은 (+), (-) 이온만의 결합을 이온결합(ionic bond)이라고 한다.

즉, 알칼리 금속인 Li, Na, K, Pb, Cs 와 할로겐 원소인 F, Cl, Br, I 사이에서 만들어진다.

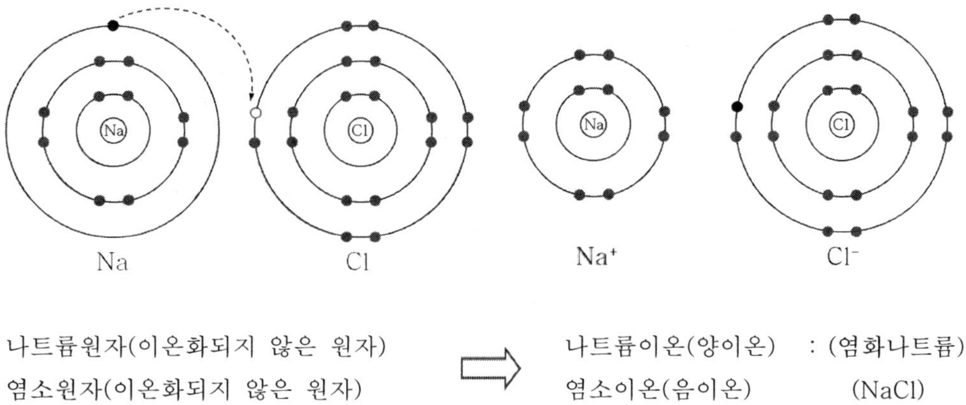

그림 1-16 분자의 형성

이온결합성 물질의 성질은 결합성과 관련이 있다.

이들은 전자의 주고받음에 의해 최외각에 들어갈 수 있는 전자수가 8개가 되어 안정화 되는 상태이기 때문에, 서로 떨어지려고 하지 않는다. 이와 같이 결합성이 강하면, 녹는점이나 끓는점이 높다.

이온결합성 물질은 질서정연한 결정으로 존재하는데, 그림 1-17과 같이 외부에서 강한 힘이 가해지면 부스러진다. 굵은 소금을 단단한 것으로 누르면 가루같이 부스러진다. 그것은 이온결합의 구조 때문이다. 이온결합은 (+), (-)가 반복하여 규칙적으로 배열되어 있는데 여기에 외부 힘을 가하면, (+) 위에 (+)가 겹치고, (-)위에 (-)가 겹치게 되어 같은 것끼리는 서로 밀친다. 즉, 반발력이 작용하여 쉽게 깨어진다.

물에 용해되는 성질 또한 소금으로 생각하면, 이온 결합성 물질이 물에 잘 녹는 다는 것을 알 수 있다. 물속에서는 녹아서 이온으로 존재하는데, 이온이라는 것은 기본적으로 전하를 띠고 있기 때문에 전기를 잘 통한다.

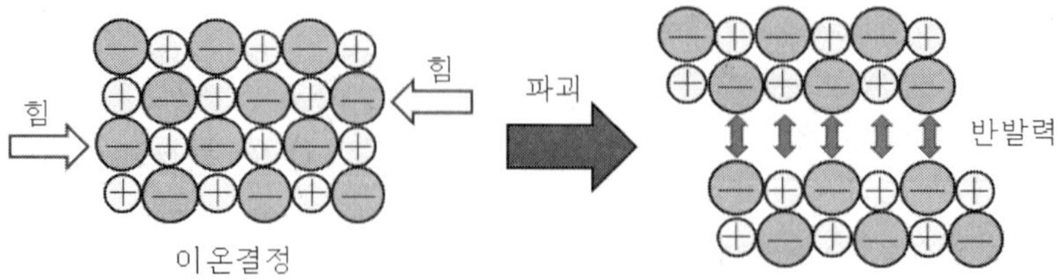

그림 1-17 이온결합 물질의 성질

1.3.3 공유결합

전자가 소속된 원자를 옮겨서 각각이 음과 양의 이온이 되어 결합하는 형태가 이온결합이라면 바깥 껍질의 전자가 두 원자 모두에 속하면서 둘을 결합시키는 것 즉, 서로의 원자가 전자들을 같이 내 놓아 전자쌍을 만들어 공유함으로써 옥텟(octet)을 만족 시키는 결합이 공유결합(covalent bond)이다. 원자들 사이의 공유 전자쌍의 수가 많을수록, 원자의 핵간 거리가 짧을수록 공유결합력이 강하다.

이온결합이 금속과 비금속의 결합이고, 주로 결정을 이루는 것과 달리 공유결합은 비금속과 비금속의 결합이다. 공유결합을 하는 원자들은 거의 제한이 없으며 매우 많은 종류의 분자들이 다양한 모습으로 나타난다.

비금속들은 이온화 에너지가 크기 때문에 전자를 버리기 어렵다. 즉, 들어갈 수 있는 최외각전자(원자가전자) 수 8에 근접하기 때문에, 전자를 버리기 보다는 외부에서 전자를 받기가 쉽다. 전자를 받을 상대가 없을 때는 자기들끼리 전자를 하나씩 내어 전자쌍을 만든 다음에 서로 공유하여 각각 8이 된다. 공유결합은 이러한 결합상태이다.

공유결합을 하는 대표적인 분자는 수소, 산소, 질소 등 같은 원자로 이루어진 분자들이다. 이들의 결합은 하나가 음이온으로 다른 하나가 양이온으로 되어 결합하는 이온결합의 방식으로는 이해하기 어렵다. 이온 결합은 전자의 소속이 변하지만 공유 결합은 전자의 소속은 변동이 없다.

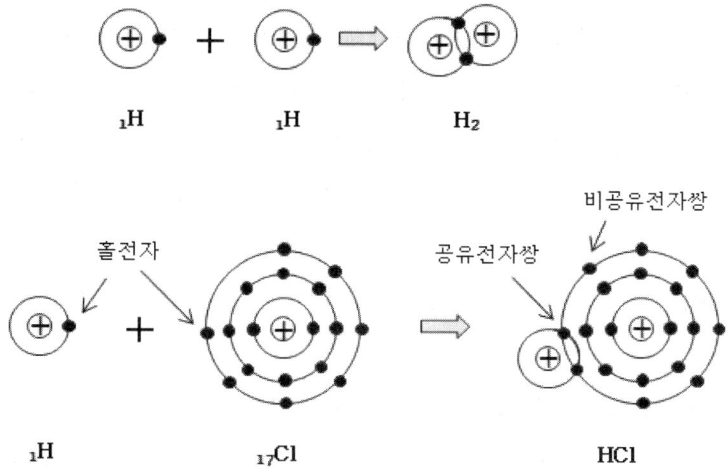

그림 1-18 공유결합

1.3.4 분자결합

He, Ne, Ar, Kr, Xe 등과 같은 불활성가스는 자연의 조건하에서 원자가 단독으로 존재한다. 이와 같은 원자도 충분히 온도를 낮게 하면 서로 결합하여 결정을 만든다. 또 O_2, H_2 등도 상온에서는 기체인데 매우 낮은 온도에서는 분자간의 인력이 작용하여 액체 및 고체와 같은 결정을 만든다. 이와 같이 전기적으로 중성인 분자 또는 원자가 결합하여 만드는 결정을 분자결정이라 하고 이때의 분자간의 힘을 반데르발스 인력(Van der Waals force)이라 한다. 이러한 분자 결정의 결합에너지는 약하고 융점과 비등점이 낮으며 기체가 되기 쉬운 특징이 있다.

반데르발스력은 분자 또는 원자의 쌍극자 모멘트에 기인하는 것으로 원자 또는 분자가 무극성이라는 것은 이것을 구성하고 있는 전자가 끊임없이 핵의 주위를 돌고 있기 때문이다. 어느 순간에 전자의 부전하 중심의 핵이 정전하의 중심과는 일치하지 않고 그림 1-19와 같이 쌍극자 모멘트를 갖게 되며 이 쌍극자가 다른 원자 또는 분자를 분극 시키며 서로 인력의 영향을 받게 되어 결합하게 된다.

분자 안에 갖고 있는 전자가 많을수록 순간적으로 전자가 치우쳐 생기는 전기적인 효과는 크며, 분자 간에 작용하는 인력(분산력)도 크다. 따라서 분산력은 전자를 많이 갖는 분자일수록 크며, 전자가 많다는 것은 그 만큼 분자량이 크다는 것을 의미하므로 일반적으로 분산력은 분자량에 비례한다. 무극성 분자에 작용하는 인력도 이와 같은 것인데 이런 종류의 분자 간 인력을 좁은 의미의 반데르발스힘이라고 한다. 넓은 의미의 반데르발스 힘은 분자 간의 인력을 모두 포함한다.

분자들 사이에 인력이 크면 분자들을 흩어지게 하는(기체로 만드는) 것이 어렵다. 액체는 인력 때문에 모여 있는 것이고, 기체는 인력의 영향을 벗어나 흩어져 있기 때문이다.

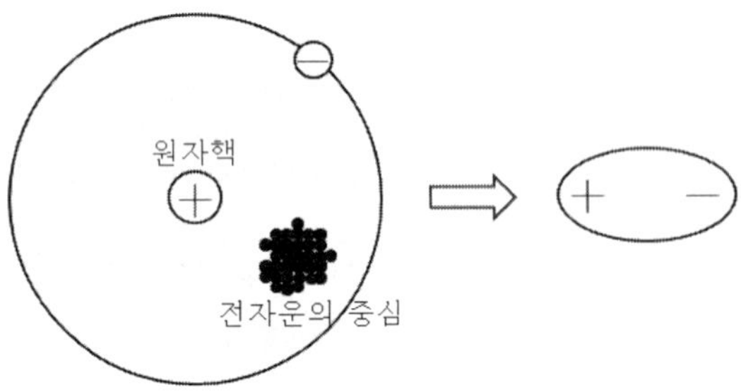

(a) 순간적인 쌍극자 모멘트 발생 (b) 쌍극자 모멘트

그림 1-19 분자결합

1.3.5 금속결합

금속의 (+)이온(원자핵)과 자유전자 사이의 정전기적 인력에 의해 이루어지는 결합이다.

금속원자의 원자가전자를 자유전자(free electron)라고 하며, 자유전자가 많을수록 결합력(쿨롱 인력)이 크다.

금속결합은 본질적으로 공유결합이지만 전자가 1개의 원자핵보다 많은 원자핵에 접근할 때 그 에너지가 낮게 된다. 그러나 공유결합이 단지 2개의 원자 사이에도 생기는 반면 금속결합은 원자의 대집단에서만 존재한다.

금속원자는 보통 외각전자를 1~3개만 가지고 있기 때문에 폐각구조가 되기 위해서는 가전자가 부족한 상태이다. 따라서 금속에서는 전자쌍이 원자간에 고정되지 않고, 전자가 금속의 원자핵에 공유되면서 자유롭게 운동하는 형태로 결합한다. 즉, 전자의 바다 안에 (+)이온의 원자핵이 질서정연하게 배치된 그림 1-20과 같은 구조라고 볼 수 있는데, 여기서 이들 (+)이온이 금속결정의 결정격자를 형성한다.

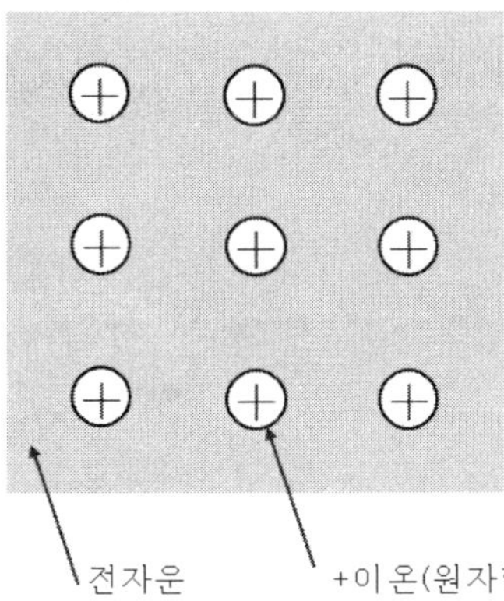

그림 1-20 금속결합

금속은 금속의 특성인 원자가전자가 자유전자라는 독특한 성질로 말미암아 높은 전기전도도를 갖게 된다. 공유결합 결정에서는 열을 가해서 전도대(conduction band)가 생겨야만 원자가전자가 움직이지만, 금속의 원자가전자는 열을 가하지 않아도 전기장을 걸어주면 움직일 수 있다.

금속의 전성(malleability)과 연성(ductility)은 금속이 자유전자를 가질 뿐만 아니라 금속이온 사이의 결합력에 방향성이 없기 때문에 생기는 성질이다. 즉,

그림 1-21과 같이 금속은 두드리거나 잡아 늘여도 쪼개지지 않는데, 그 이유는 결정면에 있는 이온들이 매우 쉽게 서로 위치를 바꿀 수 있기 때문이다. 또한 같은 전하를 가진 이온이 서로 가까이 오게 되면 강한 반발력이 생겨서 금속 결정이 쪼개질 수 있는데, 금속의 원자가전자들이 이와 같은 이온들 사이에서 완충작용을 하여 금속이 쪼개지지 않게 한다.

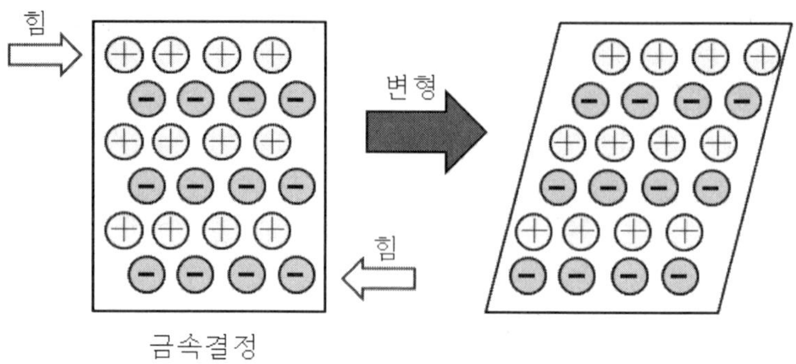

그림 1-21 금속의 성질

1.4 전기전도

1.4.1 기체의 전기전도

기체는 보통상태에서 자유전자나 이온이 거의 없기 때문에 양호한 절연물이다. 기체의 외부로부터 X선, 열, 전압 등의 에너지를 가하면 기체 내에 전기를 띤 미립자가 존재하여 기체도 도전성을 띠게 된다.

기체 내의 전기전도 현상은 전자와 기체분자의 충돌로 발생하는 이온쌍의 운동에 의해 일어난다. 기체 중에 놓인 두 전극 사이에 전압을 걸어 높여 가면 중성분자의 이온화가 일어나 어떤 전압값에서 전극간 전류가 급격히 증가하며 동시에 불꽃을 내면서 방전된다. 기압에 의해서 10^{-3}~10^{-5}[torr] 이하의 방전을 진공방전, 10~20[torr] 이상의 방전을 고기압방전이라 한다.

방전의 형식은 전류의 크기, 전극의 형태와 종류, 기체의 종류와 압력 등에 의해 결정되며 코로나방전(corona discharge), 글로우방전(glow discharge), 아크방전(arc discharge), 불꽃방전(spark discharge) 등으로 구분한다. 이들 방전은 각 기구(mechanism)에 따라 특징이 있으며 어느 것이나 전자의 전리작용 외에 이온에 의한 후속전자의 보급을 필요로 하는 자속방전(self sustaining discharge)이다. 자속방전은 전리를 시키는 외부작용에 의존하지 않고도 충돌전리작용에 의하여 전극 사이에 전류가 흐르게 되는 범위의 방전이다.

또 외부적인 이온화 요인, 이를테면 X선이나 자외선 등에 의한 미약한 비자속방전(non-self sustaining discharge)으로서의 암류(dark current) 등도 포함된다. 비자속방전은 전리를 시키는 외부작용이 없어지면 전극 사이의 전류가 0으로 되는 범위의 방전이다.

기중 방전형식을 분류하면 표 1-6과 같다.

표 1-6 기중방전의 분류

- 기중방전
  - 비자속방전 — 암류
  - 자속방전
    - 부분파괴(corona)
    - 불꽃방전
    - 전로파괴
      - glow방전
      - arc방전

1.4.2 액체의 전기전도

액체는 기체와 같이 분자가 자유롭게 움직이며 변형하지만, 분자밀도가 높아 물성으로는 고체에 가깝다. 일반적으로 액체에는 액체, 고체, 기체의 불순물이 함유 또는 용해되어 있어 순수한 것은 얻기 어렵다. 액체의 도전율은 불순물의 종류나 빈도에 따라 크게 변화한다.

전해질은 물에 녹은 상태에서 이온으로 쪼개져 전류가 흐르는 물질이다. 대표적인 전해질로는 염화나트륨, 황산, 염산, 수산화나트륨, 수산화칼륨 등이 있다. 염화나트륨은 고체 상태에서는 전류가 흐르지 않아 도체가 될 수 없지만, 수용액 상태에서는 전류를 흘려보내서 전해질이 될 수 있다. 강한 산과 염기나 가용성 염은 강한 전해질이 되고, 약한 산과 염기는 약한 전해질이 된다. 전해질 용액의 저항 온도계수는 일반적으로 부이다. 반대로 이온으로 나누어지지 않아서 전류가 통하지 않는 물질을 비전해질이라 한다.

1.4.3 고체의 전기전도

금속이 좋은 도체(conductor)라는 것은 잘 알려진 사실이다. 이는 금속의 전기저항이 작다는 뜻이므로 금속의 에너지대(energy band) 구조, 즉 구리의 에너지대 구조를 보면 최외각에 한 개의 전자만이 배치되어 있고, 이 전자가 이동할 수 있는 에너지준위가 남아 있으므로 매우 좋은 도체가 된다.

도체는 그림 1-22와 같이 어떤 허용대까지는 전자가 완전히 채워지는 충만대가 되고, 그 위의 허용대의 일부가 전자로 채워져 있는 경우이다. 왜냐하면, 전계를 인가했을 때 일부만 전자로 채워진 허용대(partially filled band)의 전자는 파울리의 배타원리의 방해를 받지 않고 그 에너지를 증가시킬 수 있으므로 전류를 흐르게 할 수 있다.

따라서, 일부만 전자로 채워져 있는 허용대를 전도대, 전도대에 있는 전자를 전도전자(conduction electron)라 한다. 이와 같은 도체의 에너지대 구조는 원자번호가 홀수인 원소로 구성되는 고체(Na, Ag, Au 등) 또는 단위세포 중의 핵외 전자의 총수가 홀수일 때 일어난다.

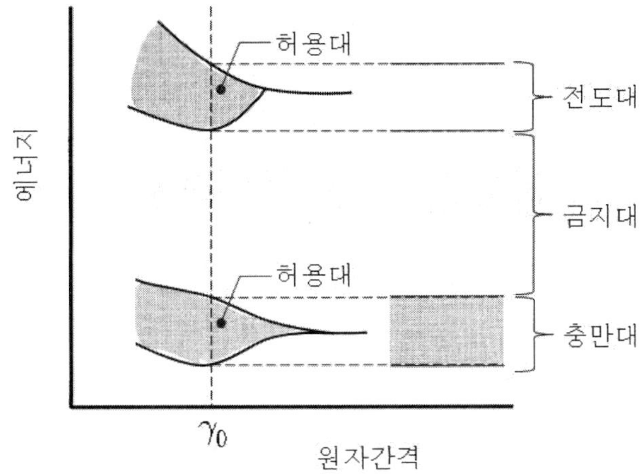

그림 1-22 원자간 상호작용에 의한 에너지대 형성(γ_0 : 평형거리)

- 허용대(allowed band) : 전자가 존재할 수 있는 영역
- 금지대(forbidden band) : 전도대와 충만대 사이에 전자가 존재하지 않는 영역
- 충만대(filled band) : 에너지대는 낮은 에너지 준위로부터 순차로 전자가 채워지면서 아래쪽 에너지대는 전자로 충만된 영역
- 전도대(conduction band) : 위쪽에 있는 에너지대는 전자가 존재할 수 있는 허용대로서 여기에 들어간 전자는 원자의 속박으로부터 벗어나 전계에 의해 자유롭게 움직여 전류를 구성하는 영역

제2장 도전재료

2.1 도전재료의 요건

일반적인 조건에서 전기를 흐르게 하는 것을 주목적으로 하는 재료를 도전재료라 하며, 도전율이 큰 재료를 사용한다. 도전재료는 주로 금속재료이고 도전율은 $10^6[\mho/m]$ 정도이다. 도전율이 큰 순으로 나열하면 은(Ag), 구리(Cu), 금(Au), 알루미늄(Al) 등이 있는데, 도전재료로서 갖추어야 할 조건을 고려하여 보면 구리와 알루미늄이 금, 은에 비해 많이 생산되고 가격이 염가이므로 도전재료로 널리 사용되고 있다.

도전재료로서 갖추어야 할 조건은 다음과 같다.

- 저항률이 작을 것(전류손실이 적을 것)
- 화학적으로 안정할 것(내식성)
- 기계적 강도가 클 것(인장강도, 내충격성)
- 가공이 쉬울 것(생산성)
- 가격이 저렴할 것(경제성)

■ 접속과 연결이 비교적 쉬울 것

도전재료로서는 금속 및 합금이 가장 중요하며, 전선과 같이 통전만을 목적으로 하는 경우에는 전기저항률이 작은 것이 바람직하다. 도전재료로서는 순금속이 중요시되고 있으나, 기계적 강도가 요구되는 경우에는 도전율을 다소 희생시키더라도 기계적 강도가 큰 합금(alloy)이 사용된다. 금속재료는 그 사용목적에 따라 도전율 외에 물리적 성질을 비롯하여 내식성, 내산화성과 같은 화학적 성질에 영향을 받는다. 또한 압연, 인발 등의 가공을 받으면 인장강도, 경도 및 저항률이 증가하며 어닐링(annealing)과 같은 열처리를 하면 반대로 기계적 강도와 함께 저항률이 낮아지게 되므로 동일한 재료일지라도 제조 및 처리과정에 따라 여러 가지 성질에 차이를 나타낸다.

표 2-1은 비교적 많이 사용되고 있는 단원자 금속의 물리적 성질을 나타내고 있다.

합금은 하나의 금속에 이종원소를 가하여 고온으로 용해시켜 만든 것으로 저항률이 커지고 온도계수가 낮아지는 등 그들이 함유하는 불순물의 종류와 양에 따라 재료의 물성 및 전기적 성질이 달라지게 되며 이러한 변화가 전기재료의 개발에 이용된다. 즉, 합금을 함으로써 다음과 같은 효과를 얻을 수가 있어 여러 가지 특성을 가진 재료를 만들 수 있다.

■ 재료의 저항치 증대
■ 열기전력의 승감
■ 내열성의 증대
■ 기계적 성질의 향상
■ 화학적 안정도의 증가
■ 저항치의 온도계수 감소
■ 열팽창 계수의 조절
■ 접촉 상태의 개선

합금재료는 다음과 같이 분류할 수 있다.

(1) 공정합금

두 종류의 금속은 혼합 용융하더라도 서로 친화력이 없을 때는 고용되지 않고 단지 기계적으로 혼재된 상태의 합금이 된다. 이 합금이 공정합금인데 융점은 성분 금속의 어느 것보다도 낮아진다. 예로는 Pb와 Sn의 합금인 땜납이나 퓨즈(fuse) 재료가 있다.

(2) 고용합금

금속의 결정격자 안에 이종금속의 원자가 들어가 다른 성분으로 용해하여 고용체가 된 금속으로 Cu−Ni, Cu−Au, Ni−Fe, Pt−Ir 등이 있다.

(3) 석출경화합금

비율이 서로 다른 금속을 고온에서 고용체로 만든 후 급히 상온에서 냉각한 후 다시 가열하면 용해되어 혼입된 금속이 유리되면서 합금은 경화한다. 베릴륨동(Cu−Be), Corson합금(Cu−Ni−Si) 등이 있다.

(4) 소결합금

금속 중에서 융점이 아주 높은 텅스텐(W)과 비교적 낮은 은(Ag) 등은 보통의 방법으로는 합금이 되지 않는다. 이와 같이 융해되지 않는 두 금속을 가루로 혼합하여 환원성 가스 안에서 압축 가열하여 합금시킨 것으로서 W−Ag 합금이 있다.

도체를 전극재료, 접점재료, 접촉재료, 퓨즈, 땜납재료 등으로 사용할 때에는 그 사용목적에 따라 도전율 이외에도 용융점, 비등점, 증기압, 비열, 열팽창률, 열전저율, 열기전력, 기계적강도 및 내마멸성 등과 같은 여러 가지 물리적 성질을 비롯하여 내식성, 내산성 등 화학적 성질도 고려해야 한다.

저항재료나 발열재료로서 사용하고자할 때에는 체적저항률이 큰 재료가 바람직하며 합금 및 탄소나 반도체재료 등이 이용된다.

표 2-1 금속의 물리적 성질

금속	체적저항률 [μΩ·cm] (20[℃])	체적저항률의 온도계수 (20[℃])	비중 (20[℃])	융점 [℃]	선팽창 계수×10^{-6} (20[℃])	열전도율 [10^{-3}cal· cm^{-1} $s^{-1}deg^{-1}$]
Ag	1.62	0.0038	10.5	960.8	18.9	1,006
Cu	1.692	0.00393	8.94	1,083	16.6	918
Au	2.44	0.00392	19.3	1,063	14.2	705
Cr	2.6(0[℃])	-	7.18	1,903	8.2	-
Al	2.828	0.0043	2.71	659	23.03	497
Mo	5.14(0[℃])	0.00473	10.22	2,610	4	346
W	5.51	0.00482	19.3	2,280	4	476
Zn	6.1	0.0037	6.92	419.5	33	280
Ni	7.236	0.0065	8.9	1,453	12.8	142
Cd	7.54	0.0038	8.65	320.9	29.8	222
Co	9.7	0.0066	8.9	1,492	12.3	165
Fe	10	0.0065	7.874	1,539	11.7	173
Pt	10.21(0[℃])	0.0039	21.45	1,769	8.9	166
Sn	11.5	0.0049	7.29	231.91	20	155
Ta	15.5	0.00364	16.6	2,996	6.6	130
Nb	21	-	8.57	2,470	-	-
Pb	21.9	0.0039	11.34	327.3	29.1	83
As	35(0[℃])	-	5.73	814	5.6	-
Sb	39.1(0[℃])	-	6.69	630.5	8.4	44
Zr	41	-	6.5	1,857	-	-
Ti	55(25[℃])	-	4.6	1,680	-	-
La	57.6	-	6.17	868	-	-
Bi	119	0.0044	9.8	271	13.3	19.4

2.2 전선재료

전선재료로서는 기계적 강도와 가격 등의 조건을 고려해서 구리 및 구리합금이 압도적으로 많이 사용된다. 이외에도 알루미늄 및 알루미늄합금이나 철(Fe) 및 철합금 등도 특수한 목적에 사용되고 있다.

2.2.1 구리

구리(Cu)는 알루미늄(Al)과 더불어 비철금속재료 중 가장 널리 사용되는 금속 중의 하나이다. 천연으로 유리되어 산출되는 자연동도 있지만 광석에는 황동광, 유동광, 공작석 등이 있다. 구리(Cu)의 원료는 주로 황동광($CuFeS_2$)이다. 황동광을 제련하여 조동을 만들고 이를 양극으로 황산동의 황산용액을 전해액으로써 전기분해하여 전기동을 만든다. 이렇게 해서 공업적으로 얻어지는 동지금은 순도가 99.97~99.98[%] 정도가 된다.

전기동은 주조한 다음 열간압연한 후 다시 상온에서 선인한다. 이 상온가공에 의해 경동이 되며, 이것을 450~600[℃]로 천천히 냉각시킨 것이 연동이다. 경동은 도전율 96~98[%], 인장강도 35~45[kg/mm^2]로서 주로 가공통신선 및 송배전선으로 사용되며, 연동은 도전율 98~103[%], 인장강도 25~28[kg/mm^2]로서 전자기기배선 및 옥내배선이나 전원 코드 등으로 사용된다.

한편, 구리(Cu)는 다른 금속재료에 비해 다음과 같은 성질을 가지므로 구리의 약 80[%]는 순수한 금속 상태로 사용되며 그 대부분은 전기공업에 이용된다.

- 전기와 열의 양도체인 것
- 유연하고 전연성이 좋아 가공이 용이한 것
- 화학적 저항력이 커서 내식성에 강한 것
- 아름다운 빛깔과 귀금속 성질을 갖는 것
- Zn, Sn, Ni, Au, Ag 등과 용이하게 합금을 만드는 것

표 2-2 구리의 전기적 성질(99.95[%] Cu)

성질	수치
도전율	약 101[%]
고유저항(20[℃])	1.71[μΩ·cm]
저항의 온도계수(20[℃])	0.00397 /℃
비자화율($\chi_s = \chi/\mu_0$)	-0.94×10^{-5}
비투자율(μ_s)	0.999991

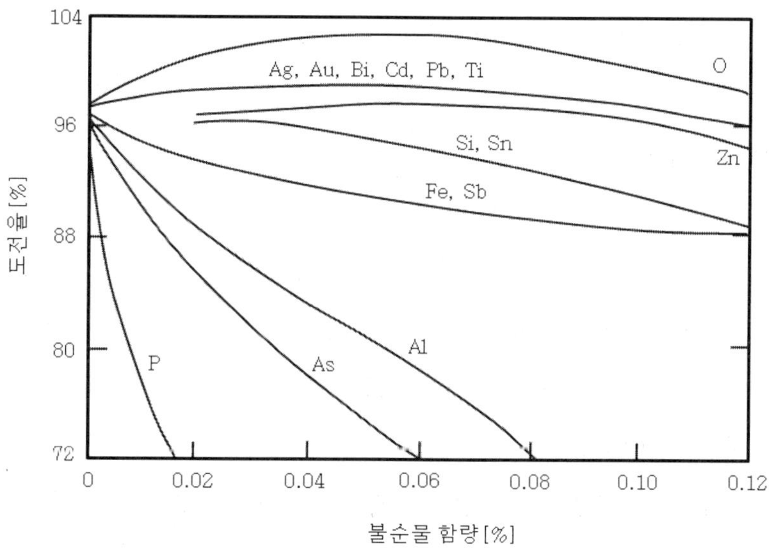

그림 2-1 Cu의 도전율에 미치는 불순물의 영향

순동(Cu)의 전기적 특성은 표 2-2와 같으며, 순동 중에 포함된 불순물이 도전율에 미치는 영향은 그림 2-1과 같이 인(P), 비소(As), 알루미늄(Al) 등이 가장 크고, 철(Fe), 안티몬(Sb), 규소(Si) 등이 다음으로 영향을 미치며 소량의 산소는 오히려 도전율을 좋게 한다.

(1) 전기동

전선에 사용되는 동지금은 보통 전기분해로 얻은 전기동이다. 순도는 99.96~99.98[%]이며, 불순물로서 As, Sb, Fe, Ag, S, H_2 등을 약간 함유한다. 전기동은 순도는 높으나 취약해서 가공하기 곤란하므로 이것을 다시 용융·정련하여 형동을 만들어 판매하기도 한다. 표 2-3에 동지금에 대한 한국공업규격(KS)을 나타내고 있다.

(2) 정련동

전기동을 용융 정제하여 구리(Cu) 중의 산소를 0.02~0.04[%] 정도 되도록 한 정련동은 표준조성이 구리 99.92[%], 산소 0.03[%]이다.

용해시에 용광로 속의 분위기를 산화성으로 함으로써 용융중인 동의 산소농도를 증가시켜 수소함량을 저하시킨 후 생목을 투입하여 산소함량을 0.02~0.01[%] 정도까지 감소시켜 금형에 주입한다.

산소량을 조절할 때 구리 중에 산소를 다소 남기는 이유는 수소함량을 저하시키고, As, Sb, Bi 등의 산화물을 석출시킴으로써 전도도를 향상하고 전연성을 증가시키기 위함이나 요즘과 같이 고순도의 동지금을 쓰면 불순물의 산화제거는 별로 의미가 없다.

정련동은 전기 및 열의 전도성이 매우 좋으며 20[℃]에서 전기비저항은 1.7241[μΩ·cm], 열전도도 0.934[cal/cm·℃·sec]이다. 이것을 표준동이라 하고 이를 도전재료가 갖는 도전율의 기준으로 삼는다. 이 정련동은 내식성이 좋으며 상당한 강도를 가지고 있기 때문에 판, 선, 봉의 형태로 가공되어 전기공업용에 널리 사용된다.

표 2-3 동지금(규격(KSD 2301-1965)

동지금 종류	기호	화학성분[%]							비고
		Cu	As	Sb	Bi	Pb	S	Fe	
1종	Cu 1	99.95 이상	0.003 이하	0.005 이하	0.001 이하	0.005 이하	0.010 이하	0.010 이하	전기분해에서 나온 그대로의 것
2종	Cu 2	99.85 이상	0.003 이하	0.010 이하	0.005 이하	0.005 이하	0.010 이하	0.010 이하	전기분해동을 용해하여 형동한 것
3종	Cu 3	99.60 이상	0.03 이하	0.03 이하	0.01 이하	0.02 이하	0.015 이하	0.02 이하	건식법으로 정제하여 형동한 것
4종	Cu 4	99.30 이상	-	-	-	-	-	-	기타의 형동된 동지금

(3) 탈산동

탈산동은 구리(Cu)가 용해시에 흡수한 산소를 인(P)으로 탈산하여 산소는 0.01[%] 이하, P의 잔류량은 0.02[%] 정도 되게 한 것이다. 탈산동은 고온의 환원성 분위기에서도 수소병(산화구리를 환원성 분위기에서 가열하면 H_2가 구리 중에 확산 침투하여 균열이 발생하는 것)이 없고, 고온에서 산소를 흡수하지 않고, 연화온도도 약간 높으므로 용접용으로 적합하다. 그러나 인(P) 때문에 전도도가 저하하여 비저항은 약 2[μΩ·cm]로서 판으로도 사용되나, 대부분 관으로 제조되어 가스관, 열교환관, 중유 버어너용관, 증기계관 등의 용도에 사용된다.

(4) 무산소동

산소는 그 양이 적을 때는 도전율이 좋지만 많을 경우에는 오히려 장애가 된다. 무산소동은 산소나 탈산제를 품지 않은 구리를 말하며, 진공중에서 용해 주조하거나 목탄 및 CO가스에 의한 탈산 처리하여 목탄발생로 가스 분위기 중에서 주조한다. 진공용해동의 산소함량은 0.002~0.001[%] 정도이다. 특징은 정련동과 탈산동의 장점을 고루 갖추어 전도성이 좋고 수소병도 없으며, 가공성도 우수하여 주로 전자기기 등에 사용된다. 또한 화학적으로 안정하고 재질이 강하고, 유리의 봉착성이 좋아 진공관용 전극재료로서 유리에 봉입하는 동선으로 이용된다.

2.2.2 구리합금

순동은 도전율은 크지만 기계적 성질이 비교적 나쁘기 때문에 구리에 소량의 다른 원소를 첨가하여 합금을 만들어 기계적 강도를 개선하고, 내식성 등을 향상시키는 방법이 취해지고 있다. 표 2-4에 여러 종류의 구리합금의 조성과 물리적 성질을 나타내고 있다.

표 2-4 각종 구리합금의 특성

명칭	첨가성분[%]	도전율[%]
국제표준연동	-	100
경동	-	96~98
연동	-	98~103
구리-은 합금	Ag(3~5)	70~90
구리-카드뮴 합금	Cd(1.0~1.2)	85~88
구리-베릴륨 합금	Be(2~2.5)	25
코르손 합금	Ni(2.5~4.0), Si(0.5~1.0)	25~45
인청동	Sn(3~9), P(소량)	10~17
규동합금	Sn(0.5~1.5), Si(0.02~0.52)	40~50

합금을 하면 도전율은 약간 저하되지만 인장강도가 현저히 증가하는 성질을 이용하여 높은 인장강도가 요구되는 전선이나 플러그, 콘센트 등의 도체에 사용된다.

(1) 구리-카드뮴 합금

구리(Cu)에 소량의 카드뮴(Cd)를 첨가시켜도 구리의 도전율은 별로 변하지 않고 인장강도를 증가시키는 성질이 있으며, 은보다 비싸지 않으므로 많이 사용된다. 카드뮴 1.0~1.2[%]를 첨가시킨 합금은 인장강도가 높고 도전율이 좋아 도전용 전선재료로 사용된다.

카드뮴을 0.5~1.0[%] 정도 함유시키면 도전율은 75~80[%]로 저하하지만 인장강도는 구리보다 30~40[%] 증가한다. 특히, 내식성과 내마모성이 좋은 특징이 있기 때문에 경간이 긴 송전선, 전신전화선, 공중선 및 정류자편 등에 실용화 되고 있으며 Cu－Cd 합금에는 Zr, Ag, Mn, Zn, Sn, Fe 등을 소량 첨가시킨 강력전도용 구리합금이 있다.

(2) 규동 합금(bronze 계)

구리에 주석(Sn)이 1.5[%]이하, 규소(Si)가 0.02~0.52[%] 정도를 넣은 일종의 청동이다. 도전율은 40~50[%]이나, 내열성이 우수하고, 반복되는 응력에 강하여 주로 송전선 또는 트롤리선으로 사용된다.

(3) 인청동

구리에 주석을 3~9[%] 첨가하고, 탈산제로 소량의 인(P)을 첨가한 것으로 급냉에 의해 경화하고 보통의 청동보다 기계적 성질이 좋다. 그러나 탈산제로 작용하고 남아있는 인(P) 때문에 도전율이 떨어진다. 탄성이 풍부하므로 도전성 스프링으로서 스위치, 계기류 등에 많이 이용된다.

(4) 코르손 합금(Corson alloy)

M. G. Corson의 발명에 의한 Cu－Ni－Si계 합금으로 내식성, 내해식성이 도전율이 좋고, 고온에서의 인장강도가 높으므로 도전성 스프링, 바인드선, 가공통신선, 송전선, 트롤리선 등에 이용한다. 가격이 비싼 것이 단점이다.

(5) 구리-베릴륨 합금

구리(Cu)에 베릴륨(Be)을 약 2~2.5[%] 첨가한 것이다. 도전율은 25[%]로 낮지만 담금질한 후 뜨임 열처리(tempering)를 하면 강도나 경도가 현저히 증가하게 되어 Brinell경도가 400 이상으로 된다. 이와 같이 기계적 성질이 우수하고 350[℃]까지의 고온에서도 탄성이 변화하지 않고, 내마모성이나 내식성도 양호하다. 용도로는 지하 등 부식되기 쉬운 장소의 트롤리선이나 전화선, 공업용계기 등의 베어링이나 용수철, 스위치의 접촉부나 점용접기의 전극 등과 같은 특수한 전기부품에 이용된다.

(6) 구리-은 합금

은(Ag)을 3~5[%] 정도 함유한 합금으로 은(Ag)은 구리(Cu)의 도전율을 그다지 저하시키지 않으며, 도전율은 70~90[%], 적당히 열처리를 한 경우 인장강도는 70~100[kg/mm^2] 정도가 된다. 도전율 및 인장강도가 크므로 통신선, 리드선, 회전기의 정류자편, 진공관 플레이트 등에 사용된다.

(7) 황동

구리(Cu)와 아연(Zn)의 합금으로 성분비율에 따라 7:3황동(Cu 70[%], Zn 30[%]), 6:4황동(Cu 60[%], Zn 40[%])으로 분류한다. 도전율은 순동의 약 70[%]이다. 가공하기가 쉽고, 어느 정도의 내식성도 있으므로 브러시 홀더, 저항기의 단자, 볼트, 너트 등의 재료로 사용된다.

2.2.3 알루미늄

알루미늄(Al)은 은(Ag), 구리(Cu), 금(Au) 다음으로 도전율이 높으며, 전선재료 및 기타의 재료로서 구리의 대용으로 많이 사용되는 경향이 있다. 알루미늄의 도전율은 표준동을 기준으로 할 때 62[%], 비중은 2.7로 구리의 30[%], 인장강도는 45[%]이므로 구리와 동일한 도전율의 알루미늄 전선을 만든다면 선 직경은 1.3배, 중량과 인장강도는 모두 1/2이 된다. 알루미늄을 송배전계통에 사용하면 중량은 줄어드나 직경이 커지고 인장강도가 낮으므로 바람과 눈의 영향을 받는 단점이 있지만 연성과 전성이 풍부하며 가공하기 쉽고 가격이 구리보다 저렴하므로 도전재료로서 많이 사용된다.

일반적으로 많이 쓰이는 99.5[%] 알루미늄의 전기적 특성은 표 2-5와 같으며, 알루미늄 중에 포함된 불순물이 도전율에 미치는 영향은 그림 2-2와 같이 티타늄(Ti), 망간(Mn) 순으로 영향을 미친다.

표 2-5 알루미늄의 전기적 성질(99.95[%] Al)

성질	수치
도전율	62.7[%]
고유저항(20[℃])	2.75[μΩ·cm]
저항의 온도계수	1.2×10^{-4}[Ω·㎟/m·℃]
전기화학당량	0.3354[g/A·h]

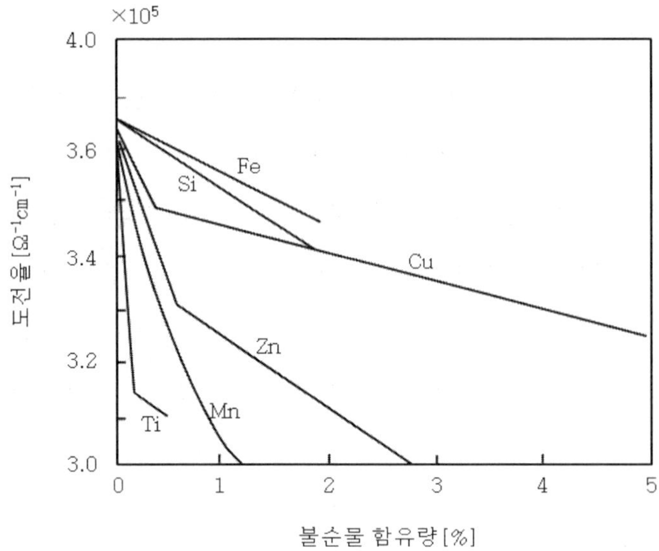

그림 2-2 Al의 도전율에 미치는 불순물의 영향

알루미늄을 도전재료로서 송전선 등에 사용할 때는 기계적 강도가 부족하므로 강선등으로 보강한 강심 알루미늄선으로 하든지 혹은 합금으로 하여 사용하는 경우가 많다. 내식성은 구리보다 떨어지지만 비교적 크므로 가공선으로 사용하는 데는 지장이 없다. 또, 전선 이외의 용도로서 전해 콘덴서나 공기 콘덴서의 극판으로 사용되기도 한다.

알루미늄은 산화되기 쉬우며, 공기 중에서는 표면이 얇고 비교적 견고한 산화피막으로 덮여져 있어 쉽게 납땜할 수 없다. 따라서 접착시에는 기계적 압착법이나 특수한 용접법을 필요로 하는 단점이 있다.

알루미늄지금의 순도는 제련기술의 발달로 99.999[%]까지의 초고순도를 얻을 수 있다. 전해·정련하여 얻어지는 알루미늄지금에 포함된 주된 불순물은 Si, Fe, Cu 등이고 규격은 표 2-6과 같다.

표 2-6 알루미늄지금(virgin aluminum ingot)의 규격(KSD2304-1996)

종류	기호	색구분	화학성분			
			Al	Si	Fe	Cu
특종	Al 0	녹색	99.85 이상	0.12 이하	0.12 이하	0.10 이하
1종	Al 1	흑색	99.7 이상	0.20 이하	0.20 이하	0.01 이하
2종	Al 2	백색	99.5 이상	0.30 이하	0.30 이하	0.02 이하
3종	Al 3	적색	99.0 이상	0.60 이하	0.60 이하	0.02 이하
4종	Al 4	없음	98.0 이상	1.50 이하	1.50 이하	0.03 이하

2.2.4 알루미늄합금

알루미늄(Al)은 도전율이 크고 비중도 작으며, 가격도 저렴하다는 장점을 가지고 있으나 인장강도 등의 기계적 강도가 약하다는 결점이 있으므로 송전선과 같은 높은 인장강도가 요구되는 곳에서는 사용할 수 없다.

알루미늄의 인장강도, 탄성 등의 기계적 강도는 불순물을 첨가함으로써 보강된다. 따라서 알루미늄(Al) 합금은 도전율이 낮아지지 않을 뿐 아니라 인장강도와 내식성이 우수한 도전재료로서의 성질을 가지고 있어야 한다.

알루미늄 합금의 대표적인 알드레이(aldrey)는 Si(0.5~0.6[%]), Mn(0.4[%]), Fe(0.3[%])를 함유한 것으로 도전율 45~60[%], 인장강도 25~45[kg/mm^2]로 단거리 송전선 및 전화선에 사용된다. 두랄루민(duralumin)은 Cu(3.5~5.5%), Mg(0.2~2.0[%]), Mn(0.2~1.2[%]), Si(0.2~1.0[%])을 함유한 것으로, 비중은 2.8로 철강의 1/3밖에 되지 않으므로 중량당 강도는 매우 우수하기 때문에 항공기 및 자동차 운반기계의 재료로 많이 사용된다. 또한, 알루미늄계 복강선은 강선 위에 알루미늄 분말을 두껍게 압착한 것으로 도전율은 20~25[%] 이지만, 인장강도는 140[kg/mm^2] 정도이다.

(1) **주물용 알루미늄 합금**

① Al－Cu**계 합금** : 인장강도는 구리(Cu)의 함유량에 따라 증가하지만, 연신율(elongation ratio)이 떨어지므로 4～5[%]의 구리가 적당하다. 인장강도는 25[kg/㎟] 정도로 기계적 성질, 절삭성은 좋으나, 온도가 600[℃]를 초과하면 강도가 떨어진다. 자동차 하우징, 스프링, 항공기 바퀴, 크랭크 케이스 등에 사용된다.

② Al－Si**계 합금** : 알루미늄(Al)에 10~13[%]의 규소(Si)를 첨가한 공정형 합금으로 실루민(silumin)이라 한다. 기계적 강도는 중간 정도이다. 실루민의 기계적 성질을 개량하기 위하여 마그네슘을 첨가한 합금을 감마 실루민이라 하며, 자동차, 선박, 항공기 기관의 크랭크 케이스 등에 사용된다. 또한, 팽창 계수가 작고, 내마멸성이 좋으며, 고온 강도가 우수한 재료로서 피스톤용으로 쓰인다.

③ Al－Cu－Mg－Ni**계 합금** : Y합금으로 불리는 대표적인 내열합금이다. 강력하고 고온에서도 인장강도가 떨어지지 않으므로 내열기관 실린더 피스톤, 실린더 헤드에 사용된다.

(2) **고강도 알루미늄 합금**

① Al－Cu－Mg**계 합금** : 두랄루민(duralumin, D)과 초두랄루민(super duralumin, SD)이 있다. 표준성분은 Cu(4[%]), Mg(0.5[%]), Mn(0.5[%]), Si(0.3[%])이고, 나머지는 Al이다. 두랄루민은 담금질 직후에는 강하지도 않고 단단하지도 않지만, 시간이 지남에 따라 점차로 굳어지는 경향이 있다. 이 현상을 시효경화라 한다. 보통 시행되고 있는 방법은 500[℃] 정도의 온도에 0.1～0.75[hour] 동안 가열한 후, 물로 식혀 상온에서 50～100[hour] 동안 그대로 놓아두면 완전히 경화한다. 이 때, 인장 강도가 40[kg/㎟] 정도, 연신율이

15%, 경도(HB)가 120이 되어 탄소(C) 함유량이 0.2[%] 이하인 탄소강과 거의 비슷하다. 비중은 강의 약 1/3 정도이므로, 무게를 중요시하는 곳에 쓰인다. 내식성은 대기 중에서는 우수하지만, 해수에서는 약하고 부식된다. 항공기나 자동차 등의 재료로 사용된다. 초두랄루민은 두랄루민에 마그네슘(Mg)을 1.5[%]로 증가시켜 인장강도가 50[kg/mm^2] 정도 되는 것을 말하며, 단조 가공성은 두랄루민보다 약간 떨어진다. 항공기 구조재나 일반 구조물의 재료로 사용된다.

② **Al-Zn-Mg계 합금** : 초초두랄루민(extra super duralumin, ESD)이라고도 하며, Cu(1.5~2.5[%]), Zn(7~9[%]), Mg(1.2~1.8[%]), Mn(0.3~1.5[%]), Cr(0.1~0.4[%])을 함유한 알루미늄 합금이다. 인장 강도는 60[kg/mm^2]로서, 알루미늄 합금 중에서 가장 강한 합금이다. 아연의 함유량을 높이면 인장 강도를 70[kg/mm^2]정도까지 증가시킬 수 있으나, 응력부식균열(stress corrosion cracking)을 일으키기 쉽다. 크롬의 첨가로 응력부식을 방지하는데 유효하며, 주로 항공기의 재료로 쓰인다. 두랄루민계 합금은 일반적으로 내식성이 별로 좋지 않으므로 내식성이 강한 순알루미늄, Al-Mg계 합금으로 피복하여 사용할 때가 있다.

(3) 내식용 알루미늄 합금

내식성을 감소시키는 구리(Cu), 니켈(Ni), 철(Fe) 등의 함유량을 적게 하고, 강도를 개선하는 망간(Mn), 마그네슘(Mg), 규소(Si) 등을 첨가한 합금으로서, Al-Mn계, Al-Mg계, Al-Mg-Si계 등이 있다.

① **Al-Mn계 합금** : 실용 합금으로는 2[%] 이하의 망간(Mn)이 사용되며, 1.2[%] 망간(Mn)의 합금은 가공성, 용접성이 좋으므로 저장 탱크 등에 쓰인다.

② **Al-Mg계 합금** : 마그네슘(Mg)을 2~3[%] 함유한 합금은 주괴에서 용

이하게 가공할 수 있으나, 마그네슘(Mg) 함유량이 3[%] 이상이 되면 깨어지기 쉽다. 내해수성이 좋고, 피로강도의 온도에 따른 변화가 적으며, 용접도 가능하다. 선박용품으로 사용된다.

③ Al－Mg－Si계 **합금** : 실용합금으로 Mg(0.45∼1.5[%]), Si(0.2∼1.2[%])를 함유한 합금이 있으며, 규소화마그네슘(Mg_2Si) 상의 석출 과정에 의한 시효경화성이 있다. 인성이 좋고, 소성변형이 용이하며, 복잡한 모양의 부품을 단조하는데 적합하고, 용접성, 내식성이 좋으며, 전기저항이 낮다. 또한, 강한 가공에 견디며, 절삭성이 좋고 뛰어난 압출성을 보유하여 샤시재로 사용된다.

2.3 전선 및 케이블

전선용 재료는 가급적 전력손실 없이 전류를 통과시키는 것으로서 전선이나 케이블(cable)의 소재용 구리와 알루미늄이 중요시되고 있다. 따라서 재료로서는 저항률이 낮을수록 좋으나 사용상에 있어서는 기계적 강도, 가공성, 경제성 등을 감안하여 다음과 같은 성질을 구비하여야 한다.

- 전기저항이 작을 것
- 기계적 강도가 클 것
- 접속이 용이할 것
- 선이나 판 등으로 가공이 용이할 것
- 내식성이 좋을 것
- 산출량이 많고 가격이 쌀 것

전선은 전력 및 전기신호를 전달하기 위하여 사용하는 도체로서 절연피복을 하지 않은 나전선과 절연 피복을 한 절연전선으로 분류한다. 경동선은 송전선, 통신선 등의 가공선용으로 주로 사용되며, 연동선은 절연전선 및 케이블의 도체, 전기기기의 배선 및 바인드용으로 사용된다.

케이블(cable)은 심선이 한 가닥 이상을 절연시킨 중심도체를 연합해서 외부를 보호 피복한 전력케이블과 통신케이블로 분류한다. 코오드(cord)와 케이블에는 명확한 구별은 없으나 이동하면서 사용하는 소형 절연전선을 코오드라 하고, 실내배선, 전등 및 전기기구와의 접촉에 사용된다.

2.3.1 나전선

가공 송전 선로에 사용되는 나전선은 구조상으로 단선과 연선으로 구분되고, 재질상으로는 경동선과 같은 단금속선, 구리합금선 및 알루미늄 합금선과 같은 합금선, 동복강선과 같은 쌍금속선, 강심알루미늄연선과 같은 합성연선 등으로 구분된다.

단선의 굵기는 전선의 지름[㎜]으로 표시하여 0.1[㎜]~12[㎜]의 42단계로 나누며, 연선의 굵기는 각 소선의 단면적을 합한 공칭단면적[$㎜^2$]이나 소선구성(소선수/소선지름[㎜])으로 표시하여 0.9[$㎜^2$]~1,000[$㎜^2$]의 25단계로 나누고 있다. 그림 2-3은 각종 나전선의 구조를 나타낸 것이다.

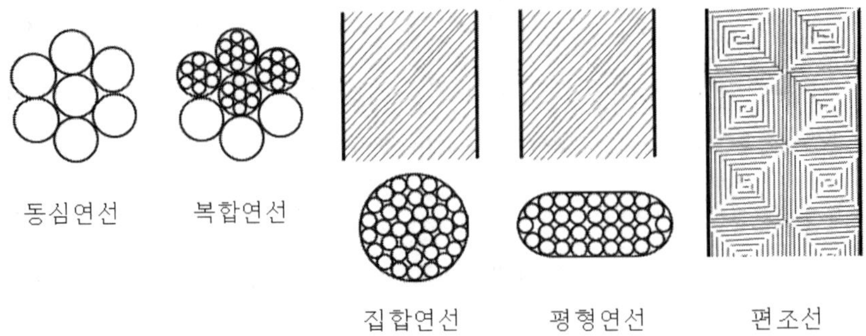

그림 2-3 각종 나전선의 구조

(1) 동심연선

한 개 또는 수 개의 소선을 중심으로 하고 주위에 동일 방향으로 여러 층의 소선을 꼬아 합친 선으로 가장 많이 사용된다.

(2) 복합연선

여러 조의 연선을 다시 꼬아 합친 선으로 전기기기의 인출선, 도선 및 전기로 등에 사용된다.

(3) 집합연선

다수의 가는 심선을 한 묶음으로 하여 같은 방향으로 연합한 것으로 각각의 소선은 층을 이루지 않고 병렬로 되어 있다. 동심연선에 비해 제조가 쉬우므로 코오드와 같이 가소성을 요구하는 절연전선의 심선으로 사용된다.

(4) 편조선

가는 소선을 여러가닥 모은다든지 혹은 연합해서 만들어진 다발을 짠 것으로, 전기기기의 가소성을 필요로 하는 접속용 도체 또는 동축코드의 외부도체로 사용된다.

(5) 강심알루미늄연선

강심알루미늄연선(ACSR, aluminium cable steel reinforced)은 알루미늄의 인장강도의 부족을 보강하기 위하여 그림 2-4와 같이 강선 또는 강선연선을 중심으로 하고 그 주위에 알루미늄선을 연합한 것이다. 전선으로서의 강도는 주로 인장강도가 큰 강선(125[kg/mm^2]이상)이 담당하고, 전류는 도전율이 큰 알루미늄선에 흐른다. 가볍고 강도가 크기 때문에 장경간용 송전선에 사용된다. 그러나 보통 송전선으로 사용되는 경동연선 보다 직경이 커서 코로나 손실은 감소하지만, 알루미늄과 강선 사이에 틈이 생겨 습기 때문에 강선이 부식될 우려가 있고, 접속에 특수한 방법을 필요로 하는 등의 불편한 점도 있다.

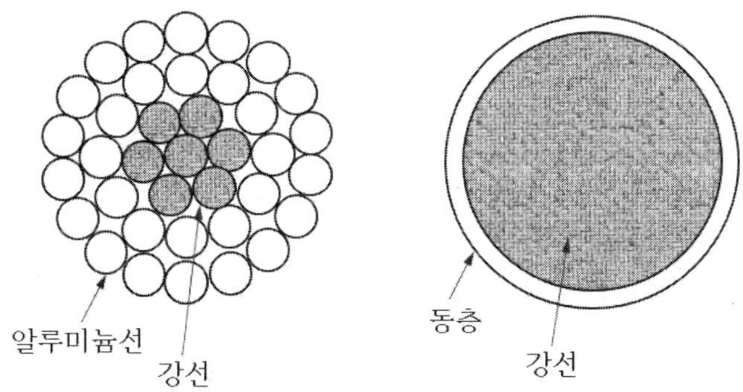

그림 2-4 강심 알루미늄선 및 동복강선의 구조

(6) 동복강선

강선 주위에 구리(Cu)을 융착시켜 피복한 전선으로 구리와 강이 완전히 밀

착되어 있다. 기계적 강도는 강선이 담당하고, 전류는 주로 저항이 작은 구리 부분에 흐르고 있으며, 구리는 강선의 부식을 막는 작용도 하고 있다. 선 전체의 인장강도는 70~90[kg/㎟], 도전율은 30~50[%]이며, 통신선, 가공전화선, 송배전선 등에 사용된다. 또한, 고주파전류를 사용할 경우에는 표피효과에 의해 전류는 거의 구리 부분으로 흐르기 때문에 도전율은 거의 100[%]가 되므로 소형이고 인장강도가 필요한 고주파 동축케이블의 내부도체로 사용된다.

(7) 중공연선

일반적으로 주요 송전선에는 보통 단면적이 200[㎟]의 경동연선이 많이 사용되지만, 200[㎸] 이상의 초고압송전선의 경우에는 코로나손실을 방지하기 전선의 직경을 크게 하여 표면의 전위 경도를 낮춘 전선이다. 그림 2-5와 같은 H형(Heimer type), I형(Anaconda type) 등이 있으며, 표면이 평활하여 코로나가 발생하기 어렵고, 표피효과도 방지할 수 있다.

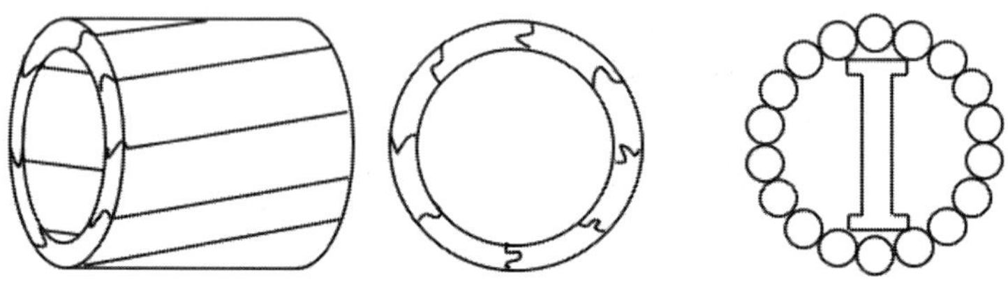

H형 I형

그림 2-5 중공전선의 구조

(8) 알루미늄복강선

강선에 알루미늄 분말을 소결압 착한 것으로 아연도금강선에 비해 내식성과 도전성이 대단히 뛰어나며 장경간의 송전선 등에 사용된다.

(9) **트롤리선**(trolley wire)

차량의 집전장치와 접촉하여 전력을 공급하는 가공전선으로, 도전성, 인장하중 및 내마모성이 양호하여야 하므로 경동이나 은이 함유된 동합금이 사용된다. 최근에는 고속화에 따른 장력의 증가로 CS(steel core wire & copper wire) 트롤리선이나 TA(steel core belt & aluminum wire) 트롤리선과 같은 복합 트롤리선이 실용화되어 사용되고 있다.

2.3.2 절연전선

절연전선이란 구리, 알루미늄 또는 각각의 합금의 단선 또는 연선을 한 위에 사용목적에 적합한 절연체를 선정해서 도체 표면 또는 각 도체 사이를 절연처리한 전선이다. 절연체는 절연저항과 절연내력이 높고, 얇으면서 기계적 강도가 있어야 하며 그 외에 다음과 같이 특성이 우수한 것이 요구된다.

- 내열성
- 내한성
- 내연성
- 내유성
- 내후성
- 내식성
- 내마모성
- 내코로나성
- 가요성
- 내오존성

(1) **권선류**

전기용 연동선에 실모양의 절연물을 고르지 못한 면이 없도록 1중~3중으로 팽팽하게 감아 붙인 것이다. 절연물로서는 선사, 견사, 유리사, 석면사 또는 절연지 등이 있다. 선권사이나 견권선은 전기기기의 전자코일용 마그네트 와이어 등에 사용되며, 지권선은 대형변압기의 마그네트 와이어 등에, 유리권선이나 석면권선은 내열성을 필요로 하는 기기에 사용된다.

(2) 에나멜선

연동선의 표면에 가열건조성의 바니쉬(varnish)를 도포한 것으로 절연내력이 높고, 내열성, 내산성, 내알카리성, 내유성이 우수하다.

도료의 종류에 따라 유성 에나멜선(내열온도 105[℃], A종), 폴리에스테르 에나멜선(내열온도 130[℃], B종), 폴리우레탄 에나멜선(내열온도 120[℃], E종), 포르말 에나멜선(내열온도 105[℃], A종), 폴리에스테르 아미드동선(내열온도 155[℃], F종) 등으로 구분되며 피막의 두께는 도포→소부→도포의 반복으로 조정한다.

(3) 고무절연전선

고무는 탄력이 풍부하고, 신축성과 내수성, 절연저항, 절연내력이 뛰어나며, 특히 합성고무를 사용하면 내오존성 및 내유성 등의 새로운 성능을 얻을 수 있기 때문에 광범위하게 사용되고 있다.

주석 도금한 연동선을 고무 절연물로 피복하고 종이나 천테이프로 감은 후 면사, 석면 등으로 적색 컴파운드를 칠한 것이다. 도체에 주석도금 연동선을 사용하는 이유는 고무 중의 황이 동을 공격하거나 반대로 고무 쪽이 동의 촉매작용으로 열화되는 것을 방지하기 위해 상호 직접접촉하지 않도록 하고, 납땜도 용이하기 때문이다. 최근에는 내유성, 점적률(space factor) 등 기타의 특성으로부터 사용목적에 따라서 비닐전선이 고무절연전선에 대치되어 사용되는 경우가 많다.

① 600[V] 고무절연전선

고무절연전선 중 많이 사용되는 전선으로 600[V] 이하의 전압 배전선에 사용된다. 대표적인 것으로 그림 2-6과 같은 제3종, 제4종 절연전선이 있으며 전기공작물이나 옥내배선에 사용된다.

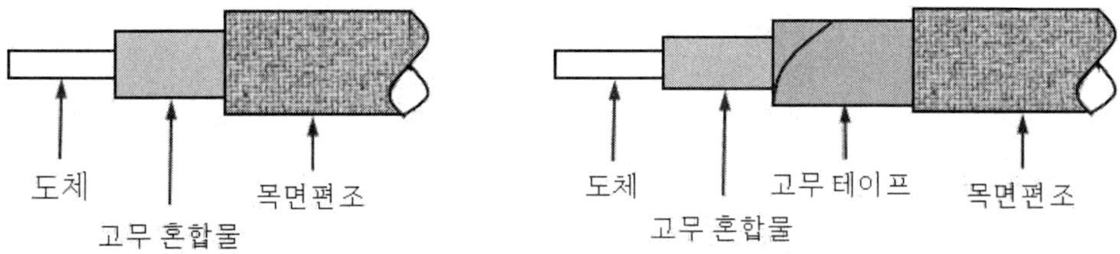

그림 2-6 고무절연전선

② 옥내코드

실내의 전등, 스탠드, 소형 전기기기류의 도선으로 사용되며 고무를 절연체로 사용하여 내열성은 비닐보다 좋으나 피복 재료로 면사를 사용하기 때문에 습기에 약하다. 단심선을 꼬아 넣은 단심코드, 단심코드 2개를 꼬아 그 위에 면사로 편조한 2개연코드, 2개연 코드위에 외부편조한 것을 대타2코드, 2개 코드를 나란히 놓고 그 사이에 개재사를 넣어 둥그렇게 만든 것을 환형코드라 한다.

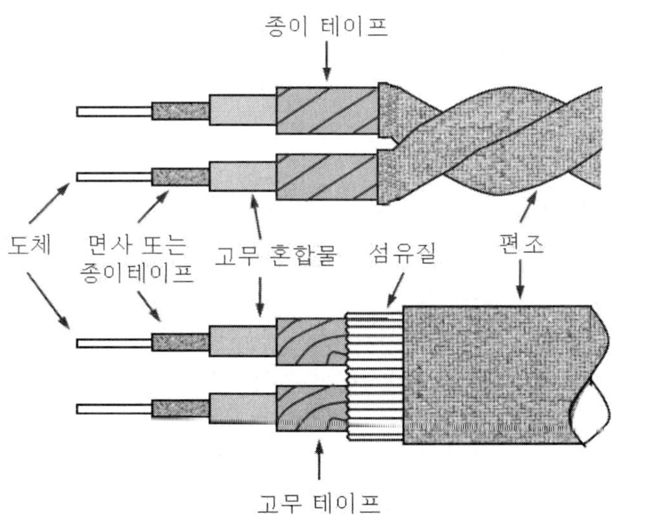

(a) 2개연 코드(위쪽) (b) 환형 코드(아래쪽)

그림 2-7 옥내 코드

③ **캡타이어케이블(cabtyre cable)**

동선에 고무나 염화비닐을 씌운 여러 개의 전선을 한데 모아서 그 위에 다시 고무나 염화 비닐로 씌운 가요성 전선으로 내수성, 내충격성, 내마모성이 뛰어나다. 제1종, 제2종은 이동용 전기기기나 공장 등에 사용하고 제3종, 제4종은 구조가 견고하기 때문에 광산, 탄광 내의 전기기기에 사용된다.

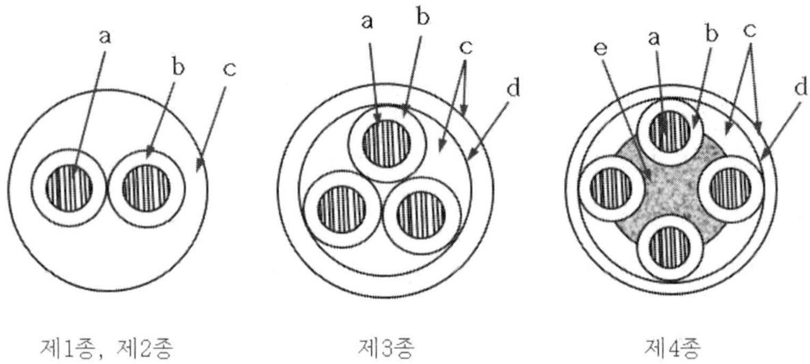

(a) 도체 (b) 고무절연체 (c) 캡타이어고무 (d) 범포 (e) 고무좌상

그림 2-8 캡타이어 케이블의 구조

(4) 합성수지 절연전선

종래의 천연고무를 이용한 고무절연전선, 섬유절연전선 대신 폴리염화비닐(polyvinyl chloride)과 폴리에틸렌(polyethylene)을 사용한 절연전선으로 고무에 비해서 내열성이 약하여 60[℃] 이하에서 사용되지만 고무절연전선처럼 주석을 도금할 필요가 없다.

① **600[V] 비닐절연전선**

폴리염화비닐을 연동선 표면에 피복한 전선으로 가격이 싸고 취급이 용이하여 종래의 600[℃] 고무절연전선을 대신하여 실내배선 등에 많이 사용된다.

② **비닐코드선**

선풍기나 냉장고 등 옥내에서 사용하는 전기기구에 사용되는 절연 코드선이다. 절연체로서 비닐을 사용하므로 착색을 자유롭게 할 수 있어 보기에는 좋지만 내열성이 약하므로 전열기구에는 부적당하다.

③ **폴리에틸렌전선**

폴레에틸렌은 비중이 작고 가공이 용이하고 기계적으로 강하고 내수, 내한, 내약품성이 풍부하며, 전기적 성질이 고주파 영역까지 우수하다. 따라서 필름, 판, 막대, 관, 테이프, 섬유상으로 만들어 전력케이블, 절연전선의 절연체를 비롯해 고주파 절연재료로서 전자기기, 고주파 케이블 등에 사용된다. 또한 해저케이블이나 화학공장용 전선의 피복에 사용된다.

④ **가교폴리에틸렌전선**

열에 약하다는 폴리에틸렌의 결점을 개선하기 위해 폴리에틸렌에 화학첨가제를 첨가해서 가열하거나 방사선의 조사에 의해서 분자 간의 얽힘 현상을 일으킨 가교폴리에틸렌을 절연체로 하는 전선이다. 가교폴리에틸렌을 전선의 절연물로 사용하는 경우에는 고무와 같은 편조의 필요가 없고 비닐처럼 압출만의 공정으로 제작되고, 고무절연전선에 비해 내열성, 내후성, 난연성이 우수하고, 마찰과 인력에 대한 저항력이 크고, 외경도 작게 할 수 있는 이점이 있다. 주로 고압인하선, 고압가공선 등으로서 부틸고무 또는 비닐케이블 대신 사용되고 있다.

⑤ **테프론(teflon)전선**

테프론(불소수지) 절연전선은 기기선용(~AC 300[V]), 초고압용(AC 10[kV] 이상) 등에 사용되는 전선으로써 사용온도 범위는 -150[℃](극저온)~260[℃](고온)까지이며 광범위한 온도차에서도 고유특성을 유지한다. 기계적 특성,

내열성, 내화학성, 내한성, 내방사선, 난연성, 저유전 특성, 내유성, 내후성 등이 매우 우수하며, 온도나 주파수, 전자파 차폐 등의 기본적인 물성을 지니고 있다. 또한 동일조건의 다른 재질의 절연체보다 피복 두께를 얇게 절연시킬 수 있어 소형화 된다. 응용분야로서는 가전제품 및 계측기기로부터 철도, 선박, 항공기, 원자력 발전소 등 요구되는 특성에 맞게 사용되고 있다.

2.3.3 전력케이블

시가지, 공장지대, 해저, 광산 등과 같이 지중이나 해저에 전력수송을 하기위하여 시설하는 케이블로서 기계적, 화학적으로 견고한 구조를 가져야 한다. 절연체로서 절연지, 고무, 플라스틱, 절연 컴파운드 및 절연유 등이 사용되며 외장으로서는 연피, 강대, 강선, 알루미늄피 및 주트(jute) 등이 사용되고 있다. 최근에는 우수한 절연물로서 합성수지 및 합성고무가 제조되어 케이블의 절연이나 보호피복 재료로서 이용되고 있다.

(1) 솔리드 케이블

내부는 유침지로 절연한 도체와 주트(jute)의 개재물로 충진시키고 그 위에 연피를 씌운 케이블을 솔리드 케이블(solid cable)이라 한다.

① 벨트 케이블

벨트 케이블은 연동선의 원형, 반원형 또는 부채꼴의 연선으로 크래프트지를 감고 각 심선을 연합하여 틈이 생긴 곳에 개재물로 채워 원형으로 만들고 절연종이를 다시 감은 다음 건조, 함침하여 아연피를 씌운 케이블이다. 바깥지름이 작아서 구조가 간단하고 경제적이다. 그러나 케이블 내의 전계분포가 복잡하고 절연체에 평행한 방향으로 전계성분이 생기기 때문에 구조상 절연내력이 낮아 주로 22[kV] 이하의 송배전용 또는 인입선용으로 사용된다.

② SL 케이블

SL 케이블은 도체를 유침지로 절연한 후 그 위에 연피를 시공한 3심을 꼬아서 이것에 외장을 시공한 케이블이다. 연피로 정전차폐를 하여 전기력선이 절연층과 수직으로 평등해 열화가 적으며, 심선이 연피로 싸여 있어 냉각효과가 좋아 송전용량을 크게 할 수 있다. 11~33[kV]급의 도시 송배전용으로 많이 사용된다.

③ H 케이블

H 케이블은 각 심선을 코아 절연을 한 위에 금속화지 또는 동테이프를 감고, 이들을 개재물과 같이 원형으로 연합한 후 그 위에 동선이 들어 있는 테이프로 하나로 묶어 감은 다음 연피와 외장을 한 케이블이다. 3심 사이 및 심선과 연피사이에 전기적 약점이 없고 방열이 좋으므로 송전용량이 크다. 30[kV]정도까지의 고압 송배전용으로 사용된다.

(2) OF 케이블

솔리드 케이블은 온도변화에 의한 팽창, 수축으로 연피가 소성변형을 일으켜 절연물 중에 틈이 생기므로 국부적 방전이 생기기 쉽고 결함의 원인이 된다. 이 결점을 없애기 위해 케이블 중에 대기압 이상으로 절연유를 채운 것이 OF 케이블이다. 연피가 파괴되어도 유압의 변화로 사고의 조기발견이 가능하며 60[kV]~154[kV] 이상의 초고압 송전용에 사용되며 장거리용 전력케이블에 적합하다.

그림 2-9는 OF케이블의 구조를 나타내고 있으며 특징은 다음과 같다.

- 절연유를 가압하여 충진 하므로 공극이 발생하지 않는다.
- 온도 변화에 의한 팽창, 수축을 급유탱크에서 흡수한다.
- 외기의 침입이 방지되는 구조이다.

- 절연체의 두께를 얇게 할 수 있다.
- 사용온도가 높아 송전용량을 증대시킬 수 있다.

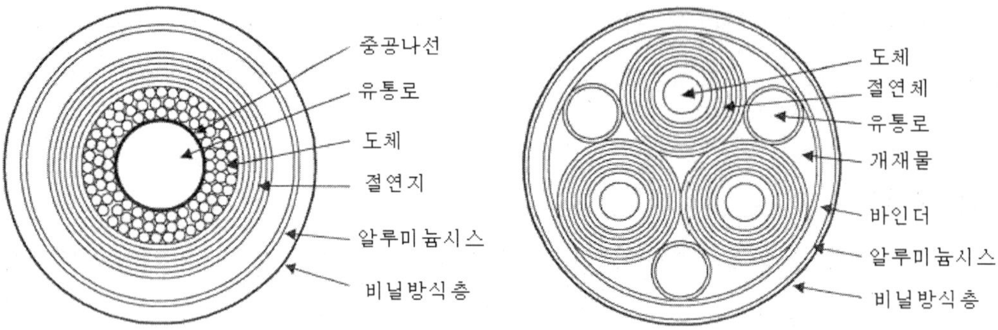

그림 2-9 OF 케이블의 구조

(3) POF **케이블(파이프형 유입케이블)**

파이프형 유입케이블(POF, pipe type oil filled cable)은 그림 2-10에 나타낸 바와 같이 강관 내에 세 가닥의 유침지로 절연된 도체를 삽입하고 절연유를 약 15[kg/㎠]의 압력으로 충전시킨 것이다. 이 케이블도 OF 케이블과 마찬가지로 온도 상승에 의한 공극이 생기지 않으므로 안정된 절연 성능을 지닌다. 이 케이블의 특징은 다음과 같다.

- 케이블의 중량이 가볍다.
- 제조과정이 용이하다.
- OF케이블에 비해 접속방법이 용이하다.
- 가압장치가 대규모로 된다.
- 강관에 대한 부식방지 대책이 필요하다.

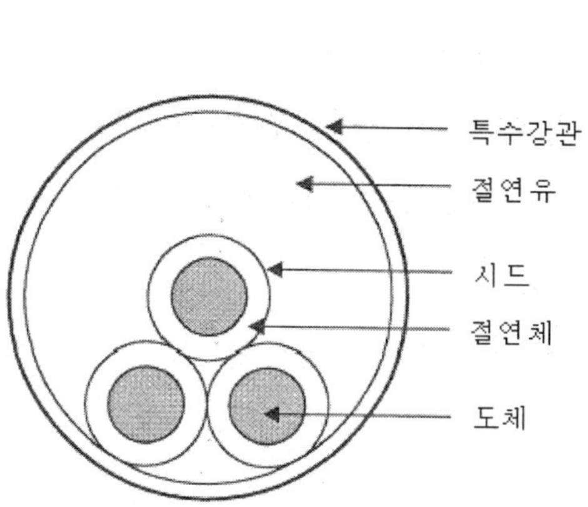

그림 2-10 POF 케이블의 구조

(4) 합성수지 케이블

① 부틸고무 전력케이블

합성도체의 절연층에는 코로나성, 내오존성 및 내열성이 우수한 부틸고무를 사용하고 외장에는 내마모성과 내유성이 강한 클로로프렌을 사용한 케이블로서 종래의 지절연연피 케이블 대신 많이 사용되며, 사용전압은 30[㎸] 정도 이다.

② 폴리에틸렌 전력케이블

EV케이블(폴리에틸렌 절연비닐시스 케이블)은 도체의 절연층에 폴리에틸렌(polyethylene, PE)을 사용하고, 외장에는 연피를 하지 않고 폴리염화비닐(polyvinyl chloride, PVC)을 사용하고 있다. EV케이블은 내약품성 및 전기적 특성이 우수하여 저압에서 특별고압에 이르기까지 널리 사용되고 있다.

그림 2-11의 CV케이블(가교폴리에틸렌 절연비닐시스 케이블)은 폴리에틸렌을 가교시켜 분자구조를 망상으로 변화시켜 분자간의 결합을 단단히 하여 녹는 온도를 높인 XLPE(crosslinked polyethylene)로 도체를 절연하고 차폐 테이프를 감고 비닐(PVC)로 피복한 케이블이다. CV케이블은 폴리에틸렌의 결점인 열적 특성을 가교반응에 의하여 개선한 것으로서 절연성, 신축성이 풍부하고

유전손이 적으며 열에도 강하다. 또한 고저 차이가 많은 곳이나 진동이 많은 장소, 교량 등의 가선에 많이 사용된다. 우리나라 특고압 이하 배전선로에서 대부분 사용되고 있으며, 154[kV] 송전선로에도 일반화 되는 추세이다. 최근에는 345[kV]급에도 채용되고 있다.

이 케이블의 특징은 다음과 같다.

- 절연성능이 우수하다.
- 절연물의 유전율(tanδ)이 적으므로 유전체 손실이 작다.
- 중량이 가볍고 접속작업이 용이하다.
- 절연유를 사용하지 않으므로 보수, 점검이 편리하다.
- 도체의 허용온도가 높기 때문에 전류용량이 크다.

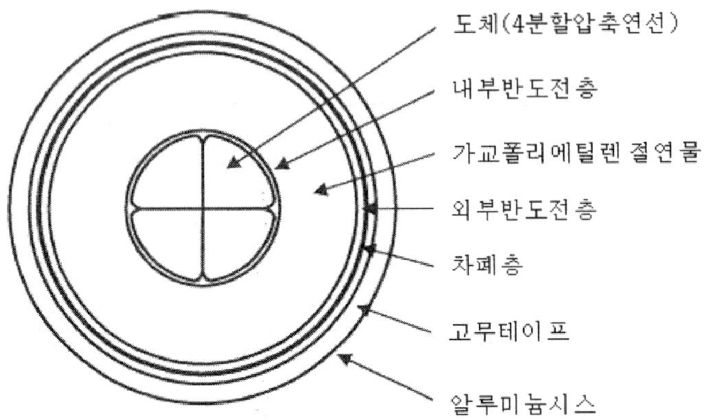

그림 2-11 CV 케이블의 구조

그림 2-12는 CV케이블의 절연체 외부에 동심 중성선이 있는 CN-CV케이블 (concentric neutral type crosslinked polyethylene insulated vinyl sheathed cable)의 구조를 나타내고 있다. 이 케이블은 22.9[kV] 배전선로에

사용된다. 동심 중성선은 Y결선의 중선선 역할을 하고 있으며 특히 케이블 3가닥의 중성선을 한데 묶어 Y결선 3상 4선식으로 배전하고 있다.

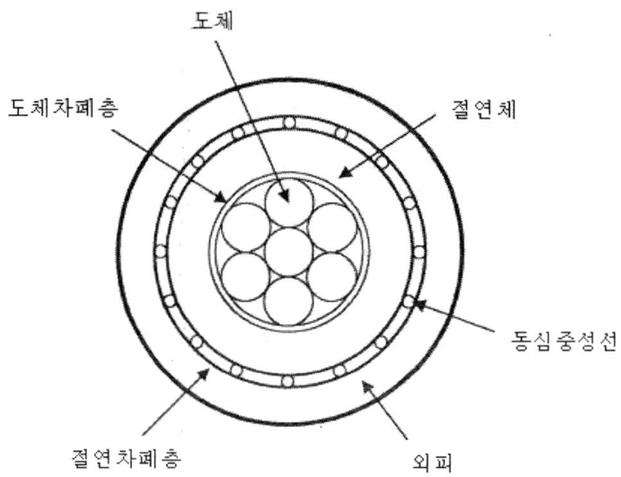

그림 2-12 CN-CV 케이블의 구조

(5) 초전도 케이블

초전도 케이블은 초전도 현상을 이용하여 송전하는 케이블로서 무손실 대용량 송전이 기대되는 케이블이다. 이를 이용한 송전방식에서 직류방식은 도심지의 대전력용 지중케이블과 대용량 장거리 송전용으로 사용될 것이다. 교류방식은 기존의 전력계통에 연계하여 도심지의 대용량 지중송전방식으로서 미국, 일본을 비롯하여 여러나라에서 연구·개발되고 있다. 그림 2-13은 초전도 케이블의 구조 예를 보이고 있다. 초전도 응용분야로는 송전손실이 없는 초전도 송전뿐만 아니라 초전도 발전기를 이용한 효율향상과 전력계통의 안정도 향상도 기대되며 대규모 전력저장을 가능하게 하는 초전도 전력저장장치는 전력의 효율적인 이용을 위하여 그 개발이 기대된다.

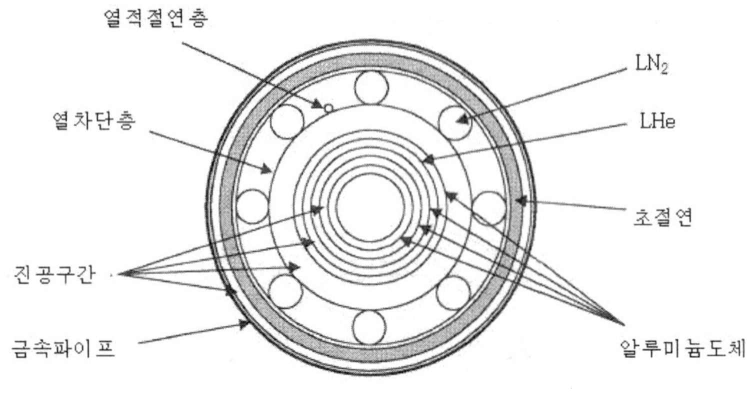

그림 2-13 초전도 케이블

2.3.4 통신용 케이블

(1) 시내 케이블

전화교환국과 가입자간 또는 대도시에서의 교환국상호간의 중계용으로 단거리용 케이블이다. 심선은 0.4~0.9[㎜]의 연동선을 크래프트지 또는 직접 펄프를 감아 절연하고 2가닥을 연합하여 쌍을 만들거나 4가닥을 연합하여 성형 쿼드(quad)를 만든다. 보통의 케이블에서 쌍 또는 쿼드를 동심 층상으로 배열하고 각층이 서로 반대가 되도록 연합한 후, 종이테이프로 감아 케이블을 만들어 건조시킨 다음 연피를 씌운다. 400쌍 이상의 케이블에서는 도체를 식별하기 위하여 100쌍의 전선을 하나의 유닛(unit)으로 연합하여 절연 종이테이프로 감아 유닛 케이블을 만든다. 유닛을 구별하기 위해 절연물에 색칠을 한다. 최근, 각 소선의 절연은 정전용량을 적게 하기 위하여 절연지 대신 폴리에틸렌이나 폴리염화비닐이 사용된다.

(2) 시외 케이블

도시간의 전화선로에 사용하는 케이블로 원거리 통신용 케이블이다.

100[㎞]이내에서 사용하는 시외성형 케이블 및 100[㎞] 이상인 도시간의 장거리 다중통신에 사용하는 반송 케이블이 있다.

(3) 국내 케이블

시내 케이블이나 시외 케이블 등을 국내기기에 접속하거나 국내기기 간을 접속하는 케이블이다.

(4) 고주파 케이블

수백[㎑]에서 수천[㎒]에 이르는 고주파 전류를 전송하는 것으로 각종 고주파용 장치의 배선, 대전력 방송용의 급전선, 텔레비전의 전송, 수백 회선의 반송전화 등에 사용된다. 구조상 동축형과 평형형이 있다.

(5) 도파관

마이크로파 이상의 높은 주파수(1[㎓] 이상)의 전기 에너지나 신호를 전송하기 위한 전송로의 일종으로 중공의 금속관 내부를 전자기파가 지나가게 한 것이다. 주파수가 매우 높아지면 구리선의 저항이 증가하고 주위 절연물 등의 유전체손실도 증가하므로 전송손실이 많아져서 사용할 수 없다. 한편, 도파관은 전파를 가두어 넣고 전송하므로 주위의 도체에 전기가 직접 흐르지 않기 때문에 저항손실이 적다. 또 관의 내부는 보통 속이 비어 있고 공기로 채워져 있을 뿐이므로 유전체손실도 적다. 재료의 금속은 황동 또는 알루미늄 등이며, 금속관의 단면은 직사각형 또는 원형의 것이 많다.

2.3.5 해저케이블

해저에 부설되어 통신 또는 전력용으로 사용되는 케이블이다.

부설위치에 따라 내륙일 경우 수저케이블과 해저일 경우 해저케이블 나눌 수 있으나, 구조와 특성에 있어서 큰 차이는 없다.

부설이나 인양 때의 장력에 견디고, 부설 뒤 조류에 의한 진동, 해저와의 마찰, 선박·닻·어구에 의한 손상 등을 막기 위해 절연한 케이블 및 지절연 연피케이블 위에 아연도금철선을 나선상으로 감아 주트(jute)로 피복하고 겹으로 철선 외장을 한다. 일반적으로 기계적 방호를 목적으로 외장을 하므로 심해용 케이블은 파랑 및 조류의 장애가 적어 무외장 케이블을 사용한다.

종래의 해저케이블은 구타페르카(gutta percha, GP) 수지를 이용한 GP 해저케이블과 고무 해저케이블, 종이절연연피 해저케이블, 동축 해저케이블 등이 사용되었다. GP 해저케이블은 음성주파용이나 전신용으로 사용되었으나 고주파 특성이 불량하여 고무절연 해저케이블을 거쳐 종이연피 해저케이블이 등장하였다. 이후 폴리에틸렌(PE) 절연체가 개발되면서 PE절연 해저케이블이 사용되었으며, 폴리에틸렌은 내수성이나 전기적 특성이 우수하나 일반적으로 유전율이 높아서 종이절연과 동일한 정전용량을 얻으려면 심선외경이 커지게 되는 단점이 있었다. 이에 반해 미세한 독립기포를 폴리에틸렌 속에 혼입시키고 가열·발포시킨 발포폴리에틸렌(PEF)은 유전율을 종이절연과 같은 정도로 조절할 수 있었다. 그러나 이와 같은 케이블도 근거리 해안부근이나 수심이 얕은 곳에서만 활용이 가능하였다.

최근에는 XLPE(crosslinked polyethylene)의 전기적 절연특성과 물리적 특성의 우수성으로 인하여 해저케이블도 XLPE 케이블로 대체되고 있는 상황이다.

국내에서는 250[kV]급(초고압 직류송전 HVDC 케이블 2개, 통신용 1개, 총 315[km]) 해저케이블이 양산되어, 진도-제주(105[km]) 구간에 설치 중에 있다.

그림 2-14는 배전용 해저전력케이블(AC 22.9[kV], 3Core, 240sq) 한 예로서의 그 구조를 나타내고 있다.

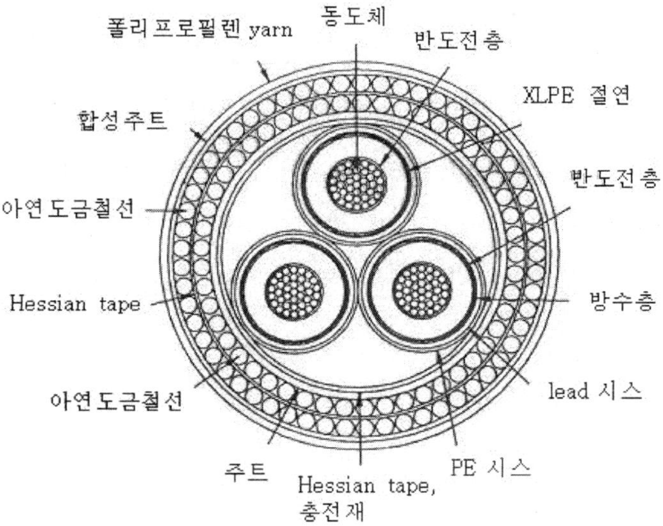

그림 2-14 해저 케이블의 구조

2.4 저항재료

저항재료는 도전재료이지만 그 특성이나 현상 및 응용이 전류를 흘리는데 주 목적을 두고 있는 도체와 다르다. 도체의 전기저항을 이용하여 전자부품 및 전기회로에 일정한 저항을 부여하거나 회로의 저항을 조절함으로써 전류와 전압을 가감하고 열이나 빛을 발생시키기 위해 사용하는 도체를 저항재료라 한다.

저항재료로서 갖추어야 할 일반적인 성질은 다음과 같다.

- 저항률이 적당한 값일 것
- 저항의 온도 곡선이 직선일 것
- 화학적으로 안정할 것
- 가공 접속이 쉬울 것
- 기계적으로 적당한 강도를 가질 것
- 가격이 저렴할 것

저항재료를 용도별로 분류하면 전기계측용의 표준정밀저항, 전류가감용의 조정저항, 발열용의 전열저항, 온도측정용의 측온저항, 기타 감습, 저항부품용 저항 등으로 분류되며, 형태상으로는 판상, 대상, 선상, 불립상, 봉상, 관상, 박막상 및 도료상으로 분류된다. 표 2-7은 저항재료를 용도별로 분류한 예를 나타내고 있다.

저항재료를 재질별로 크게 나누면 전압, 전류, 저항의 관계가 옴의 법칙을 따르는 금속 저항재료와 비직선으로 옴의 법칙을 따르지 않는 비금속 저항재료로 분류된다.

표 2-7 저항재료의 용도별 분류

용도	구분	재료
저항기용	금속	Cr, Ni, Re, Ta. W, Ru, Ti
	비금속	C, Si, Ge, SiC 등
전열용	금속	Mo, W, Pt, Ni-Cr, Fe-Cr-Al 등
	비금속	C, SiC, Mo_2Si 등
특수용도용	스트레인게이지용	망가닌, 구리-니켈 합금
	압력계용	망가닌, 금-크롬 합금
	온도조절용	구리-망간-주석 합금
	풍속계용	백금, 써미스터, 백금-로듐 합금
	감습용	염화리듐
	온도측정용	세라믹, 써미스터, 텅스텐

표 2-8 각종 금속의 저항률

금속의 종류	저항률[μΩ·cm]	도전율[%]	표준연동을 1로 할 때의 저항률의 비
은	1.62	106	0.94
표준연동	1.7241	100	1.00
금	2.4	71.8	1.39
알루미늄(연)	2.75	62.7	1.60
텅스텐	5.5	31.3	3.19
아연	5.9	29.2	3.42
니켈(연)	7.24	23.8	4.20
철(순)	9.8	17.6	5.68
철(강)	10~20	17.2~0.62	5.80~11.6
배금	10.6	16.3	6.15
주석	11.4	15.1	6.61
납	21	8.21	12.20
니크롬	109	1.58	63.20
황동(놋쇠)	5~7	24.6~34.5	2.90~4.06
청동	13~18	9.58~13.3	7.54~10.4

2.4.1 금속 저항재료

(1) 순금속 저항재료

순금속 저항재료는 내식 및 내산화성이 비교적 약하지만 금속합금 재료의 사용온도(1,400[℃]) 한계 이상의 고온에서 사용할 때나 합금재료로서 부적당한 특수조건에서 제한적으로 사용한다. 표 2-8은 대표적인 순금속 재료의 저항률을 나타내고 있다.

(2) 구리를 주성분으로 한 저항재료

① 망가닌(manganin)

구리(83~86[%])와 망간(12~15[%])을 주성분으로 하고 여기에 소량의 니켈(2~4[%])을 첨가하여 상온에서 가공하여 풀림하고 에이징(aging) 한 것을 망가닌이라 한다. 여기서, 니켈은 합금의 열기전력(2[μV/deg] 이하)을 낮게 하고 온도계수 및 내식성을 개선시키기 위함이다.

저항률은 41~48[μΩ·cm] 정도로서 온도 특성 및 안정도가 좋아 표준저항기, 정밀저항기 등에 사용된다.

② 콘스탄탄(constantan)

Cu(55[%])와 Ni(45[%])로 된 합금을 콘스탄탄이라 하며, 보통 소량의 철이나 망간, 코발트 등을 함유하는데 이는 저항온도계수와 구리에 대한 열기전력을 감소시키고 내식성을 향상시키기 위함이다. 콘스탄탄은 세선가공이 용이하지만 망가닌에 비해 내식성은 양호하나 열기전력이 큰 단점이 있다. 따라서 저항선 외에 열전대로서 온도측정용에 사용된다.

(3) 니켈을 주성분으로 한 저항재료

① 니켈-크롬계 합금

일반적으로 니크롬(nichrome)이라 부르며 고유저항이 110[μΩ·cm]로 대단히 높고 내열, 내식성, 인장강도가 크기 때문에 저항기용 저항재료 외에 전열용 저항재료로 많이 사용된다. 니크롬 전열선은 표 2-9와 같이 제1종과 제2종이 있다.

② 알루멜(alumel)

알루멜은 망간 2.5[%], 철 0.5[%], 나머지는 니켈로 된 합금이다. 저항률은 33[μΩ·cm], 저항온도계수는 1.2×10^{-5}[deg^{-1}]이며, 크로멜(chromel)과 더불어 600~1,200[℃] 정도의 온도를 측정하는 열전쌍으로 사용된다.

(4) 철을 주성분으로 한 저항재료

① 주철

주철에는 여러 가지 비율의 규소, 망간, 황, 인과 함께 2~4[%]의 탄소가 함유되어 있으며 격자저항(grid resistor)으로 대전류의 제어용으로 사용된다. 강에 비해 융점이 낮고 유동성이 좋아서 주조에 의해 완성된 제품을 만들기가 용이하지만, 주조하여 만들기 때문에 각종 결함이 있어 내진동, 내충격성 등 큰 기계적 강도를 요구하는 고속도용의 조절 저항에는 적합하지 않다.

② 철-니켈계 합금

철과 니켈은 어떤 비율이라도 고용체를 만든다. 인장강도가 크며 내산화성도 다소 좋아 저항기용 이외에 600[℃] 이하의 전열용으로 사용된다.

③ 철-크롬계 합금

니크롬에 비해 가공이 곤란하지만 저항률이 크고 내열성, 내식성이 우수하다. 니켈을 사용하지 않아 값이 싸며 내열성은 니크롬선보다 좋으나 연성이 부족하여 가공이 곤란하고 가열시 연화되는 단점이 있다. 권선 저항기에 많이 사용되며, 표 2-10과 같이 제1종과 제2종이 있다.

표 2-9 니크롬의 조성과 특징

명칭	성분[%]							저항률 (20[℃]) [μΩ·cm]	저항온도 계수(× 10^{-4}/℃]	최고 사용 온도 [℃]	특징
	Ni	Cr	Mn	Al	C	Si	Fe				
니크롬 제1종	75 ~ 79	18 ~ 20	2.5 이하	-	0.15 이하	0.5 ~ 1.5	1.5 이하	108	2 이하 (20~400 [℃]) 1.5 이하 (20~900 [℃])	1,100	고온에서 연화하지 않고, 강도가 크고 가공 용이, 황화성 가스외에는 침식 않음
니크롬 제2종	57 이상	15 ~ 18	3.0 이하	-	0.20 이하	0.5 ~ 1.5	나머지	112	2.5 이하 (20~400 [℃]) 2 이하 (20~800 [℃])	900	제1종보다 내열성 내식성은 다소 떨어지나 가공성은 양호함

표 2-10 철크롬의 조성과 특징

명칭	성분[%]							저항률 (20[℃]) [μΩ·cm]	저항온도 계수(× 10^{-4}/℃]	최고 사용 온도 [℃]	특징
	Ni	Cr	Al	Mn	C	Si	Fe				
철크롬 제1종	-	23 ~ 26	3.5 ~ 5.5	10 이하	0.15 이하	-	나머지	140	1.0이하 (20~ 1,000 [℃])	1,200	내산화성은 크지만 가공이 힘들고 니크롬과 비교해서 고온에서의 강도가 떨어짐
철크롬 제2종	-	17 ~ 21	2.0 ~ 4.0	1.0 이하	0.15 이하	-	나머지	122	2.5이하 (20~900 [℃])	1,100	제 1종보다 가공이 용이함

2.4.2 비금속 저항재료

비금속 저항재료는 물, 탄소, 탄소화합물, 규소화합물, 붕소화합물 및 질소화합물 등이 있다. 이들 저항재료는 주로 전열용, 전류 조절용 또는 저항 부품으로 사용된다. 표 2-11은 대표적인 비금속 저항재료의 종류와 용도를 나타내고 있다.

표 2-11 대표적 비금속 저항재료의 종류와 용도

<table>
<tr><th>종류</th><th colspan="2">구분 또는 사용형태</th><th>용도</th></tr>
<tr><td>물</td><td colspan="2">전해액</td><td>대전류 조절, 제어</td></tr>
<tr><td rowspan="5">탄소계</td><td rowspan="2">솔리드 저항체</td><td>자기계</td><td rowspan="2">가변 저항기</td></tr>
<tr><td>수지계</td></tr>
<tr><td rowspan="3">피막저항체</td><td>열분해형</td><td rowspan="3">탄소피막 저항기</td></tr>
<tr><td>탄화형</td></tr>
<tr><td>베이키형</td></tr>
<tr><td>탄화물계</td><td colspan="2">탄화규소</td><td>고저항용</td></tr>
</table>

(1) 액체 저항재료

물의 고유저항은 표 2-12와 같이 온도, 수질, 불순물의 농도 등에 따라 크게 변한다. 20[℃] 순수한 물의 고유저항은 10^5[Ω·m]로 비교적 크지만 물에 용해되어 있는 미량의 이온화 물질에 따라 그 값이 현저하게 변화한다. 물에 전해질(소금, 황산구리)을 첨가하여 그 농도와 전극거리를 조절함으로써 대전류의 제어 및 조절용 또는 가변저항기에 사용된다.

표 2-12 물의 고유저항

종류	저항률[Ω·m](20[℃])	종류	저항률[Ω·m](20[℃])
증류수	10^5	냇물	20~100
수도물	10^2	바닷물	0.3
우물물	20~70	포화소금물	0.04

(2) **탄소 저항재료**

비금속 저항재료로서 가장 중요한 탄소는 결정질탄소와 비결정질(무정형)탄소로 분류한다. 결정질탄소(예; 흑연)이거나 비결정질(무정형)탄소(예; 코우크스, 카본블랙, 목탄 등)이거나 모두 그 저항이 금속에 비해 약 100배 정도 크기 때문에 저항체로 유용하게 사용된다.

비결정질탄소는 약 4,500~6,500[μΩ·cm], 천연흑연은 1,500~2,500[μΩ·cm], 그리고 인조흑연은 500~3,500[μΩ·cm]의 고유저항을 갖고 있다.

2.5 특수 도전재료

2.5.1 접점재료

접점은 재료(재질)별로 보통 Ag계, Ag-산화물계, Pd계, Pt계, Au계 및 소결재료 등으로 분류할 수 있으며 표 2-13은 접점 재료별 용도를 나타내고 있다.

전기접점은 차단기, 개폐기 등 전기회로를 단속시키기 위한 전기기기의 부품으로서 기기의 안정성 및 수명에 막대한 영향을 미치는 중요한 부품이다. 접점은 회로조건, 사용분위기 및 접촉기구에 따라 필요한 특성이 다르며 이에 따라 재료를 선택해야하지만 보통 접점의 전기적, 열적, 기계적, 화학적 성질을 비교하여 특성을 평가하고 있다.

전기적으로는 전기전도도가 높고 접촉저항이 낮으며 아크(arc) 전압을 조절하는 능력이 좋은 접점재료가 좋으며, 열적으로는 열전도도, 비열 및 융점 등이 높은 재료가 좋다. 기계적으로는 접점 개폐에 따른 부하가 크기 때문에 강도나 연성보다는 내마모성이나 충격강도가 높은 것이 좋다. 화학적으로는 분위기 가스에 대한 내식성이 양호한 것이 좋다.

표 2-13 접점의 재료별 분류

재질	특성	용도	비고
Ag-Cu	■ 장점 : 전기 및 열전도도 양호, 고경도, 내마모성 양호 ■ 단점 : 화학적 변화, 내식성 약함, 접속저항 불안정	정류자, 브러쉬, 계전기, 접촉력이 큰 개폐접점	Ag계
Ag-CdO	■ 장점 : 내용착성, 내소모성 우수, 전도도, 기계적 강도 높음, 낮은 접촉저항 ■ 단점 : CdO 증가시 가공성 저하, 용접곤란, 경도 낮음	중부하 영역 접점 릴레이, 차단기, 전자개폐기	Ag 산화물계
Pd-Ag	■ 장점 : 큰 경도, 내마모성 양호, 내황화성, ■ 단점 : 전기전도도 낮음, 접촉저항이 큼	전화기용 계전기, 소형 DC용 정류자 브러시	Pd계
Pt	■ 장점 : 화학적 안정, 내산화성, 접속 신뢰성 우수 ■ 단점 : 높은 전기저항, 경도 내아크성 낮음, 고가	통신기용 계전기, 철도신호기용 고급계측기, 화재감지기, 접촉력이 작은 곳	Pt계
Au-Ag	■ 장점 : 전기전도도, 내식성 우수 ■ 단점 : 접착곤란	통신기용 계전기, 제어기	Au계
Rh	■ 장점 : 내식성, 내마모성 우수, 접촉저항 안정 ■ 단점 : 600[℃] 이상에서 산화, 고가	무선주파용 섭동접점	Rh(Rhodium)계
Cu	■ 장점 : 전기 및 열전도도 우수, 가격 저렴 ■ 단점 : 표면산화 용이, 내마모성 약함, 경도부족, 접촉저항 불안정	유입차단기, 대형 나이프 스위치, 소형차단기	Cu계

재질	특성	용도	비고
W	■ 장점 : 경도, 내마모성 우수, 내용착성 우수, 고융점 ■ 단점 : 접촉저항이 큼, 산화용이, 전기전도도 낮음	전압조정기, 다단속회로	
Ag-C	■ 장점 : 내용착성 우수, 낮은 접촉저항 ■ 단점 : 소모량 많음	철도용 신호계전기, 대형전압조정기, 저항기 접동부	소결합금
Cu-W Cu-WC	■ 장점 : 경도, 내용착성, 내마모성 우수 ■ 단점 : 접촉저항이 큼	유중회로 차단기, 변압기	

2.5.2 퓨즈재료

퓨즈(fuse)는 전기회로에 삽입되어 과부하 또는 단락에 의해 규정치 이상의 전류가 흘렀을 때 융단 되어 회로를 자동으로 차단함으로써 배선이나 전기기기를 보호하는 장치이다. 퓨즈는 항상 일정한 값의 전류가 도통해야 하므로 저항이 적어야 하며, 과대전류에 즉시 융단 될 수 있어야 한다. 따라서 융점이 낮은 주석(Sn), 비스무스(Bi), 카드뮴(Cd), 납(Pb), 아연(Zn), 은(Ag), 구리(Cu), 알루미늄(Al), 인듐(In) 등이 주로 사용되나 융점이 높은 철(Fe), 백금(Pt), 텅스텐(W) 등의 가는 선이 사용되기도 한다.

표 2-14에 퓨즈용 금속 및 합금의 종류와 그 융점 및 저항값을 나타내고 있다.

표 2-14 퓨즈용 재료와 그 융점 및 저항값

금속	융점[℃]	저항[μΩ·cm]
인듐	156.4	8.0
주석	231.9	10.1
비스무스	271	115
카드뮴	320.9	6.6
납	327.3	19.3
아연	419.5	5.45
알루미늄	659	2.61
은	960.8	1.47
구리	108.3	1.58
철	1,539	8.7
백금	1,769	9.59
텅스텐	3,380	4.82

합금	성분					융점[℃]	저항[μΩ·cm]
	Sn	Bi	Cd	Pb	In		
wood 합금	12.5	50.0	12.5	25.0	-	68	52
lipowitz 합금	13.3	50.0	10.0	26.7	-	70	
darcet 합금	25.0	50.0	-	25.0	-	93	
newton 합금	15.5	52.5	-	32.0		96	
rose 합금	22.0	50.5	-	28.0	-	100	64
온도 퓨즈	58.0	30.0	-	12.0	-	100~120	
Bi-Pb		58.0	-	42.0		125	
Sn-Bi	42.0	58.0	-	-		135	
Sn-Bi	50.0	50.0	-	-		160	
Sn-Cd	72.0	-	28.0	-		177	
Sn-Pb	33.3	-	-	66.7		217	16

2.5.3 열전대재료

열전대(thermocouples)는 두 종류의 금속선을 접촉시켰을 때 발생하는 제백(Seebeck)효과에 따른 열기전력을 이용하는 것이다. 보통 사용되는 열전대의 분류는 ISA(Instrument Society of America)의 방법에 따라 표 2-15와 같이 분류된다.

표 2-15 열전대의 조성과 종류

ISA 규격	대표적 조성	KS, JIS	특징	온도분포
B형	Pt-30[%]Rh(+) Pt-6[%]Rh(-)	-	R, S형에 비해 고온에서 사용되며, 저온에서는 열기전력이 작아 정밀도가 떨어진다. 고온정밀측정, 내구성이 요구되는 곳 사용	0~ 1,700[℃]
E형	Ni-10[%]Cr(+) Constantan(-)	CRC (chromel-constantan)	기전력 특성이 가장 높다. 전기저항이 가장 높다. 대형 화력, 원자력 발전 등에 채용(우리나라 수요 급증)	-200~ 800[℃]
J형	Fe(+) Constantan(-)	IC (Iron-constantan)	기전력 특성이 E형 다음으로 높다. 가격저렴, 손쉽게 측정, 편리 산화가 심하므로 주의 필요	-200~ 750[℃]
K형	Ni-10[%]Cr(+) Ni-5[%](Al, Si)(-)	CA (chromel-alumel)	신뢰성 높고, 가장 널리 사용 기전력특성의 직진성 양호 내열, 내식성이 양호	-200~ 1,370[℃]
R형	Pt-13[%]Rh(+) Pt(-)	PR (platinum-rhodium)	진공중, 환원성 분위기, 금속증기 분위기 중에서 직접사용을 피한다. 땀이나 기름으로 오손되지 않도록 취급주의	600~ 1,600[℃]
S형	Pt-10[%]Rh(+) Pt(-)	-	R형과 같은 주의 필요	0~ 1,600[℃]
T형	Cu(+) Constantan(-)	CC (copper-constantan)	기전력 안정, 정밀도 높다. 취급간단. 실험실 많이 사용 약산화 부위기, 환원 분위기 중에서 사용 적합	-200~ 400[℃]

2.5.4 바이메탈재료

바이메탈은(bimetal)은 온도의 변화에 따라 팽창·수축하는 정도가 다른 2장의 금속판을 접착시켜 온도가 올라가면 한쪽 금속이 다른 쪽 금속보다 더 늘어나기 때문에 구부러져서 그 끝의 접점이 개폐되는 작용을 하는 것이다.

온도가 높아지면 열팽창계수가 큰 쪽이 더 많이 팽창하면서 반대쪽으로 휜다. 그리고 다시 온도가 내려가면 원래 상태로 돌아온다. 바이메탈을 응용한 예로서는 온도조절이 필요한 가정용 전기기기 및 전류제한기, 자동개폐기 등이 있다. 팽창이 잘 되지 않는 금속재료로는 니켈(Ni)과 철(Fe)의 합금이 사용되며, 팽창이 잘 되는 금속재료는 니켈(Ni), 망간(Mn), 철(Fe)의 합금과 니켈(Ni), 몰리브덴(Mo), 철(Fe)의 합금 그리고 니켈(Ni), 망간(Mn), 구리(Cu)의 합금 등 여러 가지가 있다.

2.5.5 접동접점재료

(1) 브러시

브러시(brush)는 발전기, 전동기 등의 정류자 또는 슬립링(slip ring)에 접촉, 고정시켜 회전자와 외부회로와의 통전역할을 하는 부품으로 일반적인 브러시의 필요조건은 다음과 같다.

- 정류기능이 좋으며 불꽃의 발생이 잘 되지 않을 것.
- 저항률이 작고 열전도율이 클 것.
- 접촉저항이 작을 것.
- 기계적 강도가 어느 정도 높을 것.
- 마찰계수와 탄성률이 작을 것.

브러시용 재질은 탄소질, 흑연질, 전기흑연질, 금속흑연질 등의 4종류가 사용되고 있으며, 이 조건을 제일 만족하는 것으로 탄소질계 재료가 가장 많이 사용되고 있다. 탄소브러시(carbon brush)는 주로 탄소분말 또는 천연 흑연분말에 피치(pitch)나 타르(tar) 등의 결합제를 가해 균일하게 가압, 성형해서 장시간 동안 1,500[℃] 부근의 온도에서 가열 소결하여 만든다.

① 탄소질 브러시

피치, 코크스(coke) 등의 비정질 탄소를 주원료로 하여 만든 브러시이다. 보통 저항률과 마찰계수가 크며, 기계적 강도도 크다. 또, 절삭성도 좋다. 탄소에 흑연을 혼합한 탄소 브러시는 소용량, 저속도 직류기용 브러시로 사용된다.

② 흑연질 브러시

천연 또는 인조흑연의 미분을 주원료로 하여 만든 것으로 브러시 중에서 경도가 가장 낮다. 기계적 강도는 작지만 섭동음이 낮고, 또 저항률이 작으므로 전류용량을 비교적 크게 할 수 있다. 미끄러짐이 좋으므로 주로 중전압 이상의 고속도 또는 대전류 직류기 및 교류기의 브러시 또는 가정용 소형 정류자전동기에도 사용된다.

③ 탄소흑연질 브러시

결정질의 탄소와 흑연을 혼합하여 만든 것으로 그 성질은 탄소질 브러시와 흑연질 브러시의 중간 특성을 갖는다. 주로 직류발전기, 유도전동기 등의 브러시에 사용된다.

④ 전기흑연질 브러시

각종 탄소의 미분말을 전기로 중에서 고온(2,000~2,500[℃]) 처리하여 인공적으로 흑연화 한 것으로, 천연흑연에 비해 불순물 함유량이 대단히 적으며 기계적 강도가 크면서도 비교적 전류용량을 크게 잡을 수 있다. 탄소질 및 흑연질 브러시에서의 각각의 결점을 보완한 특성을 가진 것이라 할 수 있다. 주로 직류기, 활동환용 브러시, 회전변류기, 고속도기계에 사용된다.

⑤ 금속 흑연질 브러시

구리 등의 금속 분말에 흑연을 혼합하여 소결한 것과 흑연분말을 구리도금하여 성형시킨 것 등이 있다. 저항률 및 접촉저항이 매우 작으며 전류밀도를 크게 할 수 있는 장점이 있다. 따라서 저전압 대전류의 직류기, 회전변류기, 유도전동기의 브러시 및 슬립링에 사용된다.

(2) 팬터그래프

팬터그래프(pantagraph)는 전차 또는 전기 기관차의 지붕 위에 달아 전선에서 전기를 끌어 들이는 장치로서 트롤리선과 함께 접동계를 구성하지만 트롤리선은 영향을 받지 않고 팬터그래프만 적당히 마모되도록 되어 있다. 보통 구리 및 구리합금, 탄소계 재료 및 Cu계 소결재료가 사용되고, 고속 접동용으로 Fe-Cu계 소결재료가 사용된다.

그림 2-15 싱글암형 팬터그래프

(3) 마이크로모터의 접동계

마이크로모터(micromotor)는 모양으로는 정류자와 큰 차이가 없으나 저전압에서 권선저항이 크므로 접촉저항이 작고 노이즈가 적은 재질을 선택해야 한다. 브러시 재료로는 흑연, Cu-흑연 또는 Ag-흑연, Au계, Pd계 합금, Pt계 합금 등이 모터 특성에 따라 사용된다.

(4) 권선습동(sliding)저항

통신기용 볼륨(volume)이나 정밀계측기의 전위차계(potentiometer) 등의 가변저항에는 권선형이 많이 사용되는데 권선상의 브러시가 움직이는 형태이다. 브러시 재료로는 경도가 큰 것이 요구되어 Ag−Pd, Ag−Pd−Cu, Au계, 또는 Pd계의 다원합금이 사용된다.

(5) 절환 스위치

신호 절환용 스위치 등의 노이즈 특성이나 신뢰성이 높은 것이 아닌 일반 용품에 사용되는 스위치로서 신호용에 비해 큰 전류가 흐르는 곳에 사용되는 것으로서 Ag 또는 Ag 합금이 사용된다.

2.5.6 전극재료

(1) 축전기용 전극재료

축전기의 종류에 따라 전극재료는 달라지지만 일반적으로 금속화지 축전기에는 고순도의 Zn이 사용되며, 불순물로서는 Pb, Fe, Cd 등이 함유되어 있다. 운모나 자기를 유전체로 하는 축전기에는 Ag 소부전극이 널리 사용된다. Al은 종이축전기, 플라스틱박막 축전기, 금속화지 축전기, 전해 축전기 등에 사용된다.

(2) 전지용 전극재료

공기건전지, 망간건전지, 수은건전지 등과 같은 1차전지의 음극재료는 Zn이 사용된다. 그러나 새로운 전지에는 Pb(과염소산전지), Mg(염화은전지, Mg전지, 염화제1동전지) 등을 사용하는 것도 있다. 양극재료로서 공기 및 망간건전지는 C, 수은건전지는 Fe를 사용하며, 새로운 전지에는 Ni(과염소산전지), Ag(과산화은전지), Cu(염화제1동전지) 등도 사용되고 있다. 2차전지로서 연축전지는 음극에 Pb, 양극에 PbO_2가 사용되며, 알칼리축전지는 음극에 Fe, 양극에 Ni_2O_3가 사용되고 있다.

(3) 접지용 전극재료

접지용 전극재료로는 C, Cu, Fe 등이 사용된다. 탄소접지봉은 흑연을 주체로 한 소결체에 도선을 접착한 것이다. 금속접지봉은 구리나 강봉에 도금한 것 또는 동복강선을 사용한다.

(4) 반도체용 전극재료

반도체를 응용한 각종소자나 부품, 장치에서는 전극재료와 전극을 접합시키는 방법이 매우 중요하다. 일반적으로 반도체에서는 진공증착법을 사용해서 Au, Ag, Al, Sn, Ni 등의 박막전극을 붙이고 있다.

(5) 전기용접용 전극재료

전기용접용 전극재료는 도전율 및 열전도율이 크며, 피용접물과의 사이에 접촉저항이 작아야 하며, 기계적 강도가 크며, 특히 고온에서 경도가 큰 것이 요구된다. 여기에 합치되는 것으로서 Cu와 Cu합금이 있다. Cu합금은 경도와 항장력을 증대시키기 위하여 저온가공이나 특수 열처리한 것이 사용된다. Ag－Cu합금은 철이나 황동의 용접에 좋은 성능을 나타내며, W, W－Cu, W－Ag의 소결재료도 전기용접용 전극으로 사용된다.

제3장 절연재료

3.1 절연재료의 개요

전력이나 전자기기, 도체 등에 전하나 전류의 유출입을 막기 위하여 부도체로 둘러싸거나 지지하는 것을 절연이라 하고, 이와 같은 목적에 사용하는 부도체를 절연재료라고 한다. 또, 절연물은 전계를 가하면 그 표면에 전하가 나타나는 성질이 있는데 이러한 관점에서 절연물을 유전체라 한다.

절연물에는 열화나 경년변화 또는 급격한 변화가 일어나 전기기기를 사용 불가능하게 하는 경우가 많다. 즉 전기기기나 장치류의 수명을 결정하는 것은 거의 절연체의 수명이라고 할 수 있다. 절연재료는 시대에 따라 새로운 소재가 개발되고 있으며 새로운 재료의 출현으로 그동안 불가능했던 기술도 실현되고 있다.

전기·전자 기기 등의 안전하고 원활한 동작을 위해서는 목적과 용도에 맞는 절연재료가 사용되어져야 한다. 절연재료는 전기를 유효하게 사용하는데 중요한 역할을 하고 있다.

전기 절연물로 사용되는 물질은 그 종류가 대단히 많다. 즉 기체, 액체, 고체의 3종류로 이루어져 있으며, 또 광물류에서 얻어지는 무기질의 것과 동식물에서 얻어지는 유기질의 것이 있다. 사용되고 있는 절연재료를 조성에 따라 분류하면 표 3-1과 같다. 또한 절연재료는 내열구분에 따라서 각각 기기의 최고 허용온도가 한정되어 있기 때문에 이에 준하여 절연재료를 내열성에 따라 구분하면 표 3-2와 같다.

표 3-1 절연재료의 조성상 분류

분류			원료 소재	가공 재료
천연물	무기재료	기체	공기, 질소	
		고체	운모, 석면, 수정, 황, 식물성유(아마인유, 동유)	운모제품, 석면제품, 절연니스, 컴파운드
	유기재료	액체	동물성유(쇠기름, 어유) 석유계유(광유, 파라핀, 아스팔트) 섬유질(목재, 펄프, 무명실, 명주실)	컴파운드 절연유 절연종이, 절연실
		고체	수지(로진, 셀락, 앰버) 고무류(고무, 에보나이트)	절연니스 고무가공품
인조물	무기재료	기체	6불화황	
		고체	자기 유리	장석, 활석, 알루미나자기 소다유리, 유리섬유
	유기재료	기체	프레온	
		액체	합성유	
		고체	합성수지(비닐계수지, 페놀계수지) 합성고무	절연니스, 적층재, 형조품, 고무가공품

절연재료는 온도, 습도, 주파수 및 인가전압 등과 같은 인자에 의해 성질에 영향을 받으며, 절연재료로서 필요한 성질을 요약하면 다음과 같다.

■ 절연저항 및 절연내력 커야할 것.(단, 전류 및 고압송전선, 고주파기기 등에 사용되는 것은 적당한 유전율과 유전체 손실이 작아야 함)

■ 열전도성, 내급열, 내냉성, 내수성, 내아크성 및 내오존성이 좋고, 비열이 크며 열팽창이 작을 것.

■ 인장강도가 크고 단단하며, 압축, 굽힘 등에 강하고 가공이 쉬울 것.

■ 절연물의 비중, 기화성, 흡수율, 점도 등의 물리적 성질이 중요한 역할을 함.

■ 산·알칼리 및 기름 등에 용해되지 않고, 쉽게 이온화되는 물질을 포함하지 않을 것.

■ 자연적으로 변질되지 않고, 인화점 및 발화점이 높을 것.

표 3-2 최고 허용 온도별 절연재료의 분류

절연 종별	허용최고 온도[℃]	절연재료	용도
Y종	90	목, 면, 견, 종이 등의 재료로 구성 니스를 함침하지 않은 것 또는, 유중에 담그지 않을 것	저전압 · 소형기기 절연
A종	105	Y종의 것을 니스로 함침한 것 또는, 유중에 담근 것	범용회전기, 변압기의 절연
E종	120	에나멜선용 폴리우레탄수지, 에폭시수지, 멜라민수지, 페놀수지 충전성형품 및 적층품, 폴리에틸렌 테레프탈레트 필름 등	비교적 대용량 기기, 코일, 자석발전기 등의 절연
B종	130	운모, 석면, 유리섬유 등의 무기재료를 접착재료와 함께 쓴 것 (유기재료가 혼재되는 경우도 있음)	고전압기기, 건식변압기, 고압전동기, 몰드변압기, 전동기 권선의 절연
F종	155	B종 재료를 실리콘 알키드수지 등의 접착재료와 함께 쓴 것	B종과 동일 (B종보다 기기가 작다)
H종	180	B종 재료를 실리콘수지 또는 동등 이상의 접착재료와 함께 쓴 것	건식변압기, 용접기
C종	180 이상	운모, 석면, 자기, 유리 등을 단독으로 사용한 것	내열성, 내후성을 필요로 하는 부분의 절연, 특수기기

3.2 고체절연재료

3.2.1 고체무기절연재료

무기절연재료로서 세라믹(ceramic)은 전기절연성이 매우 우수하여 전기 절연체로서의 기능을 이용한 재료로 많이 사용되어 왔으며, 저주파 절연물의 보통 절연자기에서부터 고전압, 고주파에 견디는 기능을 갖는 재료로 개발되고 있다.

초기의 절연재료는 점토를 주성분으로 한 보통자기가 대부분을 이루었으나 전기·전자공학의 발달로 고주파 고전압의 전기특성에 부합하는 재료개발의 필요성이 대두되어 알루미나(alumina), 뮬라이트(mullite), 스테아타이트(steatite), 포스테라이트(forsterite), 지르콘(zircon) 등 특수 자기질의 세라믹스 절연재들이 개발되게 되었다.

또한, 세라믹스는 절연성 외에 전기전도의 면에서는 절연체이지만 전장을 가하면 분극현상에 의하여 유전특성을 나타낸다. 이러한 유전특성을 이용하여 콘덴서(condenser) 등을 제조하는데 사용하는 것을 유전재료라 한다.

절연성을 가지는 재료와 유전성질을 가지는 재료를 개발하기위한 연구들이 계속 진행되고 있으며, 절연재료의 전기적, 물리·화학적 제 성질을 개선하기 위하여 새로운 공정을 개발하여 고순도화, 초미립화를 기하고 있다.

표 3-3은 대표적인 고체무기절연재료의 전기적 성질을 나타내고 있다.

표 3-3 무기절연재료의 전기적 성질

공별 \ 품명	비중	인장강도 [Mpa]	경도 [mose]	체적 고유저항 [Ωcm]	유전율	유전체 역률(10^{-4}) (1~10[MHz])	절연내력 50[Hz] ([kV]/분)
백운모	2.7~3.1		3.0	$10^{14} \sim 10^{17}$	6~8	2~8	70~220
유황	2.0~2.1		1.5~2.5	$10^{16} \sim 10^{17}$			

종별 / 품명	비중	인장강도 [Mpa]	경도 [mose]	체적 고유저항 [Ωcm]	유전율	유전체 역률(10^{-4}) (1~10[MHz])	절연내력 50[Hz] ([kV]/분)
보통 자기	2.3~2.5	2.5~3.5	7~8	$10^{13}\sim10^{14}$	5.0~6.5	60~120	30~35
스테아타이트	2.6~2.8	4.5~6.0	7~8	$10^{14}\sim10^{15}$	5.5~6.5	3~5	30~45
티탄산 자기	3.1~3.2	600~700	7~8	10^{14}	12~16	0.5~3.0	10~20
연유리	2.8~3.7	210~420	5	$> 10^{13}$	7~10	5~40	15~35
붕소산 유리	2.2~2.3	150~250	5	$> 10^{14}$	4.5~5	5~20	20~35

(1) 일반절연재료

① 운모

운모는 칼륨과 알루미늄 외에 마그네슘, 리튬, 망간, 티탄 및 철 등의 금속을 상당량 포함하고 있는 광물이며 내열성이 비교적 우수한 절연재료이다. 섬유상 단결정 구조를 가지며 결정층은 박엽상의 절연재료를 제공한다.

천연운모는 결정이 작기 때문에 유리포(glass cloth) 등에 접착제를 상용하여 접착시켜서 운모제품을 만들어 절연재료로 사용하는 것이 일반적이다. 여러 가지 종류가 있지만 절연재료로 사용되는 것은 백운모($H_2KAL(SiO_4)_2$)와 금운모($(MgF)_3Al(SiO_4)_3$)이다.

백운모는 비중이 2.7~3.1, 경도 2.8~3.2를 가지고 색상은 엷은색이 많고 연속사용 온도는 550[℃]이며, 내산성 및 내화학성이 매우 좋고 크다. 금운모는 비중 2.6~3.0, 경도 2.5~2.7로 진한색이 많으며 연속사용온도는 800[℃]이고 약 1,000[℃]까지 가소성을 가지는 물질이며 내약품성은 크지만 내산성은 좋지 못한 편이다.

② 합성운모

결정이 큰 운모를 얻기 위하여 공업적으로 합성운모를 제조한다. K_2CO_3, SiO_2, Al_2O_3, MgO, MgF_2 또는 K_2SiF_6을 금운모에 가까운 조성으로 혼합하여 SiC 용기 중에서 1,400~1,450[℃]로 가열, 용융하여 일정시간 그 상태로 유지한 후 서서히 냉각하여 결정화시킨 것이다.

합성운모의 특징은 고온 안정성이 큰 것으로 1,100[℃]에서도 사용 가능하다. 또한, 전기절연성도 천연 운모보다 우수하다.

③ 석면(asbestos)

천연의 섬유상 광물로 비교적 값이 싸고 내열성이 좋아 내열절연재료로 사용된다. 석면은 천연 그대로 절연재료로 사용되기 보다는 석면종이, 석면실, 석면포, 석면판, 석면시멘트 등의 제품으로 만들어져 사용되고 있다.

여러 가지 종류 중 절연재료로 사용되는 것은 온석면(chrysotile)과 청석면(crocidolite)이 있다.

온석면은 주성분이 $3MgO \cdot 2SiO_2 \cdot 2H_2O$로서 내열성이 크기 때문에 400~500[℃]의 고온에서도 사용가능하다. 전선피복재료 및 석면판이나 석면종이의 원료로 사용하거나 분말은 내열충진재로 사용한다.

청석면은 $Na_2O \cdot Fe_2O_3, \cdot 3Fe_{0.8}SiO_2 \cdot 2H_2O$에 해당하는 조성을 갖고 있으며 온석면에 비하여 섬유가 단단하고 산화철을 함유하고 있기 때문에 내열성은 떨어지나 내산성은 강하다. 내열성과 전기절연성은 화학적 처리에 의해 높일 수 있지만 습기에 약한 결점을 갖고 있으므로 이를 방지하기 위하여 아스팔트, 광유 등을 함침하여 사용한다.

④ 인공합성석면

석면은 단독 또는 MgO 등의 충진제를 가하여 보온재, 전기절연재 전해격막 등으로 공업적으로 상당히 필요한 재료이다.

근래에는 내열성 및 내약품성을 증가하기 위하여 천연 온석면을 불화물 용액을 처리하여 만든 불소치환 온석면이 있다.

⑤ 보통자기

일반적인 절연자기로 사용되며, 주로 SiO_2 70~75[%], Al_2O_3 20~25[%], Fe_2O_3 0.4~0.8[%], CaO 0.3~1.0[%], MgO 0.3~0.8[%]로 조성되어 있다.

보통자기의 제조는 점토, 규석, 장석을 2:1:1로 혼합한 소지를 성형하여 터널가마에서 1,350[℃] 정도의 고온에서 소성하여 만든다. 값이 싸고 화학적 안정성이 좋고 풍화에 대한 저항력도 강하지만 내열성이 약하고 유전손실이 큰 결점을 가지고 있다.

⑥ 애자(insulator)

전선을 지지하는 물체로부터 절연하는데 주로 사용되는 절연재료로서 크게 무기질 애자와 유기질 애자로 구분되며 무기질 애자를 조성에 따라 분류하면 장석질보통자기와 알루미나함유자기로 구분된다. 최근 반도전유 애자가 주목되는데 표면에 반도전성의 유약을 구워 바른 애자를 사용하면 미소전류로 인한 줄열이 노결을 방지하여 준다.

사용전압에 따라 구분하면 저압애자는 장석질의 보통자기가 사용되며, 고압 및 특고압 애자는 전기적 기능 외에 높은 기계적 강도가 요구된다. 고압애자는 코로나 발생을 억제하고 전자장치에 대한 라이오파 간섭을 제거하기 위해 금속과 접촉하는 절연자기의 표면에 금속산화물로 만든 반도체 유약을 바른다.

(2) 고주파용 절연재료

고주파용 절연자기는 유전손실이 적어야하며, 사용하는 조건하에서 저항 값이 커야 하며 내압, 절연저항, 기계적 강도 등이 우수하여야 한다. 또한, 정확한 치수로 가공이 용이하여야 한다.

① 스테아타이트(steatite) 자기

활석($3MgO \cdot 4SiO_2 \cdot H_2O$)을 주원료로 하기 때문에 활석자기라고 부르기도 한다. 활석에 SiO_2, Al_2O_3, MgO, Fe_2O_3, PbO 등과 같은 산화물을 소량 첨가하여 성형한 다음 1,300~1,400[℃]에서 소성하여 제조한 것으로서, 기계적 강도가 크며, 고주파에서 유전정접이 작은 특성을 가진다.

무선통신기의 부품, 진공관 및 브라운관 등의 전극 지지물, 고주파용 코일의 보빈, 진공관용 소켓, 전자회로용 기판 등 전기회로에 많이 사용된다.

② 포스테라이트(forsterite: $2MgO \cdot SiO_2$) 자기

활석을 주원료로 하여 마그네시아(MgO)를 첨가하여 제조한 것으로서 마이크로파 영역에서의 유전손실이 작고 열팽창계수가 크기 때문에 열충격에 약한 결점이 있지만 금속과 결합하여 사용하는데 적합한 재료이다.

③ 페리클레이스(periclase: MgO) 자기

극히 미세한 마그네시아 결정인 페리클레이스는 페리클레이(MgO) 결정을 다량으로 함유한 자기이다.

고순도의 마그네시아 자기는 고온에 견딜 뿐만 아니라 전기절연성이 좋고, 또 열적으로는 양도체라는 특징이 있으며, 기계적으로도 강하고 내열충격성이 커서 활용도가 높다.

④ 규회석(wollastonite: $CaSiO_3$) 자기

규회석 자기는 유리보다 유전손실이 작은 것이 일반적인 특징이며, 소성온도가 1,200~1,250[℃]로 낮고 기계적 강도가 매우 크며 고주파 특성이 아주 양호한 재료이다.

용도로서는 바닥과 벽타일, 전기절연체와 자기 정착물 등 요업제품에 주로 이용되며, 또한 용접봉 피복물과 도료에도 이용된다.

(3) 내열절연재료

① 알루미나(Al_2O_3) 자기

전기·전자기기에 사용되는 절연자기는 고도의 특성이 요구되므로 불순물의 함량이 적은 순수한 산화물 자기가 개발되어 널리 사용되고 있다.

알루미나 자기는 1950년대 이후 가장 일반적인 인공재료로서 열적, 기계적, 전기적 물성 등이 우수하여 다량으로 사용되고 있는 재료이다. 점화플러그, 열전쌍 보호관 등에 사용된다.

② 뮬라이트(mullite: $3Al_2O_3 \cdot 2SiO_2$) 자기

$Al_2O_3 \cdot SiO_2$계의 대표적인 자기로서 내열성이 우수하고 기계적 강도가 높은 특성을 지니고 있다.

뮬라이트 자기는 K_2O, Na_2O, CaO 등의 성분으로 구성된 장석을 첨가하여 뮬라이트 생성을 촉진하여 강도를 증가시키지만, K^+ 이온, Na^+ 이온, Ca^{2+} 이온 등이 물질 내에서 확산하여 전기 절연성을 떨어뜨리는 주된 요인이 되기도 한다. 철분의 경우 전기절연성에 치명적인 영향을 미치지만 화학적으로 처리하여 사용하므로 큰 문제는 되지 않는다.

③ 기타 자기

코오디어라이트(cordierite: $MgO \cdot Al_2O_3 \cdot SiO_2$) 자기는 팽창계수가 낮아 급열·급냉 특성이 우수하고, 지르콘(Zircon: $ZrO_2 \cdot SiO_2$)계, 마그네시아(magnesia)계, 베릴리아(berylia: BeO)계, 스피넬(spinel: $MgO \cdot Al_2O_3$)계에 속하는 자기는 특수한 목적에 사용되는 내열절연재료 들이다.

④ 유리(glass)

실제로 사용되고 있는 유리는 규산염 유리(silica glass)로서 석영(SiO_2)을 주성분으로 하고 있다. 순수한 석영은 연화 온도가 높고 처리가 곤란하므로 연화 온도를 낮추기 위해 알칼리 성분 등을 혼합하며 그 성분에 따라 유리의 명칭이 붙여진다.

유리의 종류에 따라서 전기저항이 $10^7 \sim 10^{13}[\Omega \cdot cm]$로 매우 크기 때문에 여러 가지 절연재료로 활용되고 있다. 일반적으로 각종 유리의 절연 저항값은 온도가 상승하면 감소하지만, 붕규산 유리(pyrex)는 온도 변화에 다른 저항 값의 변화가 가장 작은 유리이다.

㉠ 소다 유리

보통의 상용유리로서 창유리나 병유리에 사용되는 것으로서 주로 알칼리 성분을 함유하고 있으므로, 표면에 수분이 부착하면 알칼리 이온이 표면에 유리하여 표면 누설전류가 증가하는 등 절연 재료로서는 부적당하다. 그러나 연화 온도가 낮고 가공하기 쉬우며, 가격이 싼 것이 장점이다.

㉡ 납유리

알칼리 성분을 가능한 적게 하고 무수붕산(B_2O_3), 또는 산화납(PbO)을 첨가함으로써 연화 온도를 낮게 한 경우로서 가공이 용이하며 빛의 굴절률이 높기 때문에 광학용이나 장식용으로 이용된다. 절연성은 비교적 좋고 조명용의 관구, 진공관·방전관 제조용의 유리에 사용된다.

㉢ 붕규산 유리(pyrex)

경질 유리의 대표적인 것으로 급열·급냉의 열충격에 강하다. 전기적 성질로서는 고주파 특성이 우수하고 화학적으로 안정하여 잘 풍화되지 않는 등의 특징을 지니고 있기 때문에 고주파용의 애자, 대형 진공관의 관구에 사용된다.

㉣ **용융석영(fused silica)**

절연성, 유전정접(tanδ), 내열성 등이 유리 중에서 가장 우수하다. 그러나, 열화 온도가 높기 때문에 가공이 곤란하며 값이 비싸다. 용도로는 고급절연물, 전기 집진기용 절연물, 열전대 보호관, 고압 수은등, 진공관 재료 등에 사용된다.

㉤ **유리섬유**

유리를 섬유화시킨 것으로 절연재료로서는 장섬유의 유리섬유를 사용한다. 유리섬유는 고온에 잘 견디며 내연성을 갖고 있으며 흡수성이 없으며 흡습성이 매우 적고 화학적 내구성이 양호하며, 특히 인장강도가 매우 크다. 용도로는 내열성, 절연성의 기기 제조에 사용되며 권선저항기 등에 사용된다.

3.2.2 고체유기절연재료

고체유기절연재료는 고체무기절연재료에 비해 일반적으로 유연성이나 가소성이 풍부하고 가공성도 우수하므로 그 용도는 매우 넓다. 일반적으로 전기절연성도 우수하고 절연저항, 절연내력, 유전손 등에 있어서도 매우 우수한 특성을 갖는 것이 많으므로 절연재료 및 콘덴서재료로 널리 사용되고 있다. 특히, 합성수지나 고무 등은 전기용 구조재료로서도 유용하다. 최근에는 고분자 화학공업의 발달에 의해 섬유, 수지, 고무 등 모든 분야에서 화학적으로 합성된 우수한 재료가 제조되어 전기용으로 활용되고 있다. 본장에서는 섬유질재료, 천연수지, 합성수지, 천연고무, 합성고무, 컴파운드 등으로 나누어 기술한다.

(1) 섬유질재료

셀룰로오스, 목면이나 종이 등의 식물성 섬유의 주성분인 셀룰로오스(cellulose)는 그림 3-1과 같이 사슬모양의 결합의 화합물이다.

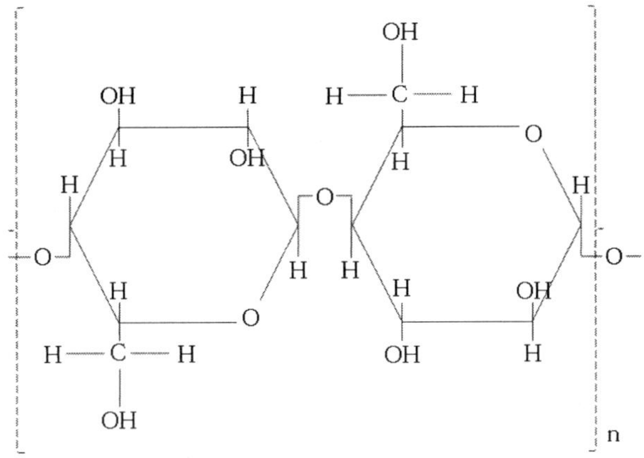

그림 3-1 셀룰로오스의 분자구조

OH기가 물리적으로 수분을 흡착하기 쉬울 뿐 아니라 모세관현상에 의한 흡습성이 있다. 또한 OH기 때문에 분자가 유극성으로 되어 유전정접(tanδ)이 커진다. 값싸게 다량으로 얻을 수 있으므로 건조한 공기중에서 사용하거나 바니쉬(varnish), 파라핀(paraffin), 기름 등을 함침시키든지, 또는 OH기를 화학적으로 처리하여 셀룰로오스 유전체로 사용한다.

(2) 천연수지

천연수지(natural resin)에는 로진(rogin), 호박(琥珀), 코팔(copal), 담말(dammar), 셀락(shellac) 등이 있으며, 표 3-4에 천연수지의 성질을 나타내고 있다.

① 로진(rogin)

로진은 소나무와 잣나무에서 분리되어 나온 기름, 즉 발삼(balsam)을 증류하여 테르핀유를 제거한 잔유물로서 얻어진다. 알콜, 벤젠 등 모든 용제에 잘 용해되나 절연용 바니쉬를 사용할 경우 연화점이 낮고 산가가 높은 결점이 있다.

주로 글리세린과 에스텔고무의 형태로 하여 사용된다.

② **호박**(amber)

화석화된 천연수지로 호박을 분말로하여 성형가공한 앰브로이드(ambloid)는 절연저항이 크고 유전손이 작으므로 계측기용 절연물 등에 사용된다.

③ **코팔**(copal)

열대성 식물에서 채취되는 연질코팔과 반화석화된 경질코팔이 있다. 연질코팔은 용제에 녹는 것도 있지만 보통 라이닝 처리용에 사용되며 경질코팔은 유성바니쉬, 컴파운드의 원료료 사용된다.

④ **담말**(dammar)

열대성 식물에서 채취되는 수지로 용제에 잘 용해되며, 그 피막은 접착력이 풍부하다. 주로 백색에나멜의 전색제, 접착용 바니스, 락카, 목재의 송진방지제, 가구 바니스 등에 사용된다.

⑤ **셀락**(schellac)

인도, 버마산으로서 곤충(lac 충)의 분비물에 의해서 얻어지는 수지이다. 천연수지 중 유일하게 열경화성 수지이며 용융을 되풀이하면 융점이 점차 상승한다. 알콜, 아세톤, 테르핀유 등에 잘 용해되므로 주정니스, 락카니스, 종이 사이징제, 도료, 성형품 등의 원료로 사용된다. 접착력이 강하고 전기절연성도 우수하나 내습성이 약간 나쁘다.

표 3-4 천연수지의 성질

구분	로진	앰블로이드	마닐라 코팔	뉴기니아 코팔	담말	셀락
비유전율	2.6~3.1	2.0 (10[㎑])	2.5	4.7	2.4	2.7
유전체역률 [%]	0.2	0.01~0.015 (10[㎑])	0.96 33[℃]	-	0.83	0.81
체적저항률 [Ω·cm]	0.55×10^{13}	3×10^{16}~ 1.4×10^{17}	3.1×10^{16}	1.4×10^{17}	4.6×10^{16}	1×10^{16}
절연파괴강도 [kV/㎜]	2.8~3.0	-	6.8	-	6.2	3.7

(3) 합성수지

합성수지는 수지모양의 유기합성 고분자화합물로서 플라스틱(plastics)이라도 한다. 이렇게 부르는 이유는 많은 합성수지가 가열되면 연화하여 가역성을 나타내며 이러한 성질이 합성수지의 실용성을 높이는 특징이 되기 때문이다.

중합반응에 의해 얻어지는 합성수지의 대부분은 가열에 의해 연화하여 가역성을 나타내며 이와 같은 성질을 열가소성이라 한다. 이에 비해 가열에 의해 일단은 가역성을 나타내지만 가열을 계속하면 점차 경화하여 이와 같은 정도의 온도에서 다시는 연화하지 않게 되는 성질을 열경화성이라고 한다.

① 열가소성 합성수지

열가소성수지는 사슬모양의 고분자로 이루어져 있으며 내열성, 기계적 강도 등에 있어서 열경화성수지보다는 못하지만 분자구조가 대칭적이고 전기쌍극자를 갖지 않는 것이 많으므로 전기적 성질은 우수하고 유전손도 작은 것이 많다. Cl이나 F를 함유하는 열가소성수지 중에는 내열성, 기계적 강도, 내약품성이 매우 우수한 것도 있다.

열가소성수지에는 여러 가지 종류가 있지만 큰 비중을 차지하는 것은 에틸렌계 중합체이다. 에틸렌계 중합체에는 비닐수지, 불소수지, 비닐리덴계수지 등이 있다. 그림 3-2 및 표 3-5는 열가소성수지의 구조 및 성질을 나타내고 있다.

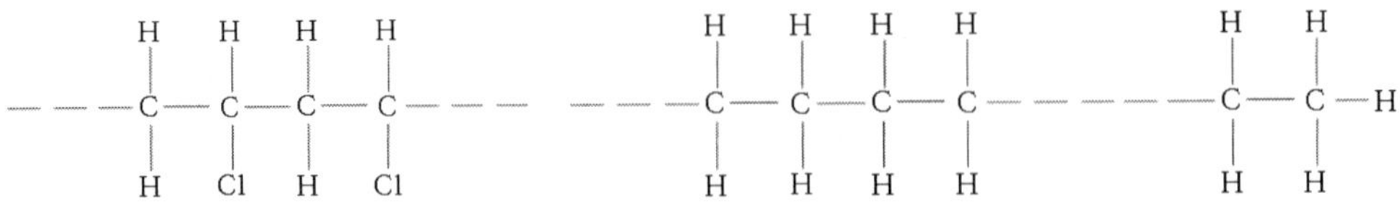

(a) 폴리염화비닐 (b) 폴리에틸렌

그림 3-2 열가소성수지 구조

표 3-5 열가소성수지의 성질

구분	염화비닐 수지	폴리 스티렌	폴리 에틸렌	아크릴 수지 (유기유리)	불소수지 (폴리사불화에틸렌)	폴리아미드수지 (나일론계)
비중	1.34~1.45	1.04~1.07	0.92	1.18~1.19	2.1~2.3	1.14
인장강도 [kg/㎠]	350~630	350~630	110~130	610~670	130	770
신장율 [%]	5~15	1.0~3.6	200	3~10	110	90
비열 [cal/g℃]	0.20~0.28	0.32	0.55	0.35	0.25	0.4
열전도율 $\times 10^{-4}$ [cal/㎝ s℃]	3.0~7.0	2.4~3.3	8.0	4~6	6.0	5.8
열팽창율 $\times 10^{-5}$ [1/℃]	5~6	6~8	16~18	9	10	10
내열온도 [℃]	54~71	66~90	100~110	68~88	260	150
변형온도 [℃]	60~85	71~99	41~49	71~91	132	182
체적저항률 [Ω·㎝]	$> 10^{16}$	$10^{17} \sim 10^{19}$	2×10^{13}	$> 10^{14}$	$> 10^{18}$	4.5×10^{13}

구분		염화비닐수지	폴리스티렌	폴리에틸렌	아크릴수지(유기유리)	불소수지(폴리사불화에틸렌)	폴리아미드수지(나일론계)
비유전율	(60[Hz])	3.4~3.6	2.45~2.65	2.3	3.5~4.5	2.0	4.1
	(1[MHz])	2.8~3.0	2.40~2.65	2.3	2.7~3.2	2.0	3.4
유전손	(60[Hz])	0.012~0.02	0.0001~0.0003	< 0.0005	0.04~0.06	< 0.0005	0.014
	(1[MHz])	0.006~0.04	0.0001~0.0003	< 0.0005	0.02~0.03	< 0.0005	0.04
절연파괴강도 [kV/mm]		25~30	16~24	16	14~16	17	13

② 열경화성 합성수지

축중합체의 대부분은 열경화성수지에 속한다. 그 원인은 가열에 의해 분자구조가 점차 복잡하게 되어 입체적인 망모양의 구조로 변화하기 때문이다. 열경화성수지는 3차원적인 결합에 의한 입체구조를 가지므로 기계적으로 견고하고 내열성, 내약품성 등에 있어서 우수한 것이 많다. 그러나 분자구조가 비대칭적이어서 전기적으로 유극성이며 OH기도 잔류되기 쉬우므로 일반적으로 친수성이 있고 유전손도 크다.

대부분의 가교 결합형과 망형 고분자는 열경화성수지인데 여기에는 가황된 고무, 에폭시, 페놀, 요소, 멜라민, 규소 및 폴리에스텔 수지 등이 있다.

그림 3-3 및 표 3-6은 열경화성수지의 구조 및 성질을 나타내고 있다.

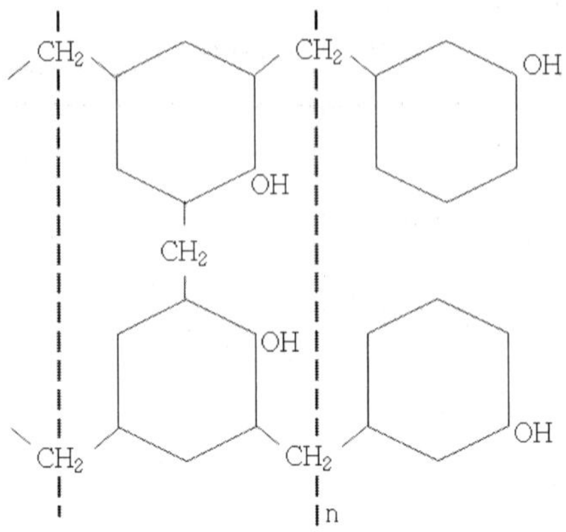

(a) 페놀수지

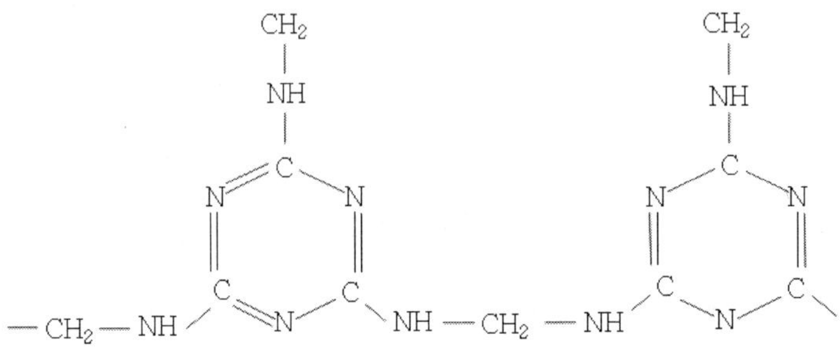

(b) 멜라민 수지

그림3-3 열경화성수지 구조

표 3-6 열경화성수지의 성질

구분		페놀수지	요소수지	멜라민 수지	폴리에스 텔수지	에폭시 수지	실리콘수지 (유리섬유)
비중		1.25~1.30	1.47~1.52	1.45	1.10~1.46	1.11~1.23	1.70~1.90
인장강도 [kg/cm²]		490~560	320~430	350~630	420~700	850	210~490
신장률 [%]		1.0~1.5	0.5~1.0	0.6	< 5	-	-
비열 [cal/g℃]		0.38~0.42	0.4	-	-	-	1~3
열전도율 $\times 10^{-4}$ [cal/cm s℃]		3~6	7~10	7~10	4	-	-
열팽창율 $\times 10^{-5}$ [1/℃]		2.5~6.0	2.7	4.0	8~10	6	-
내열온도 [℃]		120	77	130	120	150	250
변형온도 [℃]		115~126	132~138	204	60~204	-	> 300
체적저항률 [Ω·cm]		$10^{11}\sim10^{12}$	$10^{12}\sim10^{13}$	$10^{12}\sim10^{14}$	$> 10^{14}$	$10^{16}\sim10^{17}$	$10^{11}\sim10^{13}$
비유전율	(60[Hz])	5.0~6.5	7.0~9.5	6.2~7.6	3.0~4.4	3.89	4.0~5.0
	(1[MHz])	4.5~5.0	6.4~6.9	4.7~7.0	2.8~4.1	3.62	3.7
유전손	(60[Hz])	0.06~0.10	0.035~0.040	0.019~0.03	0.003~0.028	0.0013	0.0055
	(1[MHz])	0.015~0.03	0.028~0.032	0.032~0.060	0.006~0.026	0.019	0.0017
절연파괴강도 [kV/mm]		10~14	10~12	10~14	10~16	15	5.7~7.9

(4) 천연고무

고무의 용도는 매우 넓고 전기재료로서도 상당히 중요한 위치를 차지하고 있다. 천연고무에는 생고무, 가황고무 등이 있다.

고무나무에서 얻어지는 유액을 라텍스(latex)라 하는데 이것은 생고무가 물에

현탁된 것이다. 이것을 정제·농축하여 원료 라텍스로 하든가 또는 응고, 훈증, 약품처리 등의 과정을 거쳐 안정한 시트모양의 생고무를 만든다. 생고무는 약 -4[℃]에서 경직되고 200[℃] 이상에서는 분해하며 적외선의 영향을 받아 변질되기 쉬워 생고무 그대로는 사용하지 않는다.

천연고무에 약 30[%]까지 유황 및 배합제를 첨가하여 가열한 연질가황고무는 전선피복재료 및 고무테이프의 재료로 사용된다. 또한, 천연고무에 약 30~70[%]의 유황을 첨가한 경질가황고무는 강인하며, 내약품성이 강하며 전기적 성질도 좋다. 그러나, 표면에 흡습성이 있어서 표면누설저항이 저하되기 쉽고 장기간 공기 및 자외선에 노출될 경우 산화·변질되기 쉬운 결점이 있다.

(5) 합성고무

천연고무와 마찬가지의 성질을 가지고 있으나 내유성, 내산화성, 내약품성, 내열성, 내한성 등이 천연고무보다 뛰어나기 때문에 많이 사용되고 있다. 부타디엔계 고무, 클로로프론계 고무, 이소부틸렌계 고무, 실리콘 고무 등이 있으며, 절연전선의 피복, 케이블의 피복재료, 고무 테이프, 기타 전기절연물과 같은 전기재료에 사용된다. 표 3-7은 각종 고무의 성질을 나타내고 있다.

(6) 컴파운드

컴파운드(compound)는 바니시에서 용제를 제거한 것으로서 아스팔트, 수지, 건성유 등의 원료를 가열·용융 배합해서 만든다. 컴파운드는 고체절연의 빈 곳을 충전하거나 표면을 피복하여 습기의 침입을 방지하고, 기계적으로 보호하고, 고전압에 의한 전리를 방지하는 목적에 사용된다.

컴파운드는 함침용과 충전용의 두 종류로 구별된다.

함침용 컴파운드는 연화점보다 30~50[℃] 높은 온도에서 용융·압입하는데, 내구성 및 절연성이 양호하므로 기기코일 등의 함침에 사용된다. 충전용 컴파운드는 연화점보다 50~100[℃]의 높은 온도에서 가열·용융하여 빈곳에 주입하는데, 이때 무기질 분말을 상당량 혼입하여 기계적 강도, 열도전율, 수축률 등을 개선하는 방법이 사용된다.

표 3-7 고무의 제반 성질

구분		인장강도 [kg/㎠]	신장율 [%]	흡수량 [20℃/주간][%]	내열성 [℃]	저항률 [Ω·cm]	비유전율	유전체역률 [%]	절연파괴강도 [kV/㎜]
천연고무	생고무	30	1,000	5	-	10^{16}	2.5	0.2	15
	연질가황고무	225	750	1.5	-	10^{14}	2.7	2	25
	경질가황고무	700	6	0.15	-	10^{16}	3	0.7	25
합성고무	부타디엔스티롤계	1~4	300~700	-	-20~80	10^{14}	2.9	0.5	-
	부타디엔아크릴로니트릴계	2~3	800	-	-20~80	10^{9}	10~20	30	-
	클로로프렌계	1~4	300~700	-	-	10^{9}	6	10	-
	폴리이소부틸렌계	0.6	1,000	-	-40~100	10^{15}	2.2~2.3	0.04~0.06	23
	부틸고무	1.5	1,000	-	-	10^{15}	2.5~3.5	0.3~0.8	16~25
	多黃化올레핀계	0.5~0.8	100~300	-	0~70	10^{7}	10~20	10~50	-
	실리콘고무	0.2~0.5	200~1,000	-	-50~250	10^{13}	3.2	1	15~20

3.2.3 전기절연재료로의 응용

(1) 발·변전소

수력 및 화력 발전소의 발전기 회전자 내의 절연은 종래 운모(mica)와 석면(asbestos)이 사용되었으나 기기의 대용량화에 따라 기계적 강도가 우수한 에폭시(epoxy)수지, glass 성형품 등이 사용되게 되었다. 발전기의 고정자에는 주 절연물로서 집성운모가 사용되며 마이카 테이프의 기재로는 유리섬유(glass cloth)가 사용된다. 마이카 테이프의 접착에는 필요성에 따라 에폭시수지, 불포화 폴리에스테르, 실리콘고무, 우레탄수지, 실리콘, 폴리아미드계수지가 사용된다. 코일의 지지와 고정에는 반경화수지함침 glass 도포테이프, FRP(섬유강화플라스틱) 등이 사용된다.

부싱(bushing)으로는 에폭시수지를 사용한 FRP가 이용되고 있다. 그러나, 아직까지 플라스틱의 내후성을 고려하면 옥외로 돌출시킬 경우에는 자기제가 사용된다.

발변전소에 사용되는 대형기기인 콘덴서에는 박막과 절연유가 사용된다. 박막에는 크래프트지가 많이 사용되고 있고, 절연유로서는 광유가 대부분이며 합성절연유인 알킬벤젠, 알킬나프탈렌, 디아릴알칸(diaryl alkane) 등도 사용되고 있다.

에폭시수지를 사용한 몰드형 변압기는 철심 적층 후 에폭시(epoxy)수지로 피막처리하여 부식방지는 물론 적층면의 균일 조임으로 점적율 향상, 저손실, 저소음의 신뢰성이 있는 변압기이다. 그림 3-4는 몰드형 변압기의 외관 나타내고 있다.

그림 3-4 몰드형 변압기(3상, 20,000[kVA])

(2) 전차선로용 고분자애자

옥외 고분자애자의 개발은 1950년대 최초로 미국의 GE사에서 지환식 에폭시수지를 이용한 고분자애자를 개발하여 송전선용, 배전용 애자 등으로 보급되었지만, 애자 갓 부분에 크랙이 발생하는 것이 알려져 사용되지 않게 되었다.

1970년대에는 FRP(fiber reinforced plastic) 봉을 심재로 한 송전선용 고분자애자 구조가 고안되어 실제 선로로의 적용이 되었고 이후 고분자애자는 모두가 이러한 형태인 심재의 외측 갓 부분 커버의 재질로 분류되도록 되었다. 1980년대에는 PTFE(poly tetra fluro ethylene)애자가 개발되고 주로 전차선로에 사용되었지만 갓 부분의 전기 판동의 문제로 생산이 중지되었다. 이후, 고강도용으로 EPDM(ethylene propylene diene terpolymer), EP-alloy, 실리콘 고무의 고분자애자가 개발되어 송배전로에 사용되고 있다. 특히, 고분자애자로서 지지애자와 장간애자는 전차선로에도 사용되고 있다.

그림 3-5는 25[kV] 전차선로의 인장개소에 사용되는 장간애자(전철용 고분

자)의 구조 및 외관을 보여주고 있다.

유리섬유와 에폭시수지 등의 유기수지인 FRP봉은 전기절연성 있지만, 내후성이 떨어지고, 방전에 의해 쉽게 트랙킹(tracking)을 일으켜 옥외 용도로는 사용할 수 없다. 따라서, 외피고무를 FRP와 완전히 접착시킴으로써 트랙킹을 억제, 표면누설거리를 확보, 기계적강도 조절 및 내후성을 갖게 하였다. 사용된 실리콘고무(충진제: 실리콘, 첨가제: 고분자)는 결합에너지가 높고, 내열, 내후성이 매우 우수하다.

실리콘고무 외피의 경우에는 방전스트레스 등으로 일단 상실된 발수성(표면에 부착된 물을 구슬과 같이 둥글게 하는 성질)이 회복되는 독특한 특성이 있다. 애자 표면에 발수성이 유지되면 오손, 습윤 상태에 있어서도 애자표면에 연속한 수막이 형성되기 때문에 높은 내전압특성을 보유하게 된다. 실리콘고무의 발수성은 일단 상실하여도 LMW(low molecular weight, 저분자량)이 표면으로 나오는 것에 의해서 회복된다.

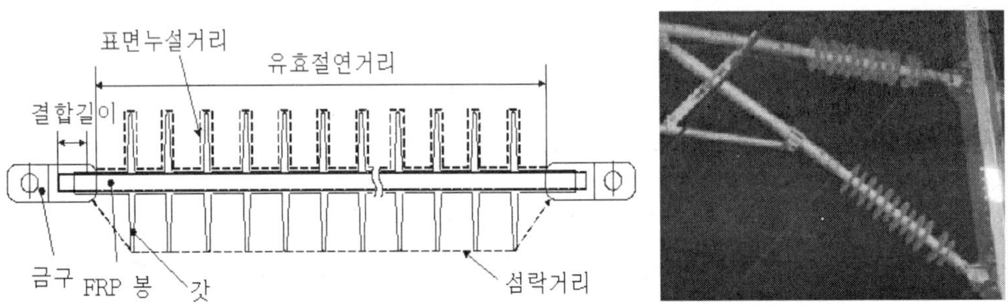

그림 3-5 고분자제 장간애자 구조 및 외관

그림 3-6과 같이 실리콘고분자의 주쇄는 실록산결합 -(Si-O)-이며, 측쇄로는 메틸기 $-CH_3$가 있다. 실리콘고분자 주쇄의 1분자당 결합에너지는 EPDM과 EP-alloy보다 높다.

자외선(대표파장 300[nm], 에너지 6.62×10^{-19}[J](4.13[eV])에 의해 실리콘 고분자의 주쇄는 절단되지 않으며 EPDM과 EP-alloy보다 내후성(내자외선성)이 우수함을 알 수 있다.

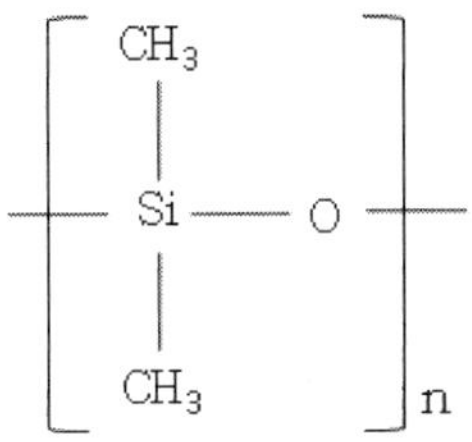

(a) 실리콘 고분자 구조

결합종류		결합에너지 [J]([eV])	공유결합성 [%]
Si-O	실리콘 고분자	7.37×10^{-19} (4.60)	49
C-C	EPDM EP-alloy	5.91×10^{-19} (3.69)	100

(b) 주쇄결합에너지 및 공유결합성

그림 3-6 실리콘 고무의 특성

(3) 송전 케이블

초고압 송전케이블의 절연재료에는 크래프트(Kraft)지와 절연유인 알킬벤젠의 복합계가 사용되고 있다. 해저용유침 케이블(oil filled, OF cable)의 경우를 보면 도체의 중심에 오일 통로가 있고 절연유가 도체, 반도전 카본지를 침투해서 절연지에 도달하도록 되어있다. 크래프트지는 유전율과 유전정접(tanδ)이 크며 케이블의 유전체손실이 충분히 작다고는 할 수 없다.

크래프트지 외에 복합 라미네이트(laminate)지로 대표되는 합성 절연지가 있다. 2매의 크래프트지 사이에 폴리프로필렌이나 폴리에틸렌 같은 무극성 유기고분자 필름을 삽입하여 라미네이트지로 한 것과 무극성 유기고분자를 섬유상으로 해서 셀룰로우스 섬유와 혼방한 것이 있다.

(4) 전자공학용

전자공학에 사용되는 절연재료에 인가되는 전압은 낮지만 일반적으로 매우 얇기 때문에 전위경도는 작지 않다. 여기에 사용되는 절연재료는 반도체부품의 절연, 전자부품의 패키징(packaging)과 기판, 통신용 케이블의 절연에 이용된다.

유기고분자재료에 의한 패키징 시 사용되는 수지는 에폭시 수지, 실리콘 수지, 페놀 수지, 아크릴 수지가 있다. 전력용 케이블과 달리 노이즈가 적은 통신데이터를 전송 목적으로 하는 통신용 케이블은 전압이 낮으므로 발포 폴리에틸렌(PEF)이 사용된다.

(5) 가정용

가정용 전기용품의 절연재료는 주로 유기고분자재료가 많다. 대표적인 수지로는 ABS(acrylonitrile butadiene styrene) 수지, 폴리스틸렌, 폴리카보네이트, 경질 PVC 수지 등이 있으며, 옥내배선과 코드에는 PVC 수지나 폴리에티렌 등이 사용된다.

3.3 액체절연재료

3.3.1 액체절연재료의 성질

액체절연재료의 주종인 절연유는 전기공학에서 매우 중요한 재료이다. 액체라는 특성상 케이블과 같은 굴곡 형태에도 편리하게 사용되며 기기의 열팽창에도 지장이 없다. 절연유는 매우 높은 절연내력을 가지며 우수한 절연유는 고체절연재료를 능가하는 것도 있다. 또한, 대류냉각을 할 수 있으므로 고체재료에 비해 기기의 냉각에는 매우 적합하다.

절연유에는 식물성유, 동물성유, 천연광유, 합성유 등이 있다. 식물성유는 절연유로는 사용하지 않고 절연 바니스, 절연 컴파운드의 원료로 주로 사용되며, 동물성유는 사용되지 않고 있다. 액체절연재료 중에서 가장 많이 사용되고 있는 광유는 가연성의 물질이며 공기중에 산화되기 쉬운 결점이 있다. 현재, 변압기의 절연유, 차단기유, 케이블유, 콘덴서유 등의 유입절연 외에도 절연지, 테이프 등에 함침하여 사용되고 있다.

절연물로 사용되는 절연유는 다음과 같은 성질이 요구된다.

- 절연내력 및 절연저항이 클 것.
- 인화점이 높고 응고점이 낮을 것.
- 비열, 열도전율이 크고 점도가 용도에 따라 적당할 것.
- 유전체손이 적으며 비유전율이 용도에 따라 적당한 값을 가질 것.
- 화학적으로 안정하되 가열, 아크 등에 의하여 노화·변질되는 일이 적고 기기를 침식하지 않을 것.
- 공기와 접촉하거나 고온이 되어도 변화하지 않을 것.
- 열팽창 계수가 적고, 증발에 의한 감소량이 너무 크지 않을 것.
- 냉각 목적을 위해서는 점성이 낮을 것, 특히 저온일 때 점성이 그렇게 많이 높지 않을 것.
- 일반적으로 유전율 및 유전손이 작을 것(단, 유입콘덴서유, 콘덴서지의 함침유는 가급적 유전율이 큰 5염화디페닐과 같은 고유전율의 기름을 많이 사용)

3.3.2 액체절연재료의 종류

(1) 광유

천연산 원유를 증류하여 얻어지는 석유를 다시 분류·정제하여 얻으며, 분류온도에 따라 절연유의 명칭이나 용도 등이 달라진다. 절연유로 사용하는 것은 180~300[℃] 범위에서 분류되는 등유이다.

잘 정제된 광유의 절연내력은 500[kV/㎝] 정도로 우수한 절연재료이지만 인화점이 140[℃] 정도로서 낮고, 산화하여 열화 되거나 온도에 의해 점성이 변화하는 단점이 있다. 광유는 오랫동안 사용하게 되면 흡습, 산화, 먼지 등의 흡입으로 열화 되며, 이로 인해 유중에 점액상 물질이 발생하여 절연성을 저하시키며, 금속을 부식시키고 냉각작용을 저해한다.

따라서 유입콘덴서나 유입케이블의 경우 열화를 방지하기 위해서는 절연유가 외부 공기와 접촉하지 않도록 하는 것이 필요하며 대형변압기에서는 콘서베이터(conservator)를 취부하거나 질소 봉입 및 실리카겔 등의 흡습제를 사용하기도 한다.

(2) 합성유

광유의 가장 큰 결점은 인화성물질이라는 것과 산화에 의한 열화 문제이다. 이러한 결점을 보완하기 위하여 화학적으로 합성한 것을 합성유라 한다. 합성유는 광유보다 절연성이 좋고 불연성이며 화학적으로 안정하다. 또한, 수분에 의한 절연열화가 작으며, 코로로 방전에 안정하고, 점도나 기타 물리적 성질을 조정할 수 있는 장점이 있다.

① 3염화벤젠(trichloro benzene)

C_6H_6의 3염화물로서 보통 세 종류의 이성체가 있다. 무색 투명하고 불연성이며 응고점은 0~5[℃]이다. 이것은 5염화디페닐과 혼합하여 불연유로 사용하며 아스카렐(askarel)이라 부르기도 한다.

아스카렐은 콘덴서용 외에 지하철용 변압기 및 기타 화재의 위험이 있는 곳에 사용된다.

② 5염화디페닐(pentachloro diphenyl)

벤젠의 축합에 의하여 얻게 되는 $C_{12}H_{10}$를 염소화한 것으로 점도가 매우 높으므로 3염화벤젠을 혼합하여 적당한 점도로 사용한다. 유전율이 비교적 커서 축전기의 함침용에 적당하다.

③ **알킬벤젠(alkyl benzene)**

천연광유보다 안정하고 가스 흡수성과 절연성이 좋고 불연유나 실리콘유 보다도 값이 싸다.

④ **실리콘유(sillicon oil)**

실리콘유는 표면장력이 작아서 침투력이 좋으며, 증기압이 매우 작으므로 진공펌프유로서 매우 유용하다. 또한, 온도에 의한 점성 변화가 적고, 고온 및 혹한의 환경에서도 광범위하게 절연유, 콘덴서유 또는 윤활유로서 사용할 수 있다.

실리콘유는 절연내력 및 유전손실 등의 전기적 특성이 우수하며, 전기용 외에도 진공펌프용 기름, 윤활유, 방수제 등 용도가 다양하다. 특히, 폴리메틸 실리콘유는 인화점 315[℃], 응고점 -48[℃], 저항률 10^{15}[Ω·㎝], 절연내력 1,000~1,200[kV/㎝]이고, 상용주파수(상온)에서 비유전율 2.6, 유전정접 2×10^{-4} 이다.

(3) **절연 바니시**

바니시는 수지 또는 아스팔트를 주성분으로 하여 용제에 녹여 도포한 후에 용제의 증발, 기름의 산화, 수지의 중합 등에 의해 굳어지는 특성을 가진다. 바니시 제품으로서는 절연박시에 사용되는 바니시 종이 및 테이프 절연물로 사용되는 바니시 천 및 바니시 실크, 그리고 전기기계에 사용되는 에나멜선 등이 있다.

3.4 기체절연재료

3.4.1 기체절연재료의 성질

기체는 일반적으로 방전개시전압 이하의 전계에서는 높은 절연저항을 가지고 유전체 손실도 없으며, 절연파괴가 일어더라도 쉽게 원상태로 외복되는 우수한 절연재료이다. 그러나 액체 및 고체절연재료에 비해 절연내력이 작다는 것이 단점이다. 기체의 절연파괴 전압에 대해서는 파센의 법칙(Paschen's law)이 적용된다. 즉, 같은 종류의 전극재료, 기체를 사용하는 경우 절연파괴전압(V_b)은 전극의 간격(d)을 한결같이 n배로 하고 기체의 압력(P)을 1/n로 하여도 변하지 않는다는 것이다. 이 경우 방전에 의하여 생기는 전류도 변하지 않는다.

몇 가지 종류의 기체에 대한 절연파괴전압(V_b)과 Pd와의 관계를 나타내면 그림 3-7과 같다.

한편, 기체절연재료는 동일한 조건하에서 기체의 종류에 따라 절연내력에 차이가 있으며 공기보다 높은 절연 내력을 갖는 여러 기체들이 많이 사용된다. 그러나 기체를 선정할 경우 절연내력이 높다는 것만 고려할 것이 아니라 다른 재료를 부식시키지는 않는지, 방전으로 인해 인체에 영향을 미치는 화합물을 생성하지는 않는지 등 그 화합물의 안정성도 고려해야 한다. 그런 의미에서 4염화탄소는 공기의 6배 정도 절연내력을 지니고 있지만 보편적으로 사용되지 않는 기체이다.

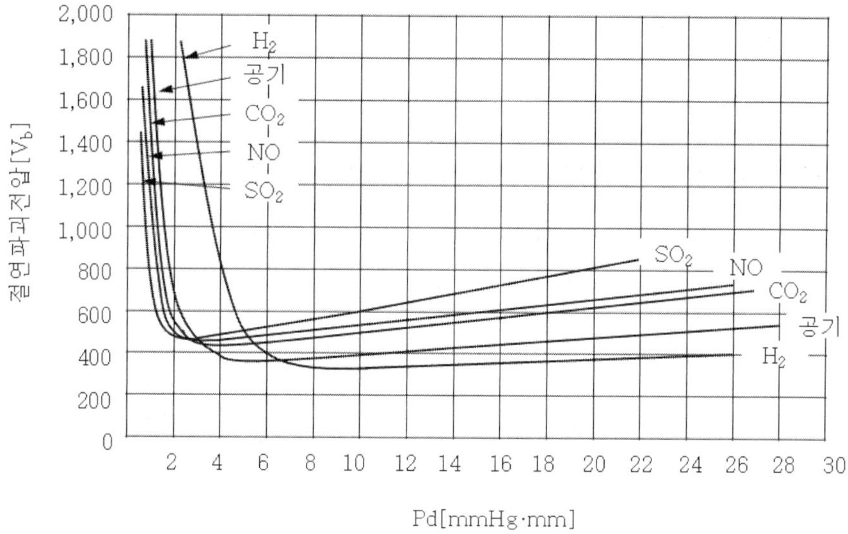

그림 3-7 절연파괴전압과 Pd와의 관계(평등전계)

3.4.2 기체절연재료의 종류

(1) 공기

공기를 절연체로 이용하는 경우 공기중에서 코로나 방전을 일으켜 절연물이나 금속을 열화하거나 부식시키는 결점이 있다. 그러나 방전을 발생시키지 않을 정도의 전계에서는 절연재료로 우수한 편이다. 공기의 절연파괴 강도는 30 [kV/cm] 정도이며 전력용 변압기, 전력용콘덴서, 케이블, 공기차단기 등에 사용한다.

(2) 질소

공기와 거의 같은 절연내력을 가지며, 불활성 이므로 가압·봉입하여 케이블이나 유입변압기 등에 사용한다.

(3) 프레온

프레온은 메탄(CH_4)의 수소를 불소와 염소로 치환한 다양한 종류 즉, 프레온 12(CF_2Cl_2), 프레온 13(CF_3Cl), 프레온 14(CF_4), 프레온 22($CHClF_2$) 및 프레온 23(CHF_3)과 같은 유기화합물을 말한다. 이들 화합물은 화학적으로 안정하고 할로겐 원소를 많이 함유하기 때문에 공기에 비해 약 3배의 절연내력을 가진다. 그러나 방전에 의해 분해되면 부식성 및 유독성 물질을 발생시킨다. 절연재료로서는 이들 유기화합물중 가장 절연내력이 높은 프레온 12(CF_2Cl_2)가 사용되며 차단기, 케이블 및 변압기 등의 절연용 등에 이용된다.

(4) 육불화황(SF_6)

가장 이용도가 높은 기체 절연물로서 무색, 무취, 무독이며, 화학적으로 안정하고 불연성이며 소호성도 있다. 절연파괴강도는 프레온 12와 비슷하며 상온에서 50기압까지 압축해도 액화하지 않는다. 10기압으로 하게 되면 절연내력은 1기압 공기의 약 30배 정도로 되며 실제로 수십 기압에서 사용되고 있다.

용도로는 X선관, 전자기기, 동축 케이블 및 차단기 등의 절연에 이용된다.

3.5 유전재료

절연재료는 전기를 절연시키는 것만이 아니라 절연재료의 유전적 성질을 이용하여 유전체로서의 작용도 이용하고 있다.

동일한 물질이라도 절연이 목적인지 아니면 전속밀도의 증가가 목적인지에 따라서 절연체와 유전체로 구분된다.

콘덴서는 전하를 축적하는 것이 목적이므로 유전율이 큰 절연물을 채우는 것이 바람직하지만 이로 인한 에너지 손실 때문에 절연물의 유전율과 유전체 손실을 적게 하는 것도 필요하다. 이런 의미에서 콘덴서에 사용되는 절연물을 유전체라고 한다.

표 3-8 각종 유전체의 비유전율

유전체	비유전율	유전체	비유전율
종이	2.0~2.6	염소화 합성유	3.5~8
고무	2.0~3.5	실리콘유	2.6~2.8
화이버	2.5~5	장석자기	5.0~6.5
운모	2.5~6.6	산화티탄자기	60~80
유리	5.4~10	티탄산바륨(상온)	1,000~3,000
천연광유	2.2~2.4	물(순수)	80

각종 유전체의 비유전율은 표 3-8과 같이 물질에 따라 큰 차이를 나타낸다. 사용목적에 따라서 적절한 것을 선택해야 하지만 간단하지는 않다. 예를 들어, 콘덴서의 유전체로 사용할 때는 절연내력이나 유전체 손실 등을 무시한다면 유전율이 큰 것이 정전용량도 커지므로 바람직하다. 그러나 절연체로서는 비유전율이 작은 것이 적당하다. 비유전율이 작으면 유전체 손실도 작아진다. 따라서 주로 절연을 목적으로 사용되는 재료를 저유전율 소결체로, 콘덴서용 유전체로 사용되는 재료를 고유전율 소결체로 구분하기도 한다.

한편, 콘덴서용 재료로 주로 사용되는 유전재료는 다음과 같다.

■ 온도보상용 자기콘덴서용 재료

산화티탄(TiO_2), 티탄산마그네슘($MgTiO_3$), $MgO-TiO_2-CaO_3$ 3성분계, $MgO-TiO_2-SrO$ 3성분계, $MgO-TiO_2-BaO$ 3성분계

■ 고유전율 자기콘덴서 재료

티탄산바륨($BaTiO_3$), $BaTiO_3-SrTiO_3$계, $BaTiO_3-BaSnO_3$계, $BaTiO_3-BaZrO_3$계, $BaTiO_3-PbTiO_3$계

제4장 자성재료

4.1 자성현상

하나의 자극이 근방에 있는 다른 자극에 힘을 미치는 경우 그 공간을 자계(magnetic field)라 한다. 자성재료란 자계가 가해지면 자속이 현저하게 증가하는 물질이다. 어떤 물질이든 자계 안에서는 다소의 자기모멘트를 가지므로 모든 물질은 넓은 의미에서는 하나의 자성체라고도 할 수 있다. 단지 외부 자계에 대한 자기모멘트의 방향이나 세기가 물질에 따라 다를 뿐이다.

4.1.1 자화

비투자율(μ_r)을 갖는 균일한 등방성 자성체가 균일한 자계중에 놓여 있을 경우 자성체 내의 자속밀도(B)는 자성체 내의 자계의 세기를 H[A/m]라 하면 B = $\mu_0 \mu_r$ H[Wb/m²] 으로 주어진다. 여기서, μ_0는 진공의 투자율로서 $4\pi \times 10^{-7}$[H/m]이다.

자성체는 자계 H에 의해 재료 중에 자기모멘트(자기분극)가 생기며 이것을 자화라 한다. 단위 체적 중 발생한 자기모멘트(M)는 그 크기를 나타낸다. 따라서

$$B = \mu_0 (H + M)[Wb/m^2] \tag{4-1}$$

여기서, $\mu_0 M = J$ 라고 하면 식(4-1)은 다음과 같이 나타낼 수 있다.

$$B = \mu_0 H + J[Wb/m^2] \tag{4-2}$$

이 경우 J는 자기분극 이라고 한다.

또, 재료의 투자율 μ, 비투자율 μ_r 및 자화율 χ를 이용하면 다음의 관계가 된다.

$$B = \mu H = \mu_0 \mu_r H[Wb/m^2] \tag{4-3}$$

$$M = \chi H \tag{4-4}$$

식 (4-1), 식 (4-3), 식 (4-4)로부터

$$\mu = \mu_0 \mu_r = \mu_0 (1 + \chi) \tag{4-5}$$

자화율 χ는 물질의 자성특성을 나타내는 것으로 그 값은 물질에 따라 상당히 다르다. 예를 들면 철은 χ가 정(正)으로 크고 자계의 방향으로 크게 자화되지만, 동은 χ가 부(負)로 자계의 방향과 반대로 약간 자화된다. 이 결과 철은 자석에 강하게 끌리게 된다. 자성체의 자화는 대부분 원자가 갖는 고유의 자기모

멘트(전자의 궤도운동, 전자의 자전운동, 원자핵의 자전운동에 의함)가 원인이 된다. 이것을 원자의 자기모멘트라 부른다.

4.1.2 원자의 자기모멘트

물질이 나타내는 자성은 그 물질을 구성하는 원자의 자기모멘트에 기인한다. 따라서 자성의 근원을 알기 위해서는 원자(원자핵, 전자)가 가지는 자기모멘트를 알아야 한다. 자기모멘트는 아래와 같이 세 가지로 구분해서 생각한다.

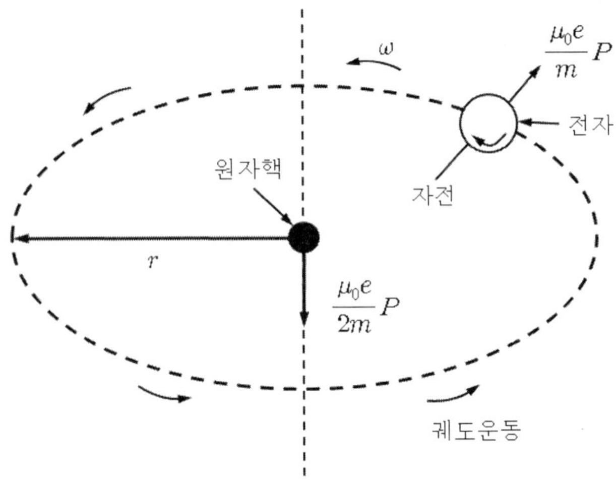

그림 4-1 궤도운동에 따른 자기모멘트

■ 원자핵의 자기모멘트

핵의 스핀에 수반되는 각운동량은 전자의 각운동량과 거의 같은 정도이나, 원자핵의 질량이 전자의 질량보다 훨씬 크기 때문에 이에 따른 자기모멘트는 무시할 수 있다. 따라서, 원자의 자기모멘트는 그 원자를 구성하는 핵외전자의 자기모멘트의 합으로 결정된다.

폐각구조의 원자에서는 전자의 궤도운동과 스핀에 따른 자기모멘트의 벡터합은 0이 되므로 원자의 자기모멘트는 존재하지 않는다. 원자가 자기모멘트를 가지기 위해서는 전자로 완전히 점유되지 않은 각이 필요한데 3d 각의 철족원소나 4f 각의 희토류원소 등은 대표적인 자성체이다.

■ 전자의 궤도운동에 의한 궤도자기모멘트

전자는 궤도운동을 하면서 자기모멘트(M_l)를 나타낸다. 그림 4-1과 같이 질량 m, 전하 e 인 전자가 원자핵 주위를 반경 r, 각속도 ω 로써 원운동을 할 때 자기모멘트는 다음과 같다.

$$M_l = \frac{\mu_0 e}{2m} P \quad ; \; P(= m\omega r^2)\text{는 궤도 각운동량} \qquad (4\text{-}6)$$

■ 전자 자신의 자전에 따른 스핀자기모멘트(M_s)

전자는 궤도운동에 수반되는 각 운동량 외에 자전(spin)에 의한 각운동량 P 를 가진다. 이때 자기모멘트 M_s 는 다음과 같다.

$$M_s = \frac{\mu_0 e}{m} P \quad ; \; P(= m\omega r^2)\text{는 궤도 각운동량} \qquad (4\text{-}7)$$

(4-6)식과 (4-7) 식을 비교해 보면 궤도와 스핀 운동 간에는 비례인자가 1:2 의 비율로 다르다. 두 식을 일반화해서 나타내면,

$$M_s = g\frac{\mu_0 e}{m}P \tag{4-8}$$

$g=1$ 일 때는 궤도운동, $g=2$ 일 때는 스핀운동에 해당하고, 이 g 인자를 자기회전비(gyro-magnetic ratio) 또는 "g factor" 라고 한다.

원자핵은 스핀에 수반되는 각운동량이 전자와 거의 같은 정도이지만 원자핵의 질량이 전자의 질량에 비해 매우 크기 때문에 원자핵 자기모멘트는 무시할 수 있으며, 전자 자기모멘트는 핵 주위를 도는 전자의 궤도운동에 의한 궤도자기모멘트(M_l)와 전자 자신의 자전에 따른 스핀자기모멘트(M_s)라는 두 가지 가능한 근원을 가진다. 따라서, 원자의 총 자기모멘트는 각 전자의 궤도자기모멘트(M_l)와 핀자기모멘트(M_s)의 총합이 된다.

4.1.3 자기적 특성에 따른 분류

자성체는 자계가 작용할 때만 재료가 자화하는 유기자성(induced magnetism; 상자성, 반자성)과 자발적으로 자화되며 자계가 없는 곳에서도 자화 상태를 유지할 수 있는 자발자성(spontaneous magnetism; 강자성, 반강자성, 페리자성)으로 크게 나눌 수 있다. 표 4-1은 물질이 나타내는 자성을 구성 원자의 자기모멘트 배열방법에 따라 분류한 것이다.

표 4-1 자성체의 종류와 성질

자성체 종류		모멘트 배열	J-H 특성	J_s, $\frac{1}{\chi}$-T 특성	물질 예
강자성	페로 자성	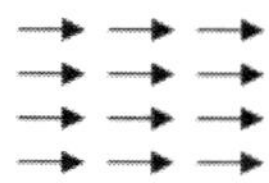	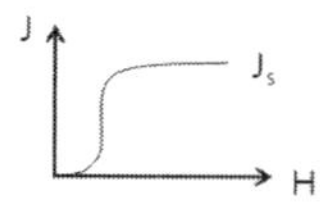	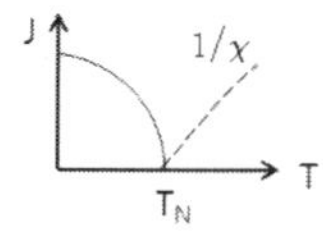	Fe, Ni, Co, Gd Alnico, Sm-Co합금, Nd-Fe-B합금
	페리 자성	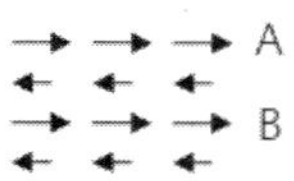	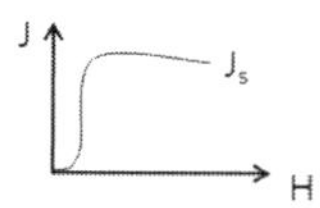	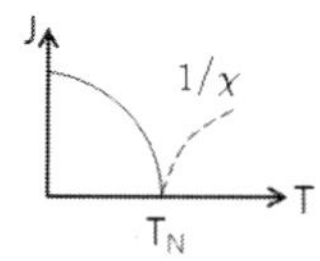	Fe_3O_4, 페라이트 $MnO \cdot Fe_2O_3$ $BaO \cdot 6Fe_2O_3$
반강자성		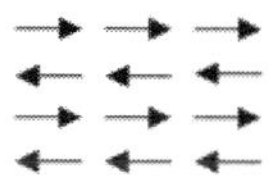	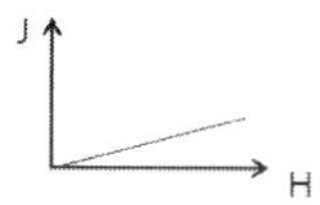	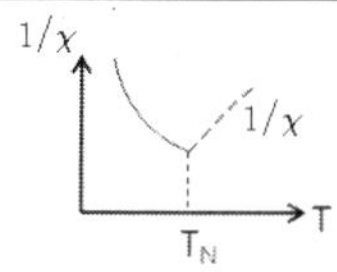	FeO, CoO MnO, MnF_2
상자성		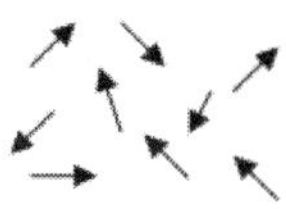	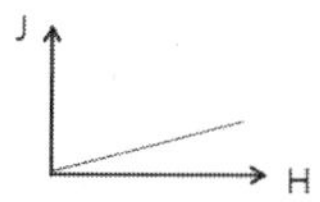	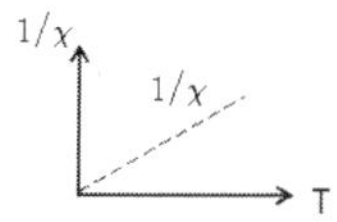	Al, Cr, Mn, Pl O_2, 공기
반자성		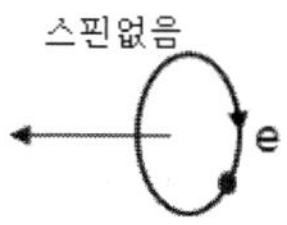	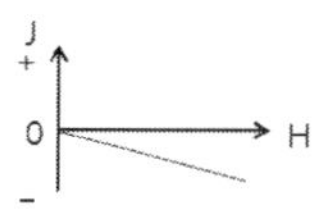	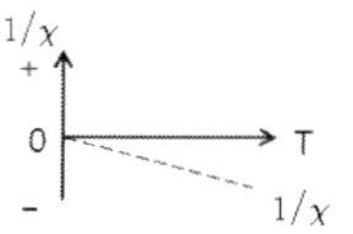	Cu, Ag, Hg, Bi He, Ne

(1) 상자성

상자성(paramagnetism)은 쌍극자들이 서로 강하게 상호작용을 하지 않으며 불규칙적인 방향을 띈다. 대부분의 원소와 일부 화합물이 상자성체에 속하며 철(Fe), 팔라듐(Pd), 백금(Pt), 희토류 원소가 들어 있는 화합물은 강한 상자성을 나타낸다.

화합물에서 이러한 원소들의 원자는 다 채워지지 않은 내부 전자껍질을 갖고 있어서 그 안에 있는 짝을 이루지 못한 전자가 팽이처럼 스핀(spin)을 갖고 위성의 궤도운동과 비슷하게 궤도를 돌고 있다. 따라서 외부에서 자기장이 가해지면 그 원자들은 이 자기장에 대해 정렬하려는 경향의 영구자석이 되고 이에 따른 원자배열 때문에 가해진 자기장을 더욱 강하게 해준다.

상자성 물질의 자화율은 10^{-5}~10^{-3} 범위의 값을 보인다. 이 자화율은 온도의 변화에 영향을 받게 되는데 온도가 증가할수록 자화의 배열을 방해하여 자화율이 감소하게 된다.

(2) 반자성

반자성(diamagnetism)은 불균일한 자기장에 직각으로 정렬하거나 자기장 내에서 물질의 내부로부터 부분적으로 자기장을 방출하려는 물질의 자기적 현상이다.

어떤 물질에 외부 자기장이 가해질 때 이것이 원자 내의 전자 궤도를 수정하여 전자의 회전 속도를 낮춤으로써 외부 자기장의 방향과 반대되는 자기모멘트를 발생시킨다. 따라서 반자성 물질의 자화율은 음의 값을 가지며 -10^{-5} 정도의 수준이다.

반자성은 자기장에 대한 물질의 약한 반발력이므로 자성의 형태로 외부자기장이 인가되어있을 때만 확인된다. 모든 재료는 인가된 자기장에 대해 반자성 응답을 보임으로 반자성은 매우 일반적인 현상이다.

반자성은 전자의 구조가 대칭적(이온 결정, 비활성 기체)이고 영구자기 모멘트를 갖지 않는 물체에서 볼 수 있으며 온도의 변화에 따른 영향을 받지 않는다. 금, 은, 구리 등의 금속 및 산소를 제외한 대부분의 기체, 유기물질, 염류, 물, 유리 등이 여기에 속한다

(3) 강자성

강자성(ferromagnetism)은 외부 자기장이 없는 상태에서도 자화되는 물질의 자기적 성질이다. 물질을 이루는 전자의 스핀이 모두 같은 방향으로 정렬되어 있기 때문에 생기는 것으로 외부 자기장을 이용해 전자의 스핀을 바꾸면 자

성이 사라지거나 재배치된다. 철(Fe), 니켈(Ni), 코발트(Co) 등의 물질에서 주로 나타나며 강자성을 가진 물체를 서로 가까이 하면 인력을 받는다. 강자성체는 10^6 정도의 높은 자화율을 가진다.

강자성의 근원은 물질 내 전자들의 스핀과 궤도 각운동량에 따른 자기모멘트가 서로 영향을 미치는 상호작용에서 기인한다. 그런데 강자성을 띄는 물질도 그 물질의 퀴리온도(Curie temperature, Fe: 768[℃], Ni: 350[℃], Co: 1,120[℃])라 하는 특정온도 이상이 되면 강자성이 사라진다. 흔히 강자성의 경향을 보이는 물질임에도 불구하고 자성이 겉으로 나타나지 않는 경우가 있는데, 그것은 내부에 자기구역이 생겨서 각각의 구역이 강자성을 띄지만 그 방향이 서로 다른 방향으로 되어 전체적으로 보았을 때 상쇄되기 때문에 그렇게 된다. 이 때 외부 자기장을 통해 자성을 나타나게 할 수도 있다.

(4) 반강자성

반강자성(antiferromagnetism)은 원자의 자기모멘트가 이웃하는 것과 크기는 같으나 방향이 반대로 배열되어 전체적인 자기모멘트가 영이 되는 자성이다. 반강자성 물질의 자화율은 매우 작으며 적철석(Fe_2O_3), 티탄철석($FeTiO_3$) 등이 대표적이다.

반강자성 물질은 닐 온도(Neel temperature)보다 높은 온도에서는 상자성과 비슷한 성질을 나타낸다. 반강자성체에서는 작은 전자석같이 행동하며 서로 인접해 있는 이온들이 비교적 낮은 온도일 때는 물질 내에서 자발적으로 서로 반대방향으로 정렬하기 때문에 전체적으로는 외부에 자성을 거의 나타내지 않는다. 반강자성 물질은 몇몇 이온결합 고체, 일부 금속, 합금 등을 포함하며 이 물질 내에서는 한 방향을 향하고 있는 자성 원자 및 이온에 의한 자성이 반대방향으로 정렬된 원자는 이온 군에 의해 상쇄된다. 이처럼 원자자석이 자발적으로 반평행으로 결합되어 있던 것이 가열되면 점차 파괴되어 닐 온도에서 갑자기 사라지게 된다. 닐 온도는 반강자성 물질의 고유한 값이다.

(5) 페리자성

페리자성(ferrimagnetism)은 원자의 자기모멘트가 이웃하는 원자의 자기모멘트와 서로 반대 방향으로 배열하지만 자기 모멘트의 크기가 달라서 그 차이만큼 자화되는 자성이다. 물리학에서 페리자성 재료는 반강자성에서처럼 다른 하부 격자에서 원자의 자기 모멘트가 반대로 되는 것이다. 그러나 페리자성에서는 반대 모멘트가 상쇄되지 않아 자발적인 자계가 남는다. 이것은 하부 격자가 다른 물질 또는 이온으로 구성될 때 발생한다.

페리자성 재료는 퀴리온도 아래에서 자발적인 자성을 지니고 이 온도 위에서 상자성을 보인다는 점에서 페로자성(ferromagnetism)과 비슷하다.

광물 속에서는 자철석이 이에 속하고, 인공적인 자성재료에서는 페라이트(ferrite)라고 총칭되는 금속산화물이 그 대표적인 예이다.

4.1.4 자기이방성

강자성체경정 내에서 자발자화의 방향에 따라 내부에너지가 변화하는 현상을 자기이방성이라고 하며, 자화의 방향을 자화가 용이한 방향에서 자화가 곤란한 방향으로 향하게 하는데 필요한 에너지를 자기이방성에너지라고 한다. 자화용이 방향은 결정의 종류에 따라 다르며 Fe에서는 [100]이지만 Fe과 같은 입방정계에 속하는 Ni에서는 [111]이다. 또, 육방정계에 속하는 Co에서는 C축 방향이 자화용이 방향이다. 그림 4-2(a)는 철의 자화특성곡선으로서 [100] 방향으로 자화할 때 가장 낮은 자계에서 포화하므로 [100] 방향이 자화용이 방향인 것을 알 수 있고, [110] 또는 [111] 방향은 자화곤란 방향이다. 그림 4-2(b)는 코발트의 자화특성곡선을 나타내고 있다. 일반적으로 자기이방성은 온도상승과 함께 급감하고 큐리(Curie)점에서 자발자화의 소멸과 함께 없어진다. 즉, 온도상승에 따라 스핀의 방향이 흐트러지기 때문이다.

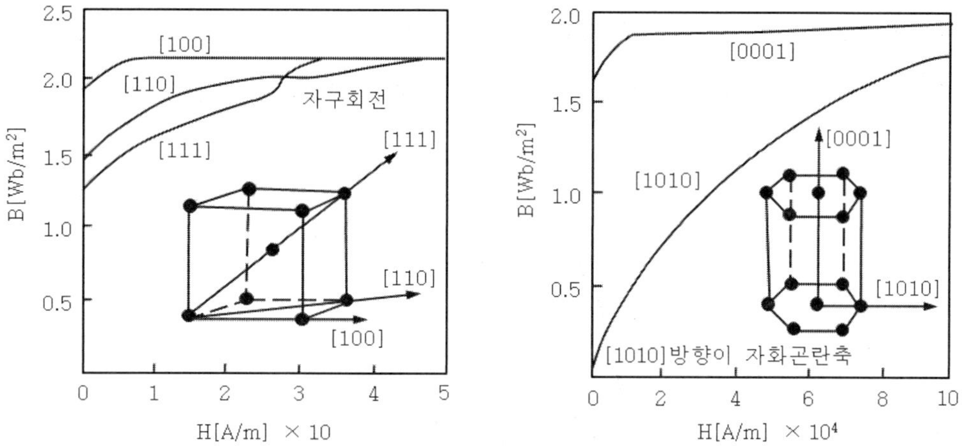

(a) 철의 자기이방성 (b) 코발트의 자기이방성

그림 4-2 자기이방성

4.1.5 자기왜곡현상

강자성체나 페리자성체를 자화할 때 자성체가 변형하는 현상을 자기왜형이라고 한다. 이 효과에 의해 생기는 왜형량(λ)은 $10^{-5} \sim 10^{-6}$ 정도로 일반적으로 작지만 분역구조나 자화기구에 큰 영향을 미치며 자기왜형효과와 함께 공학적으로 널리 이용되고 있다.

그림 4-3은 강자성체에 자계를 가하여 자기의 찌그러짐을 나타낸 것이다. 재료에 따라 결정내의 방향에 의한 $\lambda(=\Delta\ell/\ell)$ 값에 차이가 있는 것과 무관계한 것이 있다. 이와 같이 자화변화에 따르는 변형의 원인은 하나의 자구내부에서 결정이 처음부터 자화방향으로 찌그러짐을 갖고 있기 때문이다. 이것이 외부자계를 가하여 자화방향을 정렬시키면 각 자구 내에서의 찌그러짐은 자화에 의한 자구회전에 따라 그 방향을 바꾸게 되므로 전체적으로 외형의 변화가 일어나게 된다.

반대로 역효과라는 것은 외력(인장, 압축, 비틀림 등)을 가하여 변형시키면 자화가 변화하는 현상이다. 부($\lambda < 0$)의 자왜특성을 갖는 Ni는 장력을 가하면 자화가 감소하고 $\lambda > 0$ 인 재료는 장력 때문에 자화가 증가한다.

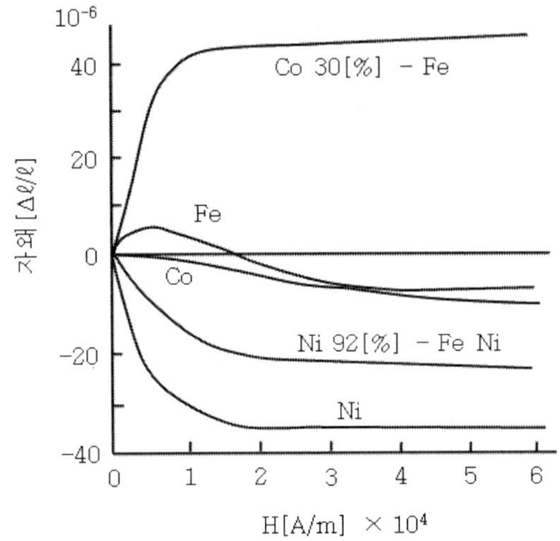

그림 4-3 자계에 의한 길이의 변화

4.1.6 자성체손실

(1) 히스테리시스손실

강자성체나 페리자성체를 교번자계 중에서 사용하면 여러가지 원인에 기인하는 손실이 일어나는데 강자성체는 원래 자계에 대하여 비직선적인 성질을 가지므로 자계의 세기에 따라 그 손실의 크기가 달라지고 또한 문제가 되는 손실의 종류도 달라진다. 자성체 손실은 일반적으로 히스테리시스손(hysteresis loss), 와전류손(eddy current loss) 및 잔류손(residual loss)으로 나누어진다. 히스테리시스손실은 일반적으로 히스테리시스 루우프의 면적으로부터 구할 수 있으며 이에 주파수를 곱하면 단위체적당 매초 발생되는 에너지손실이 구해진다.

자계중의 히스테리시스손 P_h는 Steinmetz에 의해 다음 식으로 나타내어진다.

$$W_h \propto f B_m^{1.6} \, [W/m^3] \quad (4-9)$$

변압기, 발전기 등의 철심에는 포화자화 J_s 또는 포화자속밀도 B_s가 큰, 즉 고투자율재료이고 히스테리시스 손실이 작은 재료가 적합하다. 그러나 영구자석재료는 보자력이 크고 감자하기 어려운 재료가 바람직하므로 히스테리시스 곡선의 면적이 커야 한다. 그림 4-4는 대표적인 자성체의 히스테리시스 곡선의 면적을 비교한 것이다.

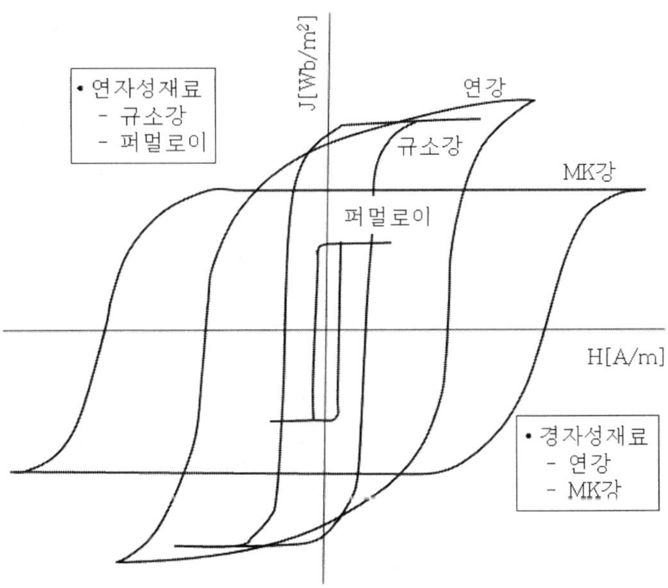

그림 4-4 대표적인 자성체의 히스테리시스 곡선

(2) 와전류 손실

와전류 손실은 전자유도법칙에 의하여 자계방향을 둘러싸는 기전력이 발생하고 이 기전력에 의하여 와전류가 흐르기 때문에 생긴다. 두께가 d인 판 모양의 자성체에 교류자계를 인가했을 때 매초 발생되는 와전류손 W_e는 다음과 같다.

$$W_e \propto \frac{1}{\rho} df^2 B_m^2 = K\frac{1}{\rho} df^2 B_m^2 \ [W/m^3] \qquad (4-10)$$

단, $\rho[\Omega \cdot m]$는 자성체의 체적저항률이다.

(3) 잔류손

잔류손을 형성하는 것 중에 점도손이 있으며 이것은 자기점성(magnetic viscosity) 또는 자기여효(magnetic after effect)라고 하는 현상, 즉 자계를 인가한 후 자화가 평균치에 이르기까지 유효시간을 필요로 하는 현상에 기인한다. 이 시간은 자계의 세기가 낮을수록 길어지므로 저자계에서 사용할 때 문제가 된다.

잔류손을 형성하는 또 하나의 원인은 공명현상에 기인하는 것이 있으며 이것은 고주파영역에서 일어나며 페라이트자심 등에서 문제가 된다. 공명현상의 하나는 자성체 내부에 전자파의 정재파가 생김으로써 일어난다. 전자파의 파장(λ)은 $\lambda = c/(f\sqrt{\mu_r \epsilon_r})$ 이므로 페라이트에서는 일반적으로 μ_r, ϵ_r 도 크기 때문에 MHz 정도의 고주파에서 공명현상이 일어난다. 이러한 공명은 재료의 모양이나 치수에도 관계되므로 형상공명 또는 치수공명이라고 한다. 공명현상의 또 다른 하나는 자기이방성과 관계가 있다. 즉 자화용이 방향에 속박된 자기쌍극자는 이방성자계로 인하여 이 방향을 축으로 하여 그 주위에 세차운동을 하는데 와부자계의 주파수가 이 세차운동의 고유주파수와 일치할 때 공명이 일어난다. 이와 같은 자기공명을 자연공명이라고 한다. 자연공명의 주파수는 이방성 정수에 비례하며 재료의 비투자율과 이방성 정수 사이에는 서로 반비례 관계가 있으므로 공명주파수는 대체로 비투자율에 반비례하며 μ_r이 큰 재료일수록 낮은 주파수에서 이 공명이 일어나게 된다. Ni-Zn 페라이트에서는 $\mu_r \simeq 1,000$일 때 약 5[MHz], $\mu_r \simeq 100$ 일 때 약 50[MHz] 가까이에서 공명이 일어난다. 공명이 일어나는 주파수 부근에서는 비투자율의 값이 변화하고 손실이 일어난다는 것은 유전체의 공명현상의 경우와 같은데, 이와 같은 공명현상은 전파의 영역에서 일어나므로 실용상으로도 중요한 문제가 된다.

4.2 자성재료의 종류

자성재료의 용용분야 중에서 가장 중요하고 가장 오래전부터 개발된 것은 자심재료와 영구자석재료의 분야이다. 전자의 응용재료는 자기적으로 연질인 것이 필요하고 후자인 경우는 자기적으로 경질인 것이 필요하다. 자기적으로 경질, 연질이라고 하는 것은 자계중에서 자화의 난이를 의미하며 보자력의 대소로 구별된다.

연질재료는 보자력을 작게한 것으로 저자계에서도 쉽게 자화가 이루어지며, 일반적으로 큰 비투자율을 가지므로 고투자율재료로서 분류된다. 주로 변압기, 발전기, 전동기, 각종 코일, 자기헤드, 통신용 부품 등의 철심에 사용된다.

표 4-2는 주요 자심재료의 특징을 나타내고 있다.

영구자석재료로서 사용되는 경질재료에 있어서는 높은 보자력을 얻기 위해서는 자기왜형정수나 내부왜형이 큰 것이 필요하다. 영구자석재료에서는 보자력이 크고 동시에 잔류자속밀도도 커야하며 스피커 등과 같은 무선기계, 소형 전동기, 자석 발전기, 전류계, 전압계 등의 기계부품에 주로 사용된다.

연자성재료는 전류를 조금만 흘려도 포화자기유도가 되는 반면에 경자성재료는 연자성에 비해 전류를 많이 흘려야 포화자기유도에 도달하며, 또 전류를 감소시켰을 때 연자성재료에 비해 늦게 원상태로 돌아오는 것을 말한다. 따라서, 경자성재료는 강한 자장을 가하지 않으면 포화 자화되지 않을 뿐 아니라 자화의 방향을 반전할 경우에도 역방향의 강한 자장을 필요로 한다. 한번 자화시키면 반영구적으로 강한 자화가 잔류한다.

표 4-3은 주요 영구자석재료의 특징을 나타내고 있다.

표 4-2 주요 자심재료의 특징

재료명	특징	용도
순철 (pure iron)	■ 비투자율이 큼 ■ 연성으로 가공이 양호	■ 릴레이 ■ 볼트 ■ 나사
규소철 (ferrosilicon)	■ 자심재료 중 가장 많이 사용(주로 Si 1.5~3[%]) ■ 압연한 규소강판은 투자율이 크고 철손이 거의 없음	■ 변압기
퍼멀로이 (permalloy)	■ 니켈과 철의 합금 ■ 투자율이 큼 ■ 규소강보다 투자율, 보자력 우수	■ 오디오용 자기헤드 ■ 릴레이
슈퍼멀로이 (supermalloy)	■ 퍼멀로이에 미량의 몰리브덴 첨가, 수소 중에서 처리 ■ 자성재료 중 가장 투자율이 좋음	■ 오디오용 자기헤드 ■ HDD용 자기헤드 ■ 릴레이
센더스트 (sendust)	■ 철, 알루미늄, 규소 합금 ■ 비투자율이 큼 ■ 매우 단단하여 가공성이 나쁨 ■ 스퍼터링 등으로 박막을 만듦	■ 오디오용 자기헤드 ■ VTR용 자기헤드 ■ 자동개찰기용 자기헤드
아몰퍼스 합금 (amorphous alloy)	■ 저 보자력, 고투자율로 우수한 연자성 ■ 전기저항이 크고 손실이 적음 ■ 내열성이 약함 ■ 코발트를 사용하므로 가격이 높음	■ VTR용 자기헤드 ■ 오디오용 자기헤드 ■ 가포화코어 (saturable core) ■ 고주파용 변압기코어
고투자율 페라이트 (high permeability ferrite)	■ 철, 망간, 아연, 희토류 원소 등의 산화물을 분말로 하여 압축 성형 후 고온에서 소성 ■ 고투자율로 전기저항이 매우 큼 ■ 고주파 특성이 좋음(저손실) ■ 금속보다 강함 ■ 포화 자화량이 작음	■ VTR용 자기헤드 ■ FDD용 자기헤드 ■ HDD용 자기헤드 ■ 스위칭 전원용 변압기 ■ 고주파용 변압기코어

표 4-3 주요 영구자석재료의 특징

명칭	성분(나머지 Fe[%])	특징
탄소강	■ C 1[%]의 탄소강을 약 800 [℃] 열탕에서 처리	■ 오래되면 잔류자속 감소 ■ 고급용으로 사용 안함
텅스텐강	■ C 0.7[%], W 6[%], Cr, Mn 0.3[%]	■ 탄소강에 비해 노화 적음 ■ Br=1.1[T], ■ H_c=6,000[A/m]
크롬강	■ C 1[%], Cr 2.5[%], Mn 0.2[%], Co, Mo 소량 첨가	■ 텅스텐강에 비해 자기적 성질 뒤짐 ■ 가격 저렴, 노화 적음
KS강	■ C 0.9[%], Co 30[%], W 5[%], Cr 3[%]	■ 노화 적음, ■ 기계적 진동에 강함 ■ Br=1.16[T], ■ H_c=20,000[A/m]
MK강	■ Al 10[%], Ni 14[%], Co 20[%], Cu 3[%]	■ 보자력 매우 큼, 소형 영구자석 ■ 자기적성질안정, ■ 충격, 진동 강함 ■ Br=1.2[T], ■ H_c=50,000[A/m]
알니코 (alnico)	■ Al 7[%], Ni 15[%], Co 25[%], Cu 3[%]	■ 가열, 충격에 강함, ■ 유지력 큼 ■ Br=1.2[T], ■ H_c=70,000[A/m]
쿠니페 (cunife)	■ Cu 60[%], Ni 20[%], Fe 20[%]	■ 알니코 보다 자기적 성질이 열등 ■ 알니코보다 가공이 용이 ■ Br=0.6[T], ■ H_c=45,000[A/m]
소결 알니코	■ Al 8[%], Ni 15[%], Co 24[%], Cu 3[%]	■ 유지력이 큼 ■ Br=1.0T], ■ H_c=46,000[A/m]
OP 자석	■ 아철산 코발트와 자철광 분말을 혼합·압축, 1000[℃]에서 소결	■ 유지력이 매우 큼, 작은 자석가능 ■ 현재 사용빈도 낮음 ■ Br=0.3[T], ■ H_c=28,000[A/m]
하드 페라이트 (hard ferrite)	■ Ba 페라이트계: 산화철(FeO_3)과 탄산바륨($BaCo_3$)	■ 페라이트 자석 중 가장 많이 사용 ■ Br=4.3[T], ■ H_c=20,000[A/m]
	■ Sr 페라이트계: 산화철(FeO_3)과 탄산스트론튬($SrCo_3$)	■ Ba에 비해 고성능, 고가 임 ■ Br=4.3[T], ■ H_c=28,000[A/m]
희토류 코발트 자석	■ 사마륨 코발트($SmCo_5$)	■ 최초 사용 희토류 자석, 고보자력 ■ Br=8.0[T], ■ H_c=80,000[A/m]
	■ 사마륨 코발트($SmCo_5$)의 Co 일부를 Cu, Fe, Ti, Zr, Hf, Nb, Ta 등으로 치환	■ $SmCo_5$에 비해 낮은 보자력 ■ 고에너지 유지 ■ Br=10[T], ■ H_c=50,000[A/m]
희토류 철자석	■ 네오디움 자석(Nd−Fe−B), Nd 13[%], B 7[%], Fe 80[%]	■ 큰 일축결정자기이방성 ■ 자석중 최고의 성질

(Br[T] : 잔류자속밀도, H_c[A/m] : 보자력)

4.3 고투자율재료

고투자율재료를 재료로 구분하여 보면 금속 및 합금으로 이루어진 것과 산화물로 이루어진 것으로 나누어진다. 전자는 철(Fe), 니켈(Ni), 코발트(Co)와 같은 강자성금속을 주체로 하여 이에 티타늄(Ti), 바나듐(V), 크롬(Cr), 망간(Mn), 구리(Cu)와 같은 철족의 천이금속이나 실리콘(Si), 알루미늄(Al), 은(Ag), 텅스텐(W), 몰리브덴(Mo), 니오브(Nb)와 같은 금속을 배합한 합금이며, 후자는 망간(Mn), 철(Fe), 니켈(Ni), 코발트(Co), 구리(Cu), 마그네슘(Mg) 등의 페라이트를 주체로 하여 이에 Zn 페라이트와 같은 비자성체가 첨가된 고용체로 이루어지고 있다. 고투자율재료는 주로 전기기기 분야나 통신 및 전자공학에 응용되고 있다. 전기기기 분야에는 주파수가 낮고 경제적인 관점에서 철계재료나 규소강 또는 Al−Fe합금 등이 많이 사용되며, 통신 및 전자공학분야에서는 사용주파수가 높고 재료에 요구되는 조건이 엄격하기 때문에 값비싼 니켈(Ni)을 다량으로 함유하는 Ni−Fe합금이나 압분자심 또는 페라이트자기 등이 사용된다.

4.3.1 철계재료

(1) 순철

철은 여러 가지 불순물을 함유하기 쉬우며, 순도가 높아질수록 자기적 성질이 개선된다. 투자율이 높고 전기전도도가 좋으므로 변압기, 모터의 철심에 사용하면 교류자기장에서의 에너지 손실(철손)이 크다. 주로 직류에 적합하며 전자석, 계전기, 전화기 등의 자심으로 사용된다.

(2) 탄소강

철의 자기특성은 탄소함유량에 따라 저하하는 반면 기계적 강도는 커지므로 기계적 강도가 커야 하는 자기회로에는 탄소강이 사용된다. 탄소함유량이

0.2[%] 정도의 것은 연강, 0.1[%] 이하인 것은 극연강이라 부르며 주로 회전기의 자극이나 차량용 전동기에 사용된다.

(3) 주조재료

주조재료 중 주철은 자기특성이 극히 나쁘며 강성주철, 가단주철, 주강 순으로 자기특성이 좋아진다. 자기회로에 사용되는 주강은 탄소량 0.18[%]이하인 것이 좋다.

(4) 규소강(Si－Fe합금)

철에 1~1.5[%]의 규소(Si)를 첨가한 규소강은 철보다 투자율이 높고 보자력 및 히스테리시스손이 작다. 특히, 잔류자속이 적어야 하는 직류계전기의 철심으로 적합하며, 경년변화가 적으므로 크로스바 교환기용 철심으로 사용된다.

(5) Al－Fe합금

철(Fe)에 약간의 알루미늄(Al)을 첨가하면 자성이 개선된다. 0.4[%]의 Al을 첨가한 합금은 히스테리시스손이 대단히 적어지는 특성이 있으며 일반적으로 5[%] 미만의 Al합금은 규소강과 유사한 특성을 지닌다.

Alfer라 불리는 자기왜형재료는 13[%]의 Al합금인데 최대 비투자율이 클 뿐 아니라 히스테리시스손이 비교적 작고 저항률이 높으므로 교류회로의 자심으로 사용된다.

(5) Co－Fe합금

Co－Fe합금의 포화자속밀도는 40~50[%]의 Co에서 최대이며 그 크기는 2.43[Wb/㎡]로서 자기재료 중 가장 크다. 이것은 퍼멘듀르(pemendur)라 하며 전자석의 자극편에 사용된다. 이 합금은 가공성이 나쁘지만 약 2[%]의 바나듐을 가한 것은 박판으로 강공할 수 있으며 전화 수화기의 진동판으로서 사용된다.

4.3.2 자성강 및 규소강

(1) 자성강판

규소(Si)를 거의 함유하지 않은 순철 계전기철판으로서 철손은 다소 증가해도 규소강보다 가격이 저렴하다. 가정전기기기의 소형전동기용 철심재료로 사용된다.

(2) 규소강판

예전에는 열간규소강판을 지칭했지만 연속강판이 아니어서 타발가공(shearing)이 비능률적이며, 표면이 거칠어서 점적률(space factor)이 나쁘고 두께의 정밀도가 낮은 결점 때문에, 현재는 냉간압연규소강판을 지칭하고 있다.

열간규소강판은 약 4[%]의 규소(Si)를 함유한 철·규소 합금을 평로 또는 아크로에서 열간겹침압연(hot pack rolling)에 의해 박판을 만들어 800~850[℃]로 최종 열처리한 것이다.

냉간압연규소강판은 규소 함유량이 3.5[%] 이하로서 냉간압연과 열처리를 적절히 하여 열간압연규소강판의 결점을 보충한 것으로 고속 타발가공이 가능하여 실효율이 좋고, 또한 두께의 정밀도가 높고 매끈하며 점적률도 높다. 주로 회전기에 사용된다.

판을 적층해서 철심을 조립하는 규소강판의 경우 열처리로 인해 층간 절연피막이 산화하면 자기특성이 열화하기 쉽다. 따라서 절연피막이 이 온도에 견딜 수 있도록 분위기 가스로서 수소와 질소의 혼합가스가 사용된다.

4.3.3 퍼멀로이(permalloy)

퍼멀로이란 투자율이 우수한 합금(Alloy)이라는 의미에서의 명명되었다. 니켈을 35~80[%] 함유한 니켈과 철의 합금을 총칭하며, 이것에 몰리브덴(Mo), 구리(Cu), 크롬(Cr) 등의 원소를 가할 때에는 초퍼멀로이 기타의 명칭으로 불린다. 이것에 적당한 용해, 가공, 열처리를 행하면 우수한 특성이 얻어지며 고투자율재료로서는 자기재료 중 가장 고급이다. 가공성이 쉬워 복잡 다양한 형상으로 가공이 용이 하며, 얇은 판(보통 두께 0.35~0.025[㎜] 박판)으로 만들어 변압기 자심에 주로 사용된다. 퍼멀로이는 규소강보다 높은 투자율의 재료이지만 값이 비싼 니켈을 사용하는 것이 단점이다. 용도로는 오디오 기기, 시계, 전자레인지 및 가정용기기의 자동제어장치나 고정밀계측기 등의 다양한 산업기기에서 사용되고 있다. 또한, 센서(sensor) 재료뿐 만 아니라 리니어 모터카(linear motorcar)의 자계 차폐재료로서도 주목을 받고 있다.

표 4-4는 대표적인 퍼멀로이의 자기특성을 나타내고 있다.

표 4-4 대표적인 퍼멀로이의 자기특성

재료명	성분[Wt%] (나머지 Fe[%])	초기 비투자율 μ_i	포화 자속밀도 B_m[T]	히스테리 시스손 /사이클 [J/㎥]	보자력 H_c[A/m]	저항률 ρ(10^{-8} [Ω·m])
36퍼멀로이	36Ni, 0.3Mn	2,000	1.5	150	32	75
45퍼멀로이	45Ni, 0.3Mn	2,500	1.6	120	24	45
78퍼멀로이	78.5Ni, 0.3Mn	8,000	1.07	58	4	16
3.8-78.5 Cr 퍼멀로이	78.5Ni, 3.8Cr	10,000	0.8	20	4	65
4-79 Mo 퍼멀로이	79Ni, 4Mo, 0.3Mn	20,000	0.87	20	4	55
Mumetal	77Ni, 2Cr, 5Cu	20,000	0.65	20	4	62

재료명	성분[Wt%] (나머지 Fe[%])	초기 비투자율 μ_i	포화 자속밀도 B_m[T]	히스테리 시스손 /사이클 [J/㎥]	보자력 H_c[A/m]	저항률 ρ(10^{-8} [Ω·m])
1040합금	18Ni, 3Mo, 14Cu	20,000	0.6	20	1.6	56
슈퍼멀로이 (supermalloy)	79Ni, 5Mo, 0.3Mn	100,000	0.79	0.8	0.16	65

4.3.4 압분자심

고주파용 자심으로서는 투자율이 높고 히스테리시스, 와전류, 잔류자속 등 각종 손실이 적어야 한다. 압분자심은 이러한 목적에 맞게 퍼멀로이, 산화철 등과 같이 투자율이 높은 재료의 미분말에 절연성 결합제를 첨가한 후 압축 성형한 물질이다. 압분심에 있어서 자성분말은 구형에 가까운 모양이 되기 때문에 감자력이 크며 그로 인하여 광범위한 자계에 대해서 비투자율의 값은 작지만 자계에 대하여 비투자율의 값이 그다지 변하지 않는다는 특징을 가지고 있다.

용도로는 자기헤드재 및 고주파에 쓰이는 코일이나 변성기 등의 철심에 사용된다. 압분자심의 종류로는 센더스트(sendust), 몰리브덴 퍼멀로이 더스트(molybdenum permalloy dust), 카보닐(carbonyl) 철분자심이 있다.

4.3.5 소프트 페라이트(soft ferrite)

소프트 페라이트는 재료의 자기적인 특성이 자장의 방향과 크기에 따라 쉽게 변화되는 재료로서 산화철을 주성분으로 하는 세라믹 제품이다. Fe_2O_3는 무게비로 약 70[%]를 차지하며 스피넬형의 결정구조를 갖는 화합물로서 나머지 금속성분에 따라 Mn-Zn계 페라이트, Cu-Zn계 페라이트, Ni-Zn계 페라이트 및 Mn-Mg계 페라이트 등으로 구분된다.

Mn-Zn계 페라이트는 고투자율, 고자속 밀도이지만 저항률이 상대적으로 낮으므로 저주파에 사용된다. 용도로는 텔레비전 편향요크(deflection yoke), 플라이백 트랜스(flyback trans), 통신기 필터용 포트코어 등에 사용된다. 고밀도 Mn-Zn계, Ni-Zn계 페라이트는 자기녹음헤드에 사용되고 있다.

Cu-Zn계, Ni-Zn계 페라이트는 고주파 소실이 작기 때문에 라디오 주파수대의 공중선(antenna)이나 중간주파수 트랜스 등에 사용된다.

Mn-Mg계 페라이트는 각형 히스테리시스 특성을 보이기 때문에 메모리 코어(memory core)로 사용될 뿐 아니라, 마이크로파대에서의 손실이 작기 때문에 아이솔레이트(isolator), 서큘레이터(circulator) 등의 마이크로파 소자에 사용된다. 표 4-5는 소프트 페라이트의 대표적인 종류 및 자기특성을 나타내고 있다.

표 4-5 대표적인 소프트 페라이트의 자기특성

재료명	초기 비투자율 μ_i	포화 자속밀도 B_m[T]	보자력 H_c[A/m]	주파수 f[MHz]	퀴리온도 T_c[℃]	저항률 ρ[Ω·m]
Mn-Zn계 페라이트	5,000	0.42	8	0.01	130	0.2
	2,000	0.35	16	0.1	150	2
	1,000	0.35	20	0.1	200	10
Cu-Zn계 페라이트	500	0.2	40	0.5	90	10^4
	100	0.3	240	2.0	350	10^3
Ni-Zn계 페라이트	70	0.27	240	10	350	5×10^2
	15	0.20	560	20	450	5×10^2

4.3.6 항투자율재료

가하는 자계의 크기에 크게 의존하지 않고 투자율이 일정한 재료이다. 자화가 회전에만 따른다면 자화곡선은 직선적이며 또한 히스테리시스를 동반하지 않으므로 이상적이다. 대표적인 항투자율재료로는 퍼민바(perminvar, 70[%]Ni, 7[%]Co, 나머지 Fe)나 이소펌(isoperm, 50[%]Ni-Fe) 등이 있으며, 전자는 비교적 저자계에서 항투자율성을 나타내고 후자는 상당히 높은 고자계까지 항투자율성을 나타낸다. 원래 통신기용 코일, 변성기용 등의 목적으로 개발된 것인데 현재는 압분자심, 페라이트, 퍼멀로이 등이 사용되고 있다.

4.4 영구자석재료

영구자석은 외부에서 전기적 에너지를 공급하지 않고 안정한 자계를 발생하기 위한 재료이며 고투자율 재료와는 반대로 보자력 및 잔류자속밀도가 큰 것이 적합하다.

용도로는 확성기, 발전기, 마이크로 모터, 계측기, 전화수화기, 벨, 계전기, 플라스틱자석, 완구 등 다양한 분야에 사용되고 있다.

(1) 담금질(quenching) 경화자석

탄소강, 텅스텐강, 크롬강, 코발트강, KS강 등은 담금질에 의해 경화해서 자석이 된다. 이 과정에서 재료 내부의 왜곡이 생겨 높은 보자력의 원인이 되지만 한계는 있다. 안정성은 우수하지 않지만 값이 싼 것이 특징이다.

표 4-6은 담금질 경화자석재료의 특성을 나타내고 있다.

표 4-6 담금질 경화자석재료의 특성

재료	조성[%]	열처리 조건[℃]	보자력 H_c[A/m]	잔류자속 밀도 B_r [wb/m²]	$(BH)_{max}$ 10^4[J/m³]	성질	비중
탄소강	0.9C, 1Mn	800수중 담금질	4,000	1.0	0.16	견고, 강함	7.8
W강	0.7C, 5W, 0.3Mn	850수중 담금질	5,600	1.03	0.26	견고, 강함	8.1
Cr강	0.9C, 3.5Cr, 0.3Mn	830유중 담금질	5,200	0.97	0.24	견고, 강함	7.0
17 Co강	17Co, 2.5Cr, 0.75C, 8W	1,000유중 담금질	12,000	0.95	0.52	견고, 강함	8.35
KS강	35Co, 6W, 0.85C, 4Cr	950유중 담금질	20,000	1.2	0.8	견고, 강함	8.15

(2) 알니코(alnico)계 자석

MK강을 기본으로 발전한 알루미늄(Al), 니켈(Ni), 코발트(Co)를 주성분으로 하여 만들며 용광로에서 녹인 것은 거푸집에 부어 식힌 후 연마가공을 하여 만든다. 이 자석의 특징은 온도에 따른 자속량의 변화가 극히 적고 높은 자속밀도를 얻을 수 있으나, 자속밀도에 비해 보자력이 약해 외부자계에 의해 쉽게 감자가 일어난다는 점이다. 또한, 경도가 높아 가공성이 떨어진다.

외부자계의 영향이 큰 곳에는 사용하지 않는 것이 좋으며, 잔류 자속 밀도의 온도 의존성이 상당히 적기 때문에 고성능 소형 스피커나 적산 전력계, 소형발전기, 계기 등의 용도에 사용한다.

코발트(Co)의 함유량이 많고 보자력이 80[kA/m]이상의 큰 값을 지닌 알니코 Ⅷ도 있다.

(3) 가공성 자석

강도가 굳어서 기계가공을 하기 어려운 알니코계 자석의 결점을 보완한 것으로서 쿠니페(cunife; Cu－Ni－Fe 합금), 쿠니코(Cunico; Cu－Ni－Co 합금]),

바이칼로이(vicalloy; Fe−Co−V 합금) 자석 등이 사용되며 선, 판 등으로의 가공이 용이하다.

(4) 소결 자석

알니코계 자석을 소결법으로 만든 것으로서 복잡한 형상으로 만들기 쉽다. OP자석은 $CoO \cdot Fe_2O_3$와 $FeO \cdot FeO_3$을 1:1 또는 3:1로 배합하고, 바륨 페라이트 자석은 BaO와 Fe_2O_3를 1:6으로 배합하여 900~1,300[℃]에서 1~4시간 예비 소결한 후 미분쇄하여 초산 폴리비닐아세톤용액, 물 등으로 다이에 밀어 넣어 성형하고 자화시켜 제조한다. 잔류밀도자속은 작지만 보자력은 160[kA/m] 이상으로 극히 큰 것을 이용해서 편평한 형상으로 사용된다. 또한, 분말로 해서 고무, 플라스틱과 혼합하여 사용되기도 한다.

(5) 미립자 자석(ESD 자석)

강자성체를 세분해서 입자의 크기가 어느 한계(Fe; 10^{-6}[㎝]) 이하가 되면 단일자구로 되어 자화는 회전에 의해서만 행하여지므로 높은 보자력을 나타낸다. GE사에서는 Fe−Co 합금의 단일자구 입자를 만들어 이것을 납이나 플라스틱에 충전하여 자석을 만들어 상품화 하였는데 이것을 ESD(elongated single domain) 자석이라 부르고 있다. 온도계수가 알니코계 자석보다 작으며 복잡한 형태를 고정밀도로 성형할 수 있는 장점이 있다.

(6) 하드 페라이트(hard ferrite)

하드 페라이트는 재료의 자기적인 특성이 자장의 방향과 크기에 따라 쉽게 변화되지 않는 재료로서 일반적으로 영구자석이라고 알려져 있으며 산화철을 주성분으로 하는 세라믹 제품이다. Fe_2O_3는 무게비로 약 90[%]를 차지하며 마그네토 플럼바이트(magneto-plumbite)형의 결정구조를 갖는 화합물로서 나머지 금속 성분에 따라 바륨(Ba) 페라이트, 스트론튬(Sr) 페라이트 등으로 구분된다.

(7) 희토류계 자석

희토류(rare earth) 자석이라고 하면 사마륨 코발트 자석(SmCo) 또는 네오디움 자석(Nd−Fe−B)을 의미한다. 사마륨(samarium) 자석은 잔류자속밀도나 보자력 등이 매우 높고 온도 특성도 좋기 때문에 이어폰이나 소형 정밀모터 등에 사용된다. 코발트의 매장량이 적고 가격이 고가이므로 대체로 개발된 것이 네오디움 자석이다.

네오디움(neodymium) 자석은 잔류자속밀도 및 보자력이 사마륨자석을 능가하는 뛰어난 자석이지만 온도 특성이 매우 나빠 온도변화에 의한 자속밀도의 하락이 심하다. 온도에 대한 안정성이 떨어지며 페라이트 자석에 비해 상대적으로 가격이 높다. 또한 산화력이 강해 공기 중에서 쉽게 산화하며 이를 보완하기 위해 코팅을 해서 사용해야 한다.

표 4-7은 주요 영구자석재료의 자기특성을 나타내고 있다.

표 4-7 주요 영구자석재료의 자기특성

재료명	성분	잔류자속밀도 B_r [T]	보자력 H_c [kA/m]	B_r의 온도특성 [%/℃]	밀도 [g/cm^3]	퀴리온도 [℃]	최고사용온도 [℃]
Sr페라이트계	$SrO·6Fe_2O_3$	0.36 ~ 0.44	224 ~ 400	-0.18	4.7 ~ 5.1	460	300
알니코 (Alnico)	AlNiCo	0.65 ~ 1.4	48 ~ 120	-0.02 ~ -0.03	7.0 ~ 7.3	850	550
사마륨 (samarium)	$Sm\,Co_5$	0.82 ~ 1.16	496 ~ 1,600	-0.03 ~ -0.045	8.2 ~ 8.4	750	350
	Sm_2Co_{17}					850	250
네오디움 (neodymium)	Nd-Fe-B	1.0 ~ 1.3	880 ~ 2,000	-0.11 ~ -0.13	7.3 ~ 7.5	320	80 ~ 120

4.5 특수자성재료

4.5.1 정자재료

영구자석, 자극편 등은 투자율이 온도상승과 더불어 변하므로 이들을 포함하는 자로의 공극에 온도상승과 더불어 투자율이 감소하는 재료를 병렬로 연결하여 자기회로의 온도특성 변화를 보상한다. 이러한 재료를 정자재료 또는 자기분로재료라 하며 온도변화에 따르는 계기의 2차 보정용 또는 전기로의 자동 온도조절의 감온 요소로 이용된다. 사용되고 있는 재료는 합금계인 서멀로이(thermalloy, Ni 66[%], Cu 30[%], Fe 4[%]), 서모팜(Ni 30[%], Fe 70[%]), MS 합금(Ni 31[%], Cr 8[%], Fe 나머지)과 페라이트계인 Cu-Zn 페라이트, Mn-Zn 페라이트가 있다.

4.5.2 자기기록재료

자기기록이란 일정한 속도로 움직이고 있는 강자성체를 음성전류로 자화한 후 이를 재생하여 음파를 내는 것이다. 따라서 자기기록재료로서는 자기 기록체와 기록, 재생을 할 수 있는 기록 헤드(head)용 재료로 구분된다. 이것은 녹음, 녹화 ,계측, 측정제어 및 전자계산기 등의 넓은 분야에 이용된다.

(1) 자기기록체

자기기록체가 갖추어야 할 특성은 다음과 같다.

- 자화력(H)과 잔류자속밀도(B_r)가 직선관계를 가지며 $\Delta B_r / \Delta H$가 가급적 클 것.

- 녹음을 영구 보존하기 위하여 보자력(H_c)이 크고 철손이 작을 것.
- 인장강도가 크고 기계적 충격에 의하여 자성이 변하지 않아야 할 것.
- 균질의 재료로 요철이 없어야 할 것.
- 호환성이 좋아야 할 것.

기록체의 재료로서 초기에는 세날로이(Senalloy; Fe 20~50[%], Ni 16~55[%], Cu 1~55[%]), 바이칼로이(Vicalloy; Fe 30~52[%], Co 36~62[%], V 6~16[%]), 쿠니페(Cunife) 등이 사용되었으나 최근에는 주로 침상결정으로 된 $\gamma-Fe_2O_3$ 분말을 두께 약 40[㎛]의 초산 셀룰로스의 기판 위에 10~15[㎛] 두께로 도포하여 사용한다. 도포할 때 자계를 가하여 입자의 긴 쪽 방향을 테이프 방향으로 하면 특성이 향상된다.

$\gamma-Fe_2O_3$는 페라이트의 일종으로서 매우 안정하고 가격도 싸므로 각종 자기테이프, 자기디스크에 대량으로 사용되고 있다. VTR용 테이프는 녹음테이프와 같은 방법으로 제작되는데 화상의 주파수 영역이 0~4[㎒]로 넓으므로 테이프의 균일성을 매우 높게 하지 않으면 안된다.

이 밖의 자기테이프로서 코발트 금속 등을 플라스틱 필름 위에 증착 한 것으로 증착테이프가 있다. 이것은 자기특성의 향상 외에 자성막 두께가 도포방식의 1/10 이하(0.1[㎛] 정도)로 되는 등 소형화, 경량화에 특성도 있다.

(2) 기록헤드재료

기록헤드는 공극이 극히 작은 고주파 전자석이며 테이프와 항상 접촉하기 때문에 자심의 내마모성이 크고, 와전류손을 감소시키기 위하여 전기저항률이 큰 재료가 적합하다. 녹음과 소자에는 포화자속밀도가 큰 것이 소형화 하는데 적합하다.

이런 재료로서는 몰리브덴 퍼멀로이(Mo 4[%], Ni 79[%], Fe 17[%])를 두께 0.1~0.2[㎜] 두께의 박판으로 성층하여 사용하며, 최근에는 Fe-Al 합금인

알펌(alperm), Ni－Zn 페라이트는 저항률이 높고 주파수 특성이 좋으며, 경도가 높고 내마모성이 우수하므로 고주파, TV 녹화 등에 많이 사용되고 있다.

4.5.3 비자성재료

철 또는 강에 니켈, 크롬, 망간, 구리 등을 가하면 상온에서 오스테나이트(austenite) 조직을 표시하며 비자성으로 할 수가 있다. 표 4-8에 비자성강의 대표적인 성분을 표시하고 있으며, 이것들의 최대투자율은 1.03 이하, 저항률은 60~100[μΩ·㎝], 인장강도는 50~90[kg/㎟]이다.

비자성재료는 자기적인 영향을 받지 않기 때문에 개발되어진 재료로서 비투자율이 1에 가깝고 기계적인 강도가 세고, 가공성, 용접성이 우수한 재료로 기대된다. 용도는 변압기 철심의 연결용 볼트, 발전기 회전자의 보존유지, 전자렌즈 등 정밀한 전자빔의 제어를 위한 기구 부분, 레코더의 헤드부 등에 이용된다.

표 4-8 비자성강의 성분

종류	성분(%)			
	니켈	크롬	망간	철
니켈강	25~30	-	-	나머지
고망간강	-	-	12~14	나머지
니켈크롬강	7~9	17~19	-	나머지
니켈크롬망간강	3~21	0~20	0.3~15	나머지
망간크롬강	-	8.14	17.3	나머지

제5장. 반도체재료

5.1 반도체성질

반도체는 전기전도도가 도체와 절연체의 중간 정도인 결정형 고체로서 저항률이 도체보다는 높고 절연체보다는 훨씬 낮은 $10^{-4} \sim 10^{4}[\Omega \cdot m]$ 정도의 저항률 가지며, 전기전도도가 전자와 정공에 의해서 일어나는 것으로서 광전효과, 홀효과, 정류작용 등 특수한 현상을 나타내는 물질을 말한다.

실리콘(원자번호 : 14)과 게르마늄(원자번호 : 32)은 4족 원소로서 그림 5-1과 같이 최외각 궤도에 4개의 전자를 갖는 가장 널리 사용되는 대표적인 진성반도체이다. 불순물의 농도가 낮은 진성반도체는 자유전자의 수가 제한되어 있어 전류가 거의 흐르지 않는 부도체에 가까워 진성반도체 상태로는 거의 사용되지 않는다. 따라서 진성반도체에 불순물을 첨가한 3족 또는 5족의 원소들을 첨가함으로써 반도체의 전기전도도를 부도체에서 도체에 가까운 성질로 그 특성을 현저하게 변화시킬 수 있다.

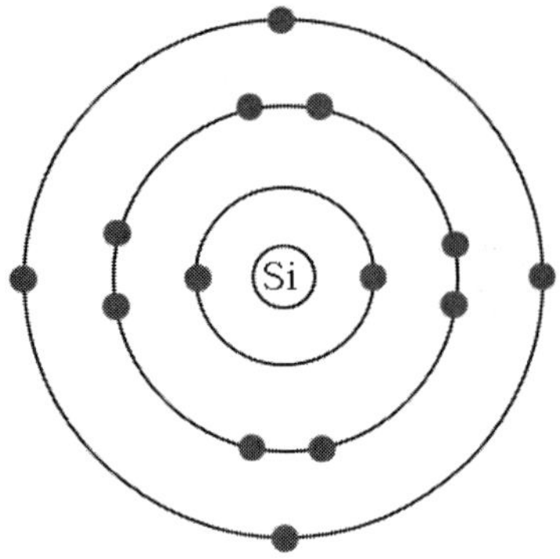

(a) 실리콘

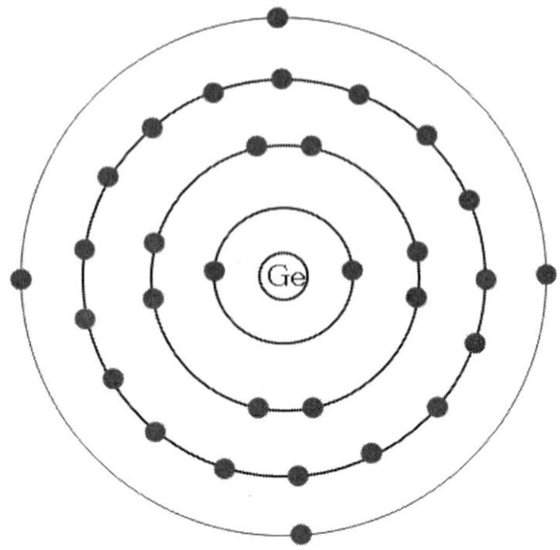

(b) 게르마늄

그림 5-1 실리콘, 게르마늄 원자

반도체는 도체(금속)의 저항률이 정(+)의 온도계수를 갖는데 비해, 부(-)의 온도계수를 가지는데 부(-)의 온도계수란 온도가 증가할 때 저항이 감소하는 것을 의미한다.

반도체는 다음과 같은 몇 가지 성질을 가진다.

- 온도의 상승과 더불어 저항이 감소하는 부(-)의 온도계수를 갖는다.
- 미량의 불순물이 존재하므로 저항률이 현저히 변화하며, 불순물이 증가하면 전기저항은 감소한다.
- 전압-전류 특성 곡선이 비직선적이다.
- 금속에 비해 홀 효과, 광전효과가 잘 나타나며, 다른 금속이나 반도체와 접촉시키면 정류작용을 나타낸다.

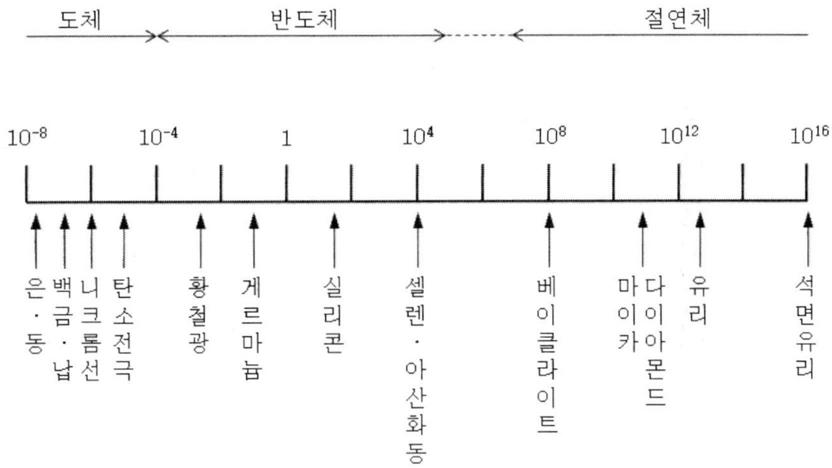

그림 5-2 도체, 반도체, 절연체의 저항률

반도체는 초기에 정류작용에만 사용되었으나, 이후 새로운 많은 소자들이 개발되었고, 최근에는 반도체 재료의 급격한 발달로 인해 소형, 경량화 되고 신뢰도가 높아짐으로서 트랜지스터를 비롯하여, 전자소자, 자기소자, 온도소자, 열전소자, 광전소자 등에 널이 응용되고 있다.

5.2 반도체현상

5.2.1 정류작용

P형 반도체와 N형 반도체를 접합시키면 경계에서의 전류는 한쪽방향으로만 흐르는 성질을 가지게 되는데 이를 정류작용이라 한다.

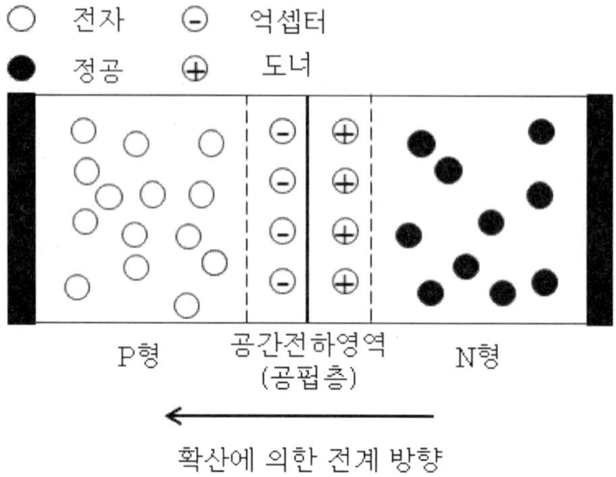

그림 5-3 PN접합의 전하 상태

그림 5-3을 보면 외부 바이어스가 인가되지 않은 상태에서 P형 측에는 정공이 N형 측에는 전자가 많이 존재하게 되는데, 이때 P형 측의 정공은 N형 측으로 N형 측의 전자는 P형 측으로 확산하게 된다. 따라서, 공간전하 영역에서의 P형 측에는 정공이 이동되어 음전하(이온화된 억셉터)가 남고 N형 측에는 전자가 이동되어 양전하(이온화된 도너)가 남는다.

PN접합에서 P형 측에 순방향(+) 전압을 인가한 경우 전자나 정공의 전위장벽은 사라지게 되고 P형 측의 정공은 N형 측으로 N형 측의 전자는 P형 측으로 움직이게 되어 전류가 흐르게 된다. 이를 순방향 바이어스라 하며 가해진 전압을 순방향 바이어스전압이라고 한다.

반대로 P형 측에 역방향(-) 전압을 인가한 경우 전자와 정공의 전위장벽이 높아져 상대방향으로 전혀 움직이지 못하게 되는데 정공은 음극에 전자는 양극에 흡인되어 접합의 경계면에서 멀어지므로 전류는 거의 흐르지 않는다. 역방향에서는 공핍층 폭이 증가하게 되면 역포화 전류라고 하는 미세한 전류가 흐르게 되는데, 전압을 높이면 PN접합 내부 전계는 한계값에 도달하게 되어 캐리어가 직접 전위장벽을 관통하는 애벌란치 항복(Avalanche breakdown) 상태가 되어 전류가 흐르게 된다. 따라서, 일반 정류용 다이오드에서는 역방향 항복영역을 거의 사용하지 않는다.

5.2.2 증폭작용

PN접합면에서의 캐리어 주입현상을 이용하면 약한 전류를 강한 전류로 증폭할 수 있는데 이는 증폭작용의 기본이 된다. 그림 5-4와 같은 이미터 접지의 PNP 트랜지스터의 경우를 보면 적은 양의 베이스 전류로 큰 컬렉터 전류를 얻을 수 있으며, 베이스 전류의 크기를 변화시킴으로서 컬렉터 전류를 증감할 수 있는데 이러한 작용을 증폭작용이라고 한다. 이 증폭률은 트랜지스터에서 가장 중요한 정수 이다.

$$\text{증폭률} = \frac{\text{컬렉터 전류}(I_C)}{\text{베이스 전류}(I_B)}$$

예를들면, $V_1 = 0[V]$라면 $I_B = 0[A]$가 되고 컬렉터에도 전류가 거의 흐르지 않고, 이미터에도 전류가 흐르지 않는다. V_1을 약간 증가 시켜 베이스 전류를 0.1[A]로 입력하면, 전류 배분이 발생하여 컬렉터에는 0.9[A], 이미터에는 1.0[A]의 전류가 흐르게 된다. 즉 베이스 입력전류에 의해 컬렉터 출력전류가 증가하게 되어 전류증폭률이 9배로 증가하게 된다.

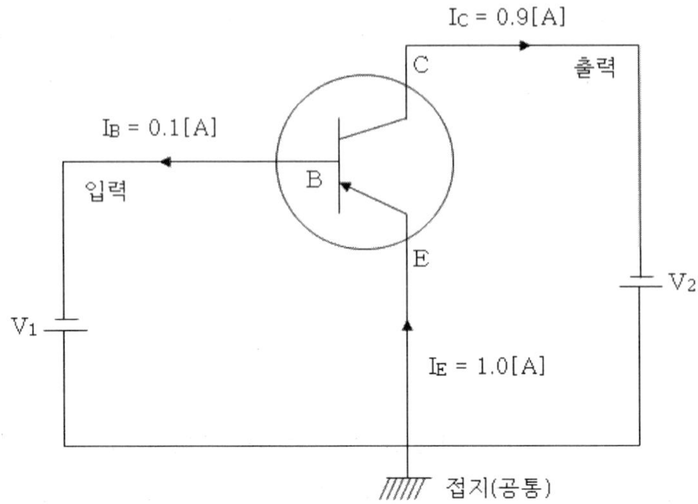

그림 5-4 PNP 트랜지스터(이미터 접지)

5.2.3 광전효과

금속에 빛을 쬐어 주었을 때 그 빛이 특정 진동수 이상이 되면 금속판 안에서 전자들이 튀어 나오는데, 이와 같은 원리로 반도체에 빛이 조사되면 전기저항이 감소하여 기전력 발생한다.

이러한 현상을 광전효과(photoelectric effect)라 하며, 광전효과에는 광기전력효과, 광도전효과, 광전자방출효과, 전기루미네선스 현상이 있다.

광기전력효과는 그림 5-5와 같이 PN접합면에 빛을 조사하면 전위장벽의 영역에 전자와 정공이 생기고 이것들이 전위장벽 내부 전계에 의해 전자는 N 영역으로 정공은 P영역으로 이동하여 P 영역은 양(+), N 영역은 부(-)로 대전하여 기전력이 나타나는 현상으로 태양전지에 응용된다.

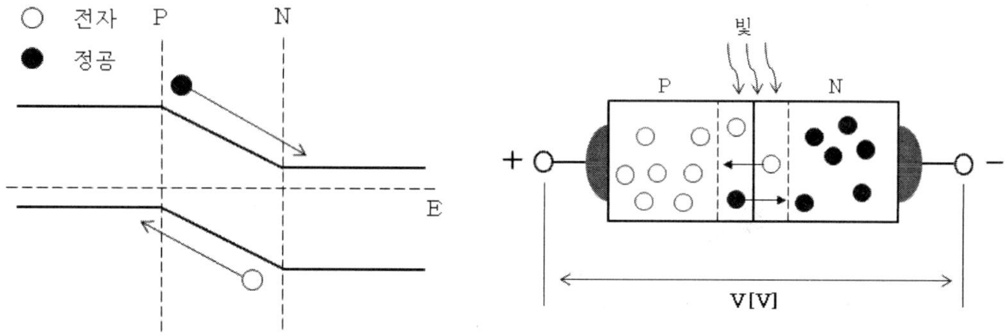

그림 5-5 광기전력 효과

광도전효과는 반도체에 빛을 조사하면 반도체는 빛에너지를 흡수하여 캐리어의 밀도가 증가하여 반도체의 전기도전율이 증가하는 현상으로 광도전셀에 응용된다. 광도전물질에는 Ge, Si, CdS, Se, PbS 등이 있다.

광전자방출효과는 반도체 표면에 빛을 조사하면 전자가 빛을 흡수하여 전자의 운동에너지가 증가하여 반도체 표면으로부터 전자가 방출되는 현상으로 광전관, 광전자증배관, 촬상관 등에 응용된다. 광전자방출재료에는 은-세슘(Ag-O-Cs), 안티몬-세슘(Sb-Cs), 은-비스무스-세슘(Ag-Bi-O-Cs), 멀티알칼리(Sb-K-Na-Cs) 등이 있다.

전기루미네선스는 반도체에 전계를 인가하여 전자를 가속시키면 높은 에너지를 얻은 전자와 정공이 결합할 때 에너지로서 빛을 방출하는 현상으로 EL등에 응용된다.

5.2.4 열전효과

반도체의 온도가 증가하면 가전자대 또는 불순물 준위에서 전자가 전도대로 옮겨져 캐리어수가 증가한다. 반도체는 원자의 열진동과 자유전자의 운동으로 열이 전해지는데 톰슨효과, 펠티에효과, 제벡효과와 같이 열과 전기의 관계로 나타나는 각종 효과를 열전효과라 한다.

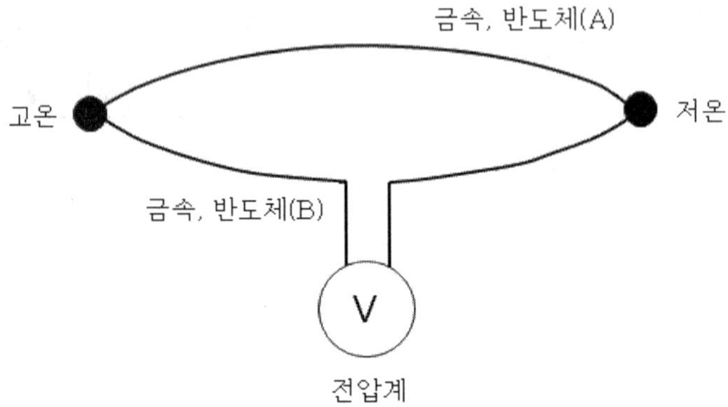

그림 5-6 제벡효과

톰슨효과는 도체(금속, 반도체)인 막대기의 양끝을 다른 온도로 유지하고 전류를 흘릴 때 줄열 이외에 발열 또는 흡열이 일어나는 현상으로 열과 전기를 이동시키는 에너지 펌프에 응용된다. 펠티에효과는 서로 다른 종류의 도체(금속, 반도체)를 접합하여 전류를 흐르게 할 때 접합부에 줄열 외에 발열 또는 흡열이 일어나는 현상으로 전자 냉동원리에 응용된다.

제벡효과는 그림 5-6과 같이 2종류의 금속 또는 반도체의 양 끝을 접합하여 거기에 온도 차를 주면 회로에 열기전력을 일으키는 현상으로 열전 발전기에 응용된다.

5.2.5 홀효과

도체 또는 반도체에 전류를 흘리고 전류와 수직인 방향으로 자계를 가하면 플레밍의 왼손 법칙에 따라 전류와 자계 양쪽으로 직각인 방향으로 로렌츠의 힘을 받아 전류와 자계의 방향과 수직인 방향으로 기전력이 발생한다. 이 현상을 홀효과(Hall effect)라 한다.

홀 효과는 캐리어의 종류의 판별이나 캐리어 농도, 캐리어 이동도의 산출 등 고체의 물리적 성질 측정, 홀소자, 자기저항소자 등의 자기센서에 응용된다.

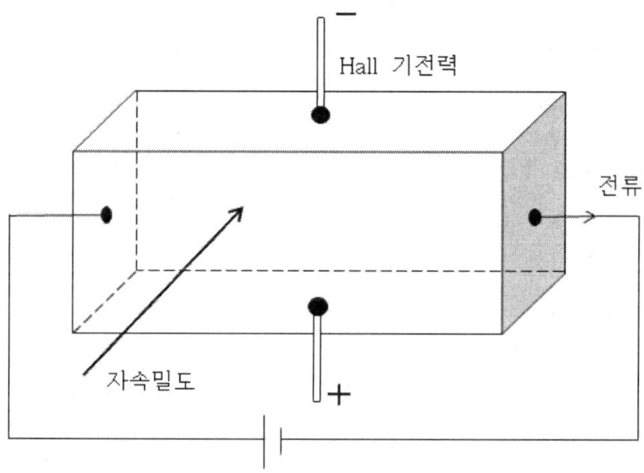

그림 5-7 홀효과

5.3 반도체재료의 종류

반도체로 분류되는 물질의 종류는 매우 많고 성질도 매우 다양하나 크게 무기반도체와 유기반도체로 나눈다. 무기반도체는 공학적으로 중요한 역할을 하고 있지만 유기반도체는 저항률이 높아서 실용되고 있는 것은 많지 않다. 무기반도체를 그 구조로 분류하면 원소반도체와 화합물반도체로 나누어진다. 원소반도체에는 게르마늄(Ge), 실리콘(Si), 세슘(Cs), 텔루륨(Te) 등이 있고 화합물반도체에는 금속간화합물, 산화물, 황화물, 셀렌화물, 텔루륨화물, 할로겐화물 등이 있다.

반도체재료를 응용에 따라 분류하면 다이오드(정류기)·트랜지스터 재료, 광전변환재료, 열전변환재료, 등으로 분류할 수 있으며 표 5-1에 여러 방면에 실용되고 있는 대표적인 재료를 나타내고 있다.

표 5-1 응용분야에 대한 반도체 재료의 종류

분류		재료
다이오드·트랜지스터재료		Ge, Si, GaAs, Se, Cu_2O, CuS, TiO_2
광전 변환 재료	광전셀·광전지재료	Zn_2SiO_4, ZnS, (Zn·Cd)S, ZnO
	형광재료	Ge, Si, GaAs, Se, Cu_2O, Cs_3Sb
	EL셀재료	ZnS
	광전도재료	CdS, CdSe, PbO
	레이저재료	GaAs, PN접합
열전 변환 재료	열전발전재료	BiSb, ZnSb, PbTe, Bi_2Te_3, $MnSi_2$
	열전냉각재료	Bi_2Te_3, $(Bi \cdot Sb)_2Te_3$, $Bi_2(Te \cdot Se)_3$
	열전자방출재료	$BaSrO_2$, ThO_2, LaB_6
	thermistor재료	NiO, $CaTiO_3$, $ZnFe_2O_4$, $BaTiO_3$
	발열재료	SiC
기타	자기저항재료	InSb, InAs, Bi
	압저항재료	Ge, Si
	압전반도체재료	CdS, CdSe, ZnO, ZnTe, GaAs
	바리스터재료	SiC, PbO, Si PN접합

5.3.1 원소반도체

원소반도체에는 Ge, Si, Se, Te, α-Sn, B, P, As, Sb, C(그래파이트), Bi, S, I 등이 있다. 이중에서 C(그래파이트), Bi 및 As, Sb는 반도체라기 보다 오히려 반금속으로 분류하는 것이 더 정확하다.

(1) 게르마늄(Ge)

게르마늄(Ge)와 실리콘(Si)는 주기율표에서 Ⅳ족에 속하는 원소이며 C(다이아몬드), α−Sn, Pb 등과 같이 면심입방격자에 속하는 다이아몬드형 결정구조를 갖고 있다. 그림 5-8과 같이 이 구조에 있어서 각각의 원자는 정사면체의 정점에 있는 다른 4개의 원자로 둘러싸여져 있으며, 원자는 서로 공유결합(전자쌍결합)으로 결합되고 있다.

반도체 공업에서 제일 먼저 개발되어 다이오드, 트랜지스터 재료로 실용화된 게르마늄은 청색을 띤 회백색의 금속성 물질로서 아연광이나 석탄가스의 폐액에서 얻을 수 있다.

Ge의 금지대 폭은 실온에서 0.67[eV]로서 비교적 크기 때문에 순수한 결정의 저항률은 상온에서 약 0.27[Ω·m]로 비교적 크다. Ge 결정에 Ga나 As 같은 불순물을 첨가시키면 저항률이 10^{-5}[Ω·m]까지 내려간다. 용융된 Ge는 고체 Ge보다 밀도가 높고 도전율도 훨씬 크며 금속적인 도전성을 타나낸다. Ge는 화학적으로 상당히 안정하지만 공기와 접촉하면 산화되어 산화막(~20[Å])이 생기며 Ge를 화학적으로 용해시키기 위해서는 HF나 HNO_3 혼합물이 사용된다.

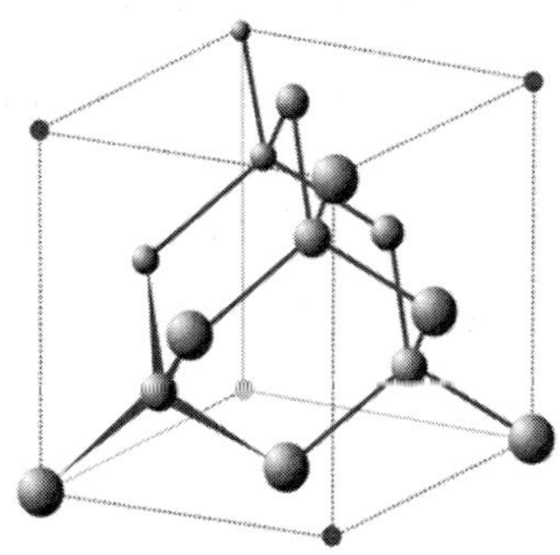

그림 5-8 다이아몬드형 결정구조

(2) 실리콘(Si)

실리콘은 게르마늄에 비해 원자량이 작고, 핵외전자수도 적기 때문에 원자의 크기가 작다. 따라서 강한 원자간 결합으로 경도가 크다. 금지대 폭은 실온에서 1.11[eV]로 Ge에 비해 크기 때문에 실온에서의 저항도 3×10^2[Ω·m]로 상당히 크지만 융점이 높고 정제가 곤란하기 때문에 실제로 얻어지는 저항률은 그다지 크지 않다. Ge에 비해 비유전율이 작기 때문에 불순물의 이온화 에너지는 일반적으로 Ge의 경우보다 크다.

Si은 산화물·규산염의 형태로 함석에서 얻을 수 있으며 결정질체와 비정질체가 있다. 결정질은 흑색으로 금속성이고, 비정질인 것은 갈색의 비금속인데 반도체재료로 사용되는 것은 결정체이다.

Si은 융점이 1,420[℃]로 높으면서 상온에서 화학적으로 활성이기 때문에 Ge보다 정제가 곤란하며 개발이 늦었다. 그러나 Ge은 사용온도가 80[℃]인 반면에 Si는 170[℃] 정도로 내열성이 좋아 많이 사용되며 최근에는 에너지 간격이 큰 Si처리기술의 발전으로 Ge은 대부분 Si로 대치되고 있다.

(3) 셀렌(Se)

Se는 220[℃]의 융점을 가지며 이 온도에서 급냉하면 흑색의 비정질 Se가 되고, 융점에서 서서히 냉각하거나 융점보다 낮은 온도에서 열처리를 하면 육방정계에 속하는 결정이 된다. 광학적으로 구한 에너지 갭(E_g)은 약 1.5[eV]이며, Se 결정은 현저한 압전성을 나타낸다.

정류기, 광전자소자 등의 재료로 널리 이용되어 왔으며 최근에는 전자사진 등 새로운 용도로 개발되고 있다.

(4) 텔루륨(Te)

Te는 Se와 마찬가지로 육방정계의 결정이다. 융점은 450[℃], 비점은 990[℃]이다. 에너지 갭(E_g)는 0.34[eV]이므로 상온에서 진성반도체가 되며 10^{-3}

[Ω·m] 정도의 저항률은 나타낸다. Te의 홀계수는 온도에 따라 그 부호가 달라진다. 즉, 순도가 높은 Te 단결정은 저온에서는 P형을 나타내지만 진성영역에서는 N형이 되며, 220[℃] 부근에서는 다시 P형으로 변한다. Te는 광도전셀 등에도 이용되는 물질이지만 사용이 매우 제한적이다.

(5) 기타 원소반도체

α-주석($\alpha-$Sn)은 13[℃]의 전이점 이하에서 안정하며 에너지 갭(E_g)은 대체로 0.08[eV], 저항률은 약 2×10^{-6}[Ω·m]이다.

붕소(B)는 융점(2,300[℃])이 높기 때문에 결정을 만들기가 곤란하며 잘 연구되어 있지 않다. 실온에서의 저항률은 $10^3 \sim 10^4$[Ω·m] 정도이 며 온도가 높아지면 급격히 작아진다. 에너지 갭(E_g)은 1[eV] 정도 이다.

P(인), As(비소), Sb(안티몬), C(그래파이트), Bi(비스무스), S(황), I(요오드) 등은 반도체의 범주에 들어갈 수 있지만 그중에서 C(그래파이트), Bi, As, Sb는 반금속으로 취급되고 P, S, I는 절연체로 취급된다. 그러나 P, As, Sb 등은 반도체로서의 성질을 약간 띠고 있다.

5.3.2 화합물반도체

2종 이상의 원소로 구성되어 있는 무기반도체를 화합물반도체라고 하며, 이는 GaAs, InSb, CdS, ZnS와 같이 비교적 간단한 2원화합물에서부터 Bi_2Te_3, Sb_2S_3와 같이 약간 복잡한 것 또는 $CuInSe_2$, Zn_2SiO_4, $LiGaO_2$와 같은 3원 또는 3원 이상의 상당히 복잡한 화합물에 이르기까지 매우 많다.

구조가 복잡할 수록 고순도의 결정을 얻기가 곤란하므로 보통 2원화합물이 주로 사용되고 있다. InSb나 InAs는 전자이동도가 매우 커서 홀소자나 자기저항소자로 많이 사용된다. 또한 GaAs는 금지대 폭이 적당하고 전자이동도가 크며 캐리어 수명도 길어 발광다이오드, 레이저다이오드, 마이크로파 발진용 건(gun)효과 다이오드, 터널다이오드 등에 사용된다.

CdS는 우수한 광도전성을 나타내며 광검출기, 광증폭기, 기타 광도전을 이용한 제어장치 등에 사용된다. CdS는 압전성을 가지고 있으므로 초음파 증폭에도 활용되고 태양전지나 박막트랜지스터 재료로도 사용된다. ZnS는 가장 중요한 형광재료이며 증착박막으로도 활용되고 있다.

표 5-2 2원화합물 반도체의 종류

분류	재료
Ⅳ-Ⅳ	GeSi, SiC
Ⅲ-Ⅴ	Al, Ga, In 등 - P, As, Sb 등 화합물
Ⅱ-Ⅵ	Zn, Cd, Hg 등 - S, Se, Te, O 등 화합물
Ⅰ-Ⅶ	Li, Na, K, C, Ag 등 - F, Cl, Br, I 등 화합물
Ⅴ-Ⅵ	Bi_2Te_3, Bi_2S_3, Sb_2S_3
Ⅳ-Ⅵ	PbS, PbSe, PbTe, SiTe, SnSe, GeTe, GeSe, GeS
Ⅲ-Ⅵ	GaTe, In_2Te_3, In_2Se_3
Ⅱ-Ⅳ	Mg_2Si, Mg_2Ge, Mg_2Sn, Mg_2Pb, $CaSi_2$
Ⅱ-Ⅴ	ZnSb, CdSb, $ZnAs_2$, $CdAs_2$, Mg_3Sb_2
Ⅰ-Ⅴ	Cs_3Sb
Ⅰ-Ⅵ	AgS, Ag_2S, CuS, Cu_2S, CuTe, Cu_2Te, Cu_2O

5.3.3 유기반도체

일반적으로 유기화합물은 절연체이지만, 특수구조의 유기체 결정은 비금속의 성질을 갖기도 한다. 따라서 도전율이 무기물 반도체와 같은 유기화합물을 유기반도체라 한다. 이들은 전자에 의해 전기전도가 일어나며 광도전성이 우수한다. 유기반도체는 전리에 의한 전자발생이 쉽게 일어나는 물질과 전자를 쉽게 받아들이는 화합물과 결합분자를 형성하는 것이 있으며 결정의 형태에 따라 전자이동이 자유로워 불순물 반도체와 특성이 비슷하다.

5.4 반도체응용

5.4.1 N형, P형 반도체

진성반도체에 불순물을 첨가(doping)한 반도체를 불순물 반도체라 하며, 첨가되는 불순물은 3가 원자 및 5가 원자가 사용된다. 3가 원자는 결합전자를 받아서 홀(hole)을 만들어 억셉터(acceptor)라 부르며, 5가 원자는 자유전자(free electron)를 제공하여 도너(donor)라 부른다. 불순물 반도체에는 첨가하는 불순물에 따라 N형 반도체, P형 반도체로 구분된다.

(1) N형 반도체

N형 반도체는 진성반도체인 실리콘(Si), 게르마늄(Ge)에 인(P), 비소(As), 안티몬(Sb)과 같은 5가 불순물 원자를 첨가시킨 반도체이다.

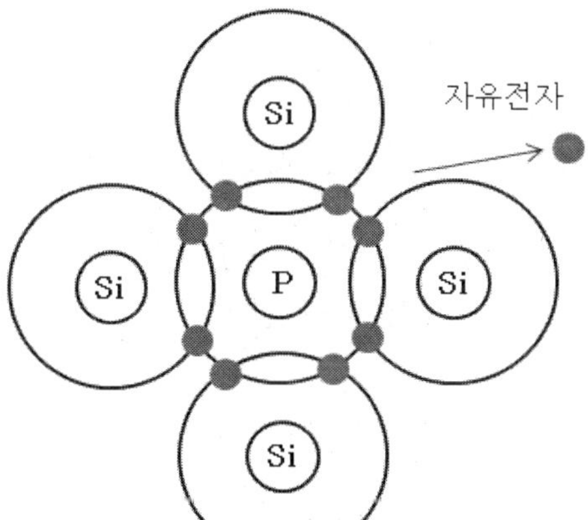

그림 5-9 N형 반도체

그림 5-9와 같이 5가의 인(P)은 5개의 가전자를 가지며 이중 4개의 가전자는 인접 실리콘 원자의 가전자와 공유결합을 형성하고, 나머지 하나의 잉여전자는 결합력이 약해져 도너원자(5가 원자)에 구속되지 않고 자유롭게 움직이는 자유전자가 된다. 이 전자가 N형 반도체에서는 다수캐리어 역할을 한다.

(2) P형 반도체

P형 반도체는 전성반도체인 실리콘(Si), 게르마늄(Ge)에 붕소(B), 인듐(In), 갈륨(Ga)과 같은 3가인 불순물 원소를 첨가시킨 반도체이다. 그림 5-10과 같이 순수한 실리콘 원자에 붕소(B)를 첨가하면 붕소원자의 3개의 가전자는 실리콘과의 공유결합에 사용되지만, 공유결합을 형성하는데 필요한 4개의 전자 중 1개의 전자가 부족하게 되어 다른 전자를 받아들이는 정공(hole)이라는 빈자리를 형성하며, 정공이 P형 반도체에서는 다수캐리어 역할을 한다. 이 빈자리는 자유전자를 쉽게 받아들이므로 3가 불순물 원자를 억셉터(acceptor)라 한다.

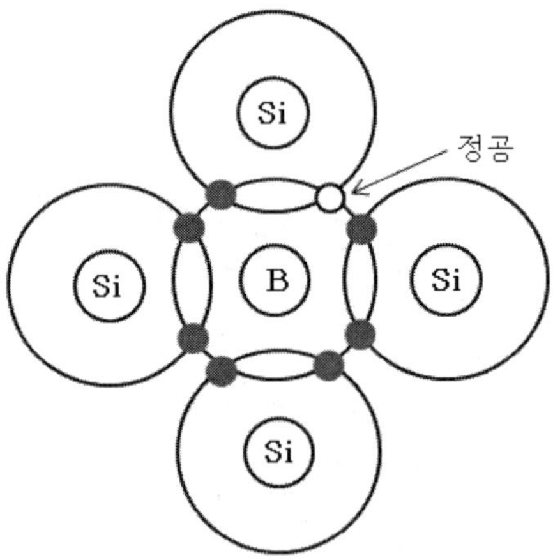

그림 5-10 P형 반도체

5.4.2 다이오드

(1) 정류용 다이오드

PN접합의 정류특성을 이용하여 결정의 반을 N형, 나머지 반을 P형으로 도핑(doping)시키면 PN접합 다이오드가 형성된다.

N형 반도체는 다수캐리어가 과잉전자, P형 반도체는 다수캐리어가 정공으로서 PN접합 다이오드가 형성되는 순간 PN접합과 인접한 영역의 전자와 정공들이 쉽게 결합하게 된다. 이 결합은 전자와 정공이 PN접합을 넘어 결합할 수 없는 평형상태에 이를 때까지 진행된다.(그림 5-3참조)

PN접합 가까운 영역에는 전자와 정공 같은 캐리어가 부족한 공핍층이 형성되기 시작하고, 이 공핍층 양단에는 양(+)이온과 음(-)이온에 의하여 전위장벽이 형성된다.

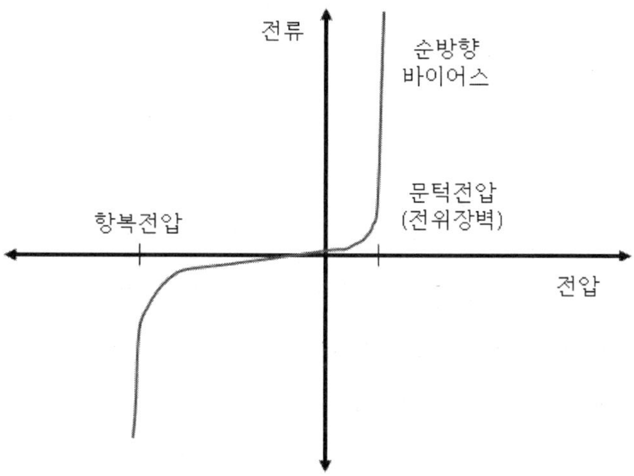

그림 5-11 PN접합 다이오드의 특성곡선

그림 5-11과 같이 순방향 바이어스전압이 장벽전위 이상에 도달하면 전류가 급격히 증가하기 시작하고, 역방향으로 바이어스 전압을 서서히 증가하면 항복전압에 도달되기 전까지 거의 전류가 흐르지 않는다.

항복전압 이상으로 역방향 전압을 증가시키면 다이오드가 파괴되기 때문에 일반 정류용 다이오드에서는 역방향 항복영역을 거의 사용하지 않는다.

정류는 오직 한쪽 방향으로만 전류를 흐르게 하는 다이오드 특성을 이용하여 반파정류 및 전파정류회로에 적용하여 교류를 맥류 또는 직류로 변환되는 과정이다.

정류용 재료로는 실리콘(Si)이 게르마늄(Ge)보다 금지대폭과 열도전율이 크기 때문에 많이 사용되고 있다.

(2) 제너 다이오드

게르마늄(Ge), 실리콘(Si) 등의 반도체 다이오드에 역방향의 전압을 주고 그 전압을 높여가면 어떤 값에서 갑자기 전류가 증가하는 현상이 발생하는데 이 현상을 제너효과 또는 항복현상이라 한다. 제너 다이오드(Zener diode)는 이 항복영역을 활용한 것이다.

제너 다이오드는 순방향 특성과 항복전압에 이르기 전까지 보통의 다이오드 특성과 비슷하지만 역방향 항복전압에 이르게 되면 전류가 급격히 증가하고 제너 다이오드 양단전압은 거의 일정하게 유지하게 된다. 따라서, 제너 다이오드는 부하저항이 변해도 부하전압이 항상 일정하게 유지되는 정전압 특성을 가지고 있다.

정전압 다이오드는 N형 실리콘에 알루미늄선을 합금하는 방법과 N형 실리콘에 P형 불순물로 붕소를 확산시켜 만드는 방법이 사용되고 있다.

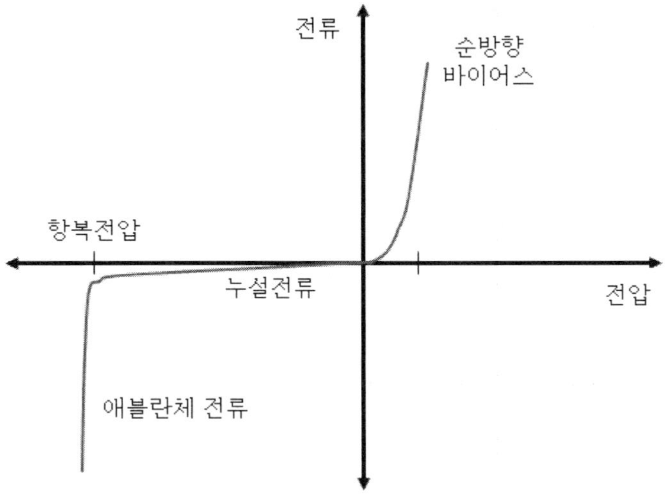

그림 5-12 제너 다이오드의 특성곡선

(3) 가변용량 다이오드

전압의 변동에 따라 캐패시턴스가 변화되는 것을 이용한 일종의 가변(variable) 리액터(reactor)로 바랙터(varactor)라 한다.

PN접합 다이오드를 역방향으로 바이어스시키면 P, N 영역은 캐패시터의 극판 역할을 하고 공핍층은 캐패시터의 유전체 역할을 하게 되는데, 역바이어스 전압이 증가하면 공핍층이 넓어지고 역바이어스 전압이 감소하면 공핍층이 좁아진다.

이러한 현상을 이용하면 PN접합 다이오드는 전압의 변동에 따라 유전체 폭이 변화하는 일종의 가변 캐패시터로 이용할 수 있다.

가변용량 다이오드는 발진주파수 변환용, 라디오 수신 동조 콘덴서 및 TV 등의 자동 주파수 제어에 사용되고 있다.

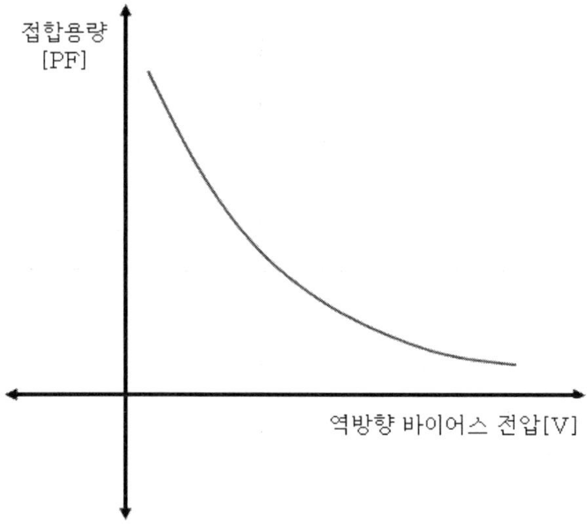

그림 5-13 가변용량 다이오드의 특성곡선

(4) **터널 다이오드**

에사키(Leo Esaki)에 의해 처음 소개된 터널(tunnel) 다이오드는 부성저항 특성을 가지고 있다. 터널 다이오드는 PN접합을 형성하는 반도체로서 일반 다이오드보다 수백~수천배의 불순물을 Ge나 GaAs에 도핑하여 제작한다. 이러한 불순물 농도의 증가는 공핍층을 매우 좁게 형성하여 일반 다이오드와 같은 항복현상이 발생하지 않는다. 터널 다이오드의 공핍층은 매우 좁기 때문에 약간의 순방향 전압의 인가만으로도 PN접합 양단에 터널 전자가 많아져 순방향 전류를 형성하게 되는데 원점에서 꼭지점 까지의 이 영역은 도체와 유사한 작용을 하는 영역이다. 꼭지점에서 바닥점 까지의 영역은 순방향 전압이 점차 증가되면 오히려 전류가 감소하는 부성저항 특성을 가지며, 계속해서 바닥점에서부터 순방향 전압을 증가시키면 순방향 바이어스 된 보통의 다이오드처럼 전류는 다시 증가하기 시작한다.

터널 다이오드는 Ga, GaSb, GaAs 재료를 사용하며 스위칭 소자, 증폭소자 등에 응용된다.

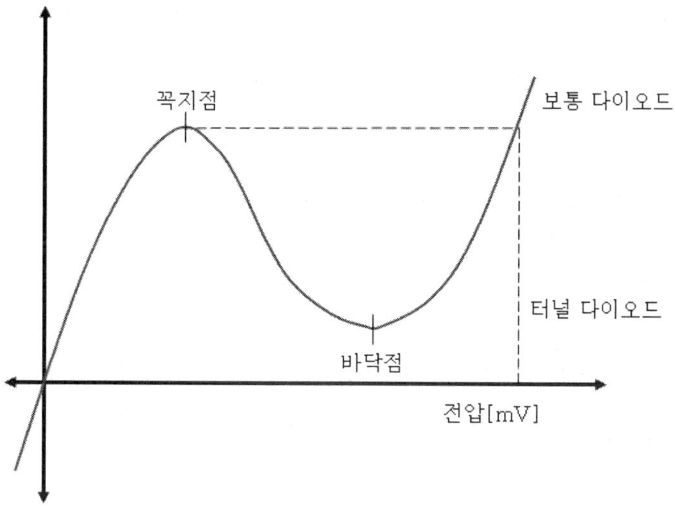

그림 5-14 터널 다이오드의 특성

5.4.3 트랜지스터

트랜지스터(transistor)는 transfer와 resistor의 합성어로서 트랜지스터의 동작 특성에 따라 쌍극성 접합 트랜지스터(bipolar junction transistor, BJT)와 전계효과 트랜지스터(Field effect transistor, FET)가 있다.

(1) 쌍극성 접합 트랜지스터

트랜지스터는 보통 쌍극성 접합 트랜지스터라 부르는데 이유는 전자와 정공 모두 전류를 형성하는 캐리어로 사용되기 때문이다. 트랜지스터는 진공관에 비해 소형, 경량이며, 동작전압이 낮고 전력소모가 적으며 효율이 높은 등 많은 장점이 있다.

트랜지스터(BJT)는 PNP 형과 NPN 형의 3층 구조를 가지고 있으며, 이미터(emitter), 베이스(base), 컬렉터(collector)의 세 단자를 가지고 있다. 트랜지스터는 바이어스 전압을 인가하여 동작을 시키는데 그림 5-14에 PNP 형, NPN형의 바이어스 전압 인가방법과 구조를 나타내고 있다.

트랜지스터의 동작영역에 따라 포화영역, 활성영역, 차단영역으로 나누며, 포화영역과 차단영역은 스위칭 영역으로서 펄스회로, 디지털회로에 응용되고, 활성영역은 능동영역으로 증폭기로 응용된다. 활성영역으로 동작할 경우에는 E-B 사이에는 순방향 바이어스, C-B 사이에는 역방향 바이어스 전압을 인가한다.

트랜지스터는 FET에 비해 높은 전압이득, 우수한 고주파 응답, 큰 소모전력을 얻을 수 있기 때문에 소신호 증폭기로서 많이 이용되고 있다.

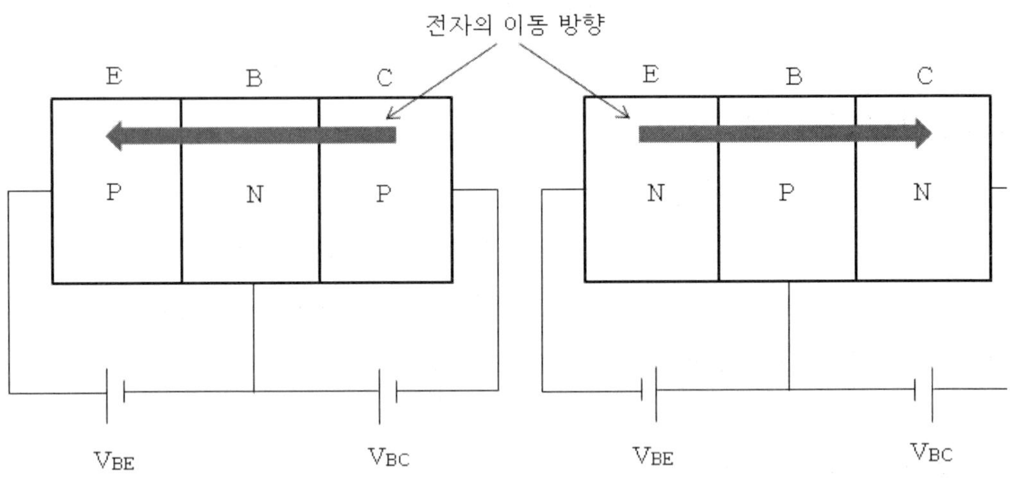

(a) PNP 트랜지스터의 바이어스 (b) NPN 트랜지스터의 바이어스

그림 5-15 쌍극성 접합 트랜지스터의 구조 및 바이어스

(2) 전계효과 트랜지스터

전계효과 트랜지스터(FET)는 외부에서 가해지는 전계에 의해서 반도체 내부에 흐르는 전류를 제어하는 능동소자이다. 이것은 한 종류의 캐리어(전자 또는 정공)만이 전기전도에 기여하기 때문에 유니폴라 트랜지스터(unipolar junction transistor, UJT)라고도 한다.

쌍극성 접합 트랜지스터는 입력 전류에 의해 출력전류가 제어되는 전류제어 소자이지만, 전계효과 트랜지스터는 입력전압에 의해 출력전류가 제어되는 전압제어 소자이다.

FET는 다수 캐리어에 의한 전류를 제3극(gate)에 의한 전계에 따라 캐리어의 흐름을 제어하여 증폭, 발진, 스위칭 등을 하는 소자이다.

FET는 트랜지스터(BJT)에 비해 제조과정이 간단하고 집적도가 높다. 또한 응답속도가 빠르고, 잡음 특성이 양호하여 마이크로폰, 녹음기 헤드의 소신호 증폭에 사용된다.

전계효과 트랜지스터의 종류로는 접합형 전계효과 트랜지스터(Junction FET, JFET)와 금속산화물 반도체 전계효과 트랜지스터(metal oxide semiconductor FET, MOS FET)의 두 종류가 있다.

JFET는 P형 소자 표면에 절연 산화피막을 증착시키고 그 위에 금속관을 접착시킨 것이며, MOS FET는 게이트에 전압을 인가하여 전계에 의해 유도전자를 P형 소자의 게이트(gate) 가까이에서 발생시켜 드레인(drain), 소스(source) 간의 전류를 제어하여 동작시키는 것이다.

5.4.4 사이리스터

사이리스터(thyristor)는 부성저항 특성을 스위치에 이용한 스위치 소자로서 표 5-3과 같이 전력제어용 소자, 트리거(trigger) 회로 소자, 타이머(timer) 회로 소자로 분류된다.

전력제어용 소자는 SCR, TRIAC, SSS 등, 트리거 소자로는 SUS, DIAC, SBS 등, 타이머 또는 트리거 소자로서는 UJT, PUT 등이 있다.

표 5-3 대표적인 사이리스터 소자의 특징 및 용도

소자	특징	용도
SCR (silicon controlled rectifier)	npnp 4층구조 단일방향성 3단자 소자 (직류 스위칭 소자) 소형, 경량, 고신뢰성 소비전력이 적다.	무접점 스위치 정류기 전동기제어 자동전압 조정기
SCS (silicon controlled switch)	4층 구조의 스위칭 소자 두 개의 게이트 단자 4단자 역저지 사이리스터	논리회로 지연회로 점호회로 무접점 릴레이 회로 링 카운터 회로 점멸기
TRIAC (trielectrode AC switch)	2개의 SCR을 역병렬 접속 3극 3단자 쌍방향 소자 교류전력 제어용	중, 소 교류전력 제어 모터, 히터 등의 출력제어
DIAC (trigger diode)	2극 교류스위치 npn, pnp 3층의 대칭구조 교류전원으로부터 직접 트리거 펄스를 얻는다.	트라이액 제어회로에서 게이트 펄스 발생용
PUT (programmable unijunction transistor)	프로그래밍 가능 고감도, 누설전류가 작다.	타이머 정밀도 높은 전압변별회로 사이리스터 게이트펄스 발생용 발진회로

제6장 초전도재료

6.1 초전도현상

초전도 현상이란 어떤 종류의 금속, 합금, 화합물 등의 온도를 낮추어 가면 어떤 온도에서 전기저항이 급격하게 감소되어 제로(zero)로 되는 현상이다.

1911년 네덜란드의 저온 물리학자 카멜링 온네스(Heike Kammerlingh Onnes)는 물질의 에너지가 가장 작아지는 온도인 절대영도(0[K], -273[℃]) 부근에서 전기저항이 0으로 되는 초전도 현상을 발견하였다. 그러나 초전도 현상의 정체를 해명하기까지 약 45년이 소요되었다.

조선도체의 2가지 특징은 현상론적으로 완전전도성과 완전반자성을 갖고 있다는 것이 일찍부터 알려져 있었으나 쿠퍼-전자 대의 개념(BCS 이론)에 의해서 초전도 현상이 해명되었다. 즉, 어느 온도이하에서 전기저항이 제로가 된다는 현상으로 설명할 수 있게 되었다.

6.1.1 초전도성의 발견

온네스는 줄곧 저온 냉동 분야에 대해 연구를 하던 중 1908년 절대온도 4[K](-269[℃])까지 냉각하여 헬륨을 액화시키는데 성공하였다. 온네스는 이 액체헬륨을 이용하여 고체 수은을 냉각하면서 전기저항을 측정하던 중 액체헬륨의 기화온도인 4.2[K] 근처에서 수은의 저항이 갑자기 0으로 떨어지는 것을 확인했다. 서서히 떨어지던 전기저항이 어느 특정한 임계온도를 넘어서 갑자기 사라져버린 것이다. 바로 이 순간이 초전도 역사의 출발점이다. 온네스는 액체헬륨을 액화하여 극저온 연구를 가능하게 한 공적으로 1913년에 노벨 물리학상을 수상하게 되었고, 이렇게 저항이 사라지는 물질을 초전도체(superconductor)라 부르게 되었다.

초전도체의 역사에 있어서 또 다른 역사적 발견은 1933년 독일의 과학자 프리츠 발트 마이스너(Fritz Walther Meissner)와 로베르트 옥젠펠트(Robert Ochsenfeld)는 초전도체가 단순히 저항이 없어지는 것 뿐 아니라 초전도체가 자기장을 밖으로 밀어내는 또 다른 새로운 현상(자기반발효과)을 발견하였고, 발견자의 이름을 따라 마이스너 효과(Meissner effect)라고 명명하였다. 초고속 자기부상열차의 원리는 초전도체의 마이스너효과를 이용한 것이다

한편으로는 초전도현상을 이론적으로 설명해내려는 이론물리학 분야의 노력도 뒤따랐다. 1957년 바딘(John Bardeen), 쿠퍼(Leon Cooper), 슈리퍼(Robert J. Schrieffer) 세 사람은 초전도이론(BCS 이론)을 완성하여 초전도현상의 원리를 설명하였고, 이 공적으로 세 사람은 1972년에 노벨물리학상을 수상하였다.

1962년 캠브리지 대학의 조셉슨(Brian D. Josephson)은 두 초전도체가 얇은 절연체 막을 사이에 두고 결합되었을 때(조셉슨 접합) 초전도체만이 갖는 조셉슨 효과(Josephson Junction effect)를 예측하였고, 1963년 기에브(Ivar Giaever)는 초전도 접합의 터널현상을 발견하였는데, 이 두 사람은 각각의 공

적으로 1973년 공동으로 노벨 물리학상을 수상하였다. 조셉슨 접합은 초고속 저손실 컴퓨터소자 등으로 활용되거나 사람의 뇌에서 발생하는 미약한 자기장을 측정할 수 있는 초전도양자간섭장치(SQUID) 등에 활용될 수 있다.

6.1.2 고온 초전도체의 역사

초전도체를 실생활에 이용하기위해서 헬륨을 액화해야하는 비용이 매우 크다. 왜냐하면 액체헬륨 제조시 필요한 기체헬륨은 가벼워서 대기 중에는 별로 남아있지 않고 그나마 미국 오클라호마지방 근처의 유전에만 존재하고 있기 때문이다. 저온 초전도체의 초전도 현상은 대체로 매우 낮은 온도에서만 일어나 값비싼 액체헬륨의 사용이 필수적이고 이에 따르는 경제적 비용이 엄청나다. 즉 저온초전도체의 실용화에는 엄청난 제조비용이 소요된다. 이러한 가운데 1986년 초전도를 만들 수 있는 재료분야에서 역사적인 사건이 일어났다.

1986년 스위스의 IBM 연구소의 베드노르쯔(J. G. Bednortz)와 뮐러(K. A. Muller)는 절연체로만 생각됐던 세라믹 합성물 La-Ba-Cu-O가 35[K]에서 초전도성질을 가짐을 발견하였다. 이 발견은 지금의 냉매로서 액체 질소를 사용할 수 있기 때문에 매우 중요한 실용적 의미를 가진다. 이러한 재료들은 상대적으로 높은 온도에서 초전도가 되기 때문에 고온초전도체(high temperature superconductor, HTS)라고 한다. 베드노르츠와 뮐러는 최초의 산화물 고온초전도체 발견이라는 업적으로 1987년에 노벨 물리학상을 수상하였다.

1987년 1월 알라바마 대학의 우(M. K. Wu)와 츄(C. W. Chu)가 액체질소 온도보다 높은 92[K]의 임계온도를 가진 $Y_1Ba_2Cu_3O_7$ 초전도체 합성을 발표하였고, 1988년 마에다(H. Maeda)에 의해 발견된 비스무스 화합물 $Bi_2Sr_2Ca_1Cu_2O_8$이 110[K], 셍(Z. Z. Sheng)과 허만(A. M. Hermann)에 의해 합성된 탈륨화합물 $Tl_2Ba_2Ca_2Cu_3O_{10}$이 125[K]의 임계온도를 나타내었다.

1993년에는 스위스의 쉴링(A. Schilling) 등이 임계온도가 133[K]인 수은화합물 $HgBa_2Ca_2Cu_3O_8$을 합성하는데 성공하였다. 불과 몇 년 만에 엄청난 발견들이 쏟아져 나왔고, 새로운 초전도체에 대한 과학적 흥미와 초전도체를 이용한 여러 가지 실용화 기술 개발에 대한 높은 관심으로 인하여 1986년 이후부터 고온 초전도체의 발견과 그 응용에 관한 연구가 본격적으로 시작되었다.

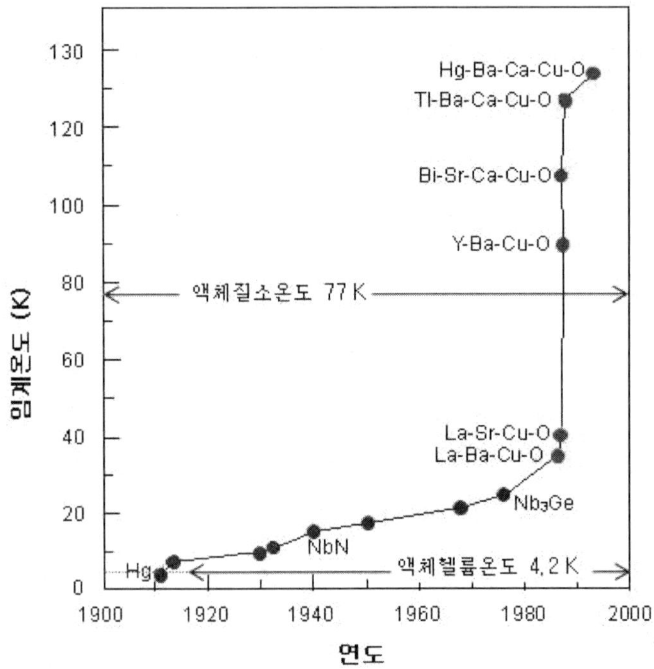

그림 6-1 초전도체의 임계온도 변천과정

고온초전도체에 관한 수많은 연구가 진행되고 있으며 금속원소, 합금, 금속화합물, 유기물, 산화물 등 1,000여 종류 이상의 물질에서 확인되고 있다. 향후 고온 초전도체, 나아가 상온 초전도체가 개발되고 실용화된다면 산업 전반에 걸친 기술혁명이 될 것이다. 그러나 초전도재료의 안정성, 초전도성이 유지되는 임계전류의 한계 같은 문제들로 인해 아직까지는 실용화에 어려움이 많으며, 무엇보다도 고온 초전도에 대한 메커니즘이 아직 명확히 규명되지 않은 것이 현실이다.

6.2 초전도특성

6.2.1 초전도 조건

초전도에는 주울(Joule)열에 의한 손실이 없으므로 얼마든지 큰 전류를 흘릴 수 있다고 생각되지만 실제로는 온도, 전류, 자계의 크기에 의해서 제한된다. 초전도현상은 그림 6-2와 같이 각 영역 내에서만 나타난다. 각각의 한계치를 임계온도(critical temperature, T_c), 임계전류밀도(critical current density, J_c), 임계자계(critical magnetic field, H_c)라 한다. 이 임계치를 넘게 되면 상전도체로 된다. 그러나 임계치 이하가 되면 다시 초전도 상태로 되어 돌아온다. 따라서 초전도재료로서 이 들 3개의 값이 큰 것이 요구된다.

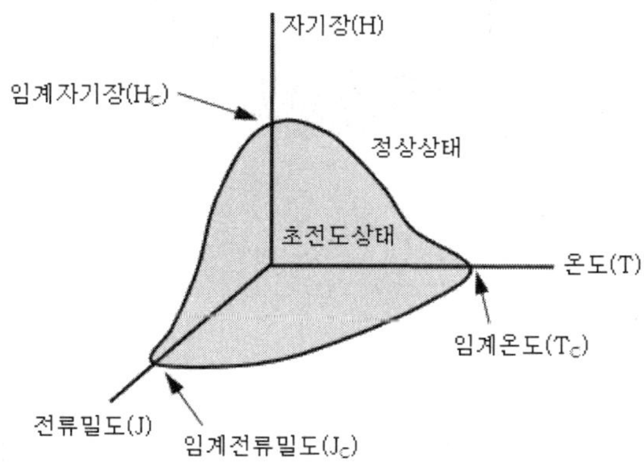

그림 6-2 초전도의 온도, 자계, 전류 임계면

6.2.2 초전도 현상의 이상성

(1) 영구전류

초전도체(superconductor)의 가장 대표적인 특성은 전기저항이 없다는 것이다. 초전도체는 적절한 조건이 되면 전기저항이 완전히 사라져 도체 중에서도 가장 전도율이 큰 물질이 된다. 보통 어떤 물체에 전류가 흐르면 그 물체에는 전류의 제곱과 물체의 저항을 곱한 값의 열이 발생하게 되고 이로 인해서 에너지의 손실이 크게 되지만, 전기저항이 없는 초전도체의 경우 에너지의 손실 없이 훨씬 더 많은 양의 전류를 멀리 보낼 수 있다. 그림 6-3과 같은 초전도체로 된 고리에 전류를 흘려주면, 저항이 없기 때문에 초전도체를 따라 흐르는 초전도 전류는 감쇠하지 않고 영구히 흐른다.

그림 6-3 링 초전도체

(2) 완전반자성

자기장 내에서 초전도체를 전기저항이 갑자기 없어지는 온도까지 냉각시키면 물질 내에 있던 자기장 중 전부나 일부분이 축출되며, 비교적 약한 자기장은 초전도체의 내부로부터 완전히 축출되어 내부 자기장을 제로(zero)가 되도록 한다.

마이스너 효과(Meissner effect)는 그림 6-4와 같이 초전도체가 자기장을 밀어내는 현상 즉, 내부로부터 자속을 몰아내어 완전한 반자성 상태가 되는 현상이다. 마이스너 효과는 자기장이 상대적으로 아주 작을 때에만 나타난다. 만일 외부의 자기장이 너무 강하면 그것은 재료 내부로 침입하고 초전도체 상태로의 전이가 일어나지 않아 초전도성을 잃어버리게 된다.

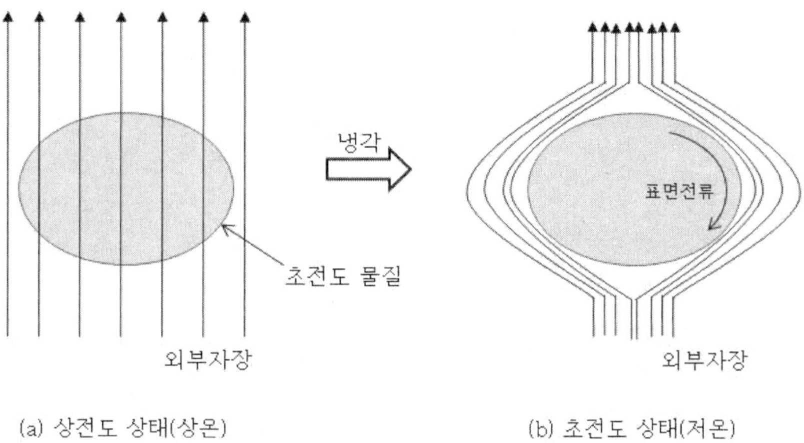

그림 6-4 초전도 주위의 자력선

그림 6-5(a)는 마이스너 효과의 공중부양 현상인데 4개의 영구자석을 같은 극이 대각선으로 교차하도록 배열하면 초전도체가 안정적으로 부양하는 자력선 분포를 만들 수 있다. 초전도체 스스로 공중에 부양하는 것 같아 보이지만 실제로는 영구자석의 자력이 초전도체를 밀치고 있는 것이다. 자석의 자력이 강할수록 밀치는 힘이 커서 부양력이 크다. 영구자석 위에서 부양한 초전도체는 시간이 지나면 온도가 올라가면 초전도 상태를 벗어나 서서히 내려 앉는다.

초전도체에 대한 또 다른 현상은 '자력의 끈' 현상이다. 초전도체가 초전도성을 띄기 전에 자력을 초전도체 안에 통과시킨 후, 초전도체를 냉각하여 초전도성을 띄게 하면 초전도체 안에 들어온 자력이 초전도체 안에 갇히게 된다. 초전도체에 갇힌 자력은 영구자석과 자력의 끈을 만든다. 단단한 자력의 끈으로 결합되어 있는 두 물체는 외부에서 힘을 가해도 잘 떨어지지 않는다.

그림 6-5(b)는 초전도체 밑에 자석이 매달리는(또는 자석 밑에 초전도체가 매달리는) 현상을 보여주고 있다. 초전도체에 갇힌 자력과 자석이 끄는 힘(자력의 끈), 마이스너 효과로 인한 반발력, 중력의 3가지 힘이 조화를 이루는 것이다. 고기잡이 효과(fishing effect)라고 한다.

(a)

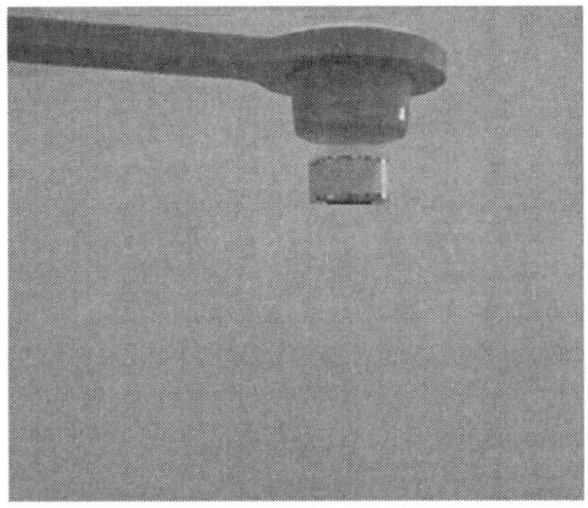

(b)

그림 6-5 마이스너 효과(한국원자력연구원 초전도실)

(3) 불연속적인 비열

초전도성이 나타날 때는 다양한 물리량의 갑작스런 변화가 수반되는데, 이것은 상전이(phase transition)의 특징이다.

초전도 재료의 엔트로피(entropy)는 임계온도 이하로 냉각됨에 따라 급격히 감소한다. 따라서 초전도 재료는 정상상태일 때 보다 초전도 상태일 때 더욱 질서 정연해 진다. 정상상태에서 열적으로 여기된 전자들은 초전도 상태 하에서는 질서적으로 된다.

저온 상전도체에서 전자에 의한 비열은 온도에 비례해서 연속적으로 저하한다. 그러나 초전도체에서의 비열은 임계온도까지는 상전도체와 동일하게 온도에 비례해서 저하되나 임계온도에 도달하면 불연속적으로 큰 값을 나타내며 그 후 급격한 비열의 감소($C_V \propto e^{-\alpha/T}$, α; 물질에 따라 정해지는 상수)를 나타낸다. 이런 양상은 에너지 갭의 존재 및 몇 개의 상전이가 일어나는 것에 대응해서 전자 상태의 약간의 변화가 있다는 것을 의미한다. 그림 6-6은 초전도 상전이 근처에서의 초전도체의 비열(C_V)과 비저항(ρ)을 나타내고 있다.

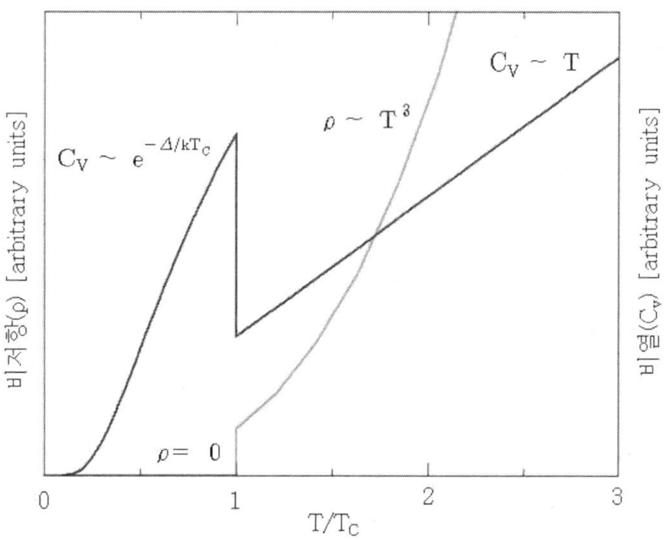

그림 6-6 초전도 상전이 근처에서의 초전도체의 비열(C_V)과 비저항(ρ)

(4) 동위원소(isotope) 효과

초전도체의 임계온도를 정밀하게 측정하면 임계온도와 동위원소의 질량 제곱근의 곱이 일정(임계온도는 동위원소의 질량 제곱근에 반비례)하게 된다. 이것은 초전도가 전도전자뿐만 아니라 이온의 운동도 관여하고 있다는 것을 의미한다. 이와 같이 초전도가 전자의 격자진동의 크기에 관계가 있다는 것이 제창되었고, 이 후 BCS 이론으로 발전하였다.

BCS 이론에 의하면 초전도 상태로 전이하는 임계온도(T_c)는

$$T_c = 1.13\omega_p \exp(\frac{-1}{\lambda}) \quad (5-1)$$

단, ω_p : 디바이 온도(Debye temperature),

λ : 전자와 격자진동의 상호작용의 세기를 나타내는 정수

이 식은 상한 임계온도인 30~40[K] 범위 내에서 설명된다.

BCS 이론은 1957년 초전도 현상의 원리를 양자역학의 관점에서 설명하는 이론으로 저온 초전도체의 초전도 현상은 설명이 되지만 고온 초전도체(30[K] 이상)를 설명하기에는 부족한 점이 많다.

(5) 초전도 쌍전자(쿠퍼쌍)

초전도현상의 원인규명에 최초로 성공한 사람은 바딘(John Bardeen), 쿠퍼(Leon Neil Cooper), 슈리퍼(John Robert Schrieffer) 이었고, 세 사람의 이니셜을 따서 BCS 이론이라고 명명되었다. BCS 이론의 핵심은 두 개의 전자가 쿠퍼(Cooper)쌍을 이룬 것이라고 할 수 있다.

쿠퍼쌍은 초전도 물질 내에 두 전자쌍의 유사구속 상태이다. 복합체는 입자처럼 움직이며 스핀은 0이고 전하는 전자의 2배이다.

전자가 쿠퍼쌍을 이룬다는 것은 한 개의 전자가 격자의 진동이나 불순물 등에 충돌하더라도, 또 다른 한 개의 전자가 조정기관 같은 역할을 하여 전자의 진로에는 영향을 미치지 않도록 하는 것이다. 초전도 상태에서 전기저항이 제로(zero)가 되는 것은 쿠퍼쌍이 어느 정도의 평균속도로 나아가고 있을 때 한 개의 전자가 저항을 받아도 쌍으로서는 전기저항을 받지 않는다는 것이며 결국

평균속도는 떨어지지 않는다. 상식적으로 전자는 똑같이 (-)전하를 갖고 있기 때문에 서로 반발하는 일은 있어도 서로 끌어당겨 쌍을 이룬다는 것은 있을 수 없는 것처럼 보인다. 그러나 여기서 격자진동이라는 것이 중요한 역할을 한다. 최초의 전자가 통과한 후에 격자진동이 매체가 되어 이온 핵의 (+)전하가 접근하여 무리를 이루고, 다음 전자를 끌어당기는 것이다. 즉, 전자끼리 끌어당기게 하는 힘이 발생하는 것이다.

전자가 격자로부터 에너지를 받았다고 생각할 수 있는데 포논(phonon) 이라고 부른다. 결국 쌍 전자는 전자와 전자 사이에 있는 이온 핵의 구름을 매개로 하며 (+)가 끌어당겨 모은 것이다. 요약하면, 어떤 전자가 격자의 사이를 통과하면 그것을 따라서 주위의 이온 핵이 모여든다. 이 모여든 이온 핵에 이번에는 다른 전자가 끌려온다. 그러나 들러붙지는 않고 전자는 이온 핵의 틈 사이를 미끄러지듯 빠져나가 버린다. 끌어온 전자를 놓쳐버린 이온 핵은 다시 새로이 접근하여 오는 다른 전자를 끌어 들인다. 이러한 방식으로 전자의 흐름을 설명한 것이 BCS 이론이다.

(6) 양자효과

상전도체 사이를 절연체로 분리시키면 전자의 터널효과(tunnel effect)에 의해 전류가 반대쪽으로 흐른다. 이 경우 절연체는 투과 확률에 의존하는 옴저항을 주는 작용을 한다.

초전도체에서는 어느 전압 이상에서만 터널효과가 발생한다. 이것은 1960년 발견된 초전도 터널효과로서 초전도의 에너지 밴드갭(energy band gap) 이론으로 설명된다.

한편, 초전도의 파동성을 증명하는 것으로서 1962년 발견된 조셉슨효과가 있다. 조셉슨효과(Josephson effect)는 2개의 초전도체가 매우 얇은 절연막을 사이에 두고 격리되어 있을 경우, 터널효과에 의해서 전자가 특수한 쌍(쿠퍼쌍, Cooper pair)을 이루어 절연막을 통과하는 현상이다.

즉, 두 장의 초전도체 사이의 거리를 수[nm] 정도로 접근하면(조셉슨 접합, Josephson junction) 초전도체끼리 접촉되어 있지 않더라도 이 사이에 전류는 흐르지만 전압은 전혀 발생하지 않는 현상이다. 조셉슨 효과를 이용하면 극히 작은 자장도 측정할 수 있기 때문에 자기장, 전류, 전압 등의 고감도 측정장치에 응용되며, 또한 기존의 반도체 회로보다 빠른 초고속 스위칭 속도로 인해 초고속 초소형 컴퓨터에 이상적으로 적용된다.

6.3 초전도체의 종류

6.3.1 자기적 특성상 분류

초전도체의 대표적인 특성인 완전반자성, 소위 마이스너효과에 의해서 분류하는 것이 일반적이다. 즉 초전도상태에서 상전도상태로 돌연 변화하느냐 아니면 순조롭게 변화하느냐에 따라서 제1종초전도체와 제2종초전도체로 구별된다.

발견 초기의 단원자 저온초전도체들은 대부분 제1종초전도체로 알려져 있고, 대부분 화합물 초전도체를 비롯하여 모든 산화물 고온초전도체들은 제2종초전도체로 알려져 있다. 제1종초전도체와 제2종초전도체의 구분은 자기장-온도 상전이 형태에서 쉽게 그 차이점을 발견할 수 있다.

제1종초전도체는 어떤 온도상태에서 열역학적 임계자기장(H_c)이 존재하며, 임계 자기장을 경계로 정상 상태와 초전도 상태로의 전이가 일어난다. 이때 임계자기장 이하의 초전도 상태는 초전도 기본 특성의 하나인 마이스너 효과로 인하여 자기장이 침투하지 못하지만(B=0) 임계자기장(H_c)을 넘으면 상전도상태로 되돌아와 B=H가 된다. 이와 같은 제1종초전도체는 단원자 초전도체들이 주종을 이루며, 이들 초전도체들의 응용은 특성상 기술적으로 매우 어렵다.

제2종초전도체는 제1종초전도체와는 다르게 어떤 온도상태에서 상부임계자기장(H_{c2})과 하부임계자기장(H_{c1})이 존재하여, 이들 임계자기장들의 경계로 유용한 초전도 특성을 나타낸다. 제1종초전도체와 마찬가지로 초전도 상태의 하부임계자기장(H_{c1}) 이하의 영역은 자기장이 침투하지 못하는 마이스너효과를 나타낸다. 그러나 하부임계자기장(H_{c1}) 이상의 자기장하에서 제2종초전도체는 초전도성질을 잃지 않고 초전도상태를 계속 유지하며 일부의 자기장들이 초전도체를 침투하도록 한다. 자기장의 침투정도는 자기장의 세기에 따라 증가 되고, 상부임계자기장(H_{c2})에 이를 때까지 계속되며, 상부임계자기장(H_{c2}) 이상이 되면 초전도상태에서 정상상태로 전이가 일어나 초전도체가 아닌 일반물체로 된다. 이와 같이 상부임계자기장(H_{c2})과 하부임계자기장(H_{c1}) 사이의 영역(혼합상태)이 존재하여 어느 정도 자기장의 침투에도 초전도성이 유지되는 초전도체를 제2종초전도체라 한다. 대부분 혼합물 및 산화물 고온초전도체들이 이에 속하며, 초전도체 응용에 거의 모두가 이와 같은 특성을 가지는 제2종초전도체를 이용하고 있다.

그림 6-7은 제1종·2종초전도체의 자계와 자속밀도의 특성을 나타내고 있고 그림 6-8은 제1종·2종초전도체의 자화곡선의 특성을 나타내고 있다.

제1종초전도체에는 납, 제2종초전도체에는 니오브3·주석 화합물이 속한다. 제2종초전도체(경초전도체)는 대전류를 흐르는 강자성을 발생시키는 재료가 되므로 다음과 같이 세분류한다. 즉, 순니오브(Nb)나 순바나듐(V)과 같이 저자장에서 대전류를 흐르게 하는 균질의 제2종초전도체와 니오브·티탄합금, 니오브3·주석 화합물과 같이 불순물, 석출물, 미세입계 등이 다수 포함되어 있고 고자계에서 대전류를 흐르도록 하는 불균질 제2종초전도체가 있다.

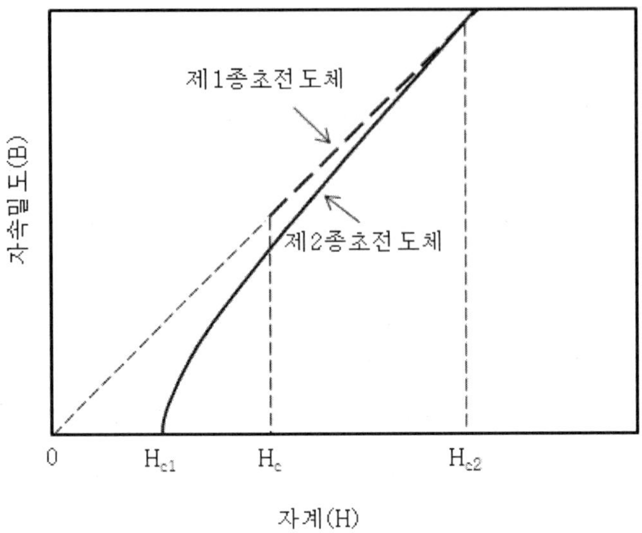

그림 6-7 초전도체의 자계와 자속밀도

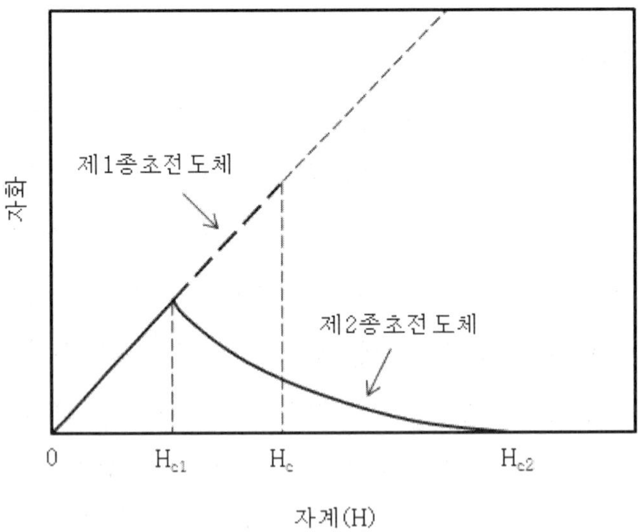

그림 6-8 초전도체의 자화곡선

6.3.2 공업재료상 분류

초전도에 사용되는 재료에는 금속계, 세라믹스계, 유기계가 있으며, 실용화 되어 있는 것은 금속계이다.

(1) 금속계

금속계 초전도 재료에는 순금속, 합금, 금속간 화합물 등이 있다. 실제로 사용되고 있는 것은 합금과 금속간 화합물이며 선재나 박막화 하여 사용하고 있다. 표 6-1에 주요 그 금속계 초전도 재료와 그 특성을 나타내었다.

표 6-1 주요 금속계 초전도 재료의 특성

재료		임계온도 T_c[K]	임계자계 H_c [T] at 4.2[K]	임계전류밀도 J_c[A/m] at 80[T]
순금속	Nb	9.13	1.98	-
	Pb	7.13	0.80	-
	Sn	3.7	0.30	-
합금	Nb-Ti	10	110	$\sim 8 \times 10^4$
화합물	Nb_3Sn	18	215	$\sim 20 \times 10^4$
	V_3Ga	15.1	210	$\sim 20 \times 10^4$
	NbN_3	15.7	130	$\sim 18 \times 10^4$
	Nb_3Ge	23.2	370	-

(2) 세라믹스계

세라믹스계 초전도 재료는 임계온도가 높은 특징이 있다. 1986년에 베드노르쯔(Johannes G. Bednortz)와 뮐러(Karl A. Muller)에 의해 10[K], 계속해서

30[K]가 넘는 La, Ba, Cu, O 를 혼합한 세라믹스가 발견되면서부터 보다 고온에서의 초전도재료가 발견되고 있다. 이후 임계온도가 90[K]인 Y−Ba−Cu−O계, 100[K]인 Bi−Sr−Ca−Cu−O계, 그리고 임계온도 125[K]의 Tl−Ba−Ca−Cu−O산화물 등 100[K]를 넘는 것이 발견되었다. 사용온도가 올라가면 가격이 싼 액체질소(LN_2)를 사용할 수 있기 때문에 경제적인 사용이 가능해진다. 따라서 고온 초전도 재료의 발견이 기대된다.

(3) 유기계

보통 금속의 초전도는 절대영도에 가까운 극저온이 아니면 일어나지 않는다. 좀 더 고온에서 초전도가 되는 물질이 있다면 실용적 가치가 크다. 유기도체가 주목받게 된 것은 상온에서 초전도성을 나타내는 물질의 발견이 기대되기 때문이다. 그러나 이론과 제작한 물질과의 괴리 때문에 실현되지 못하고 있다.

1979년 최초의 유기 초전도체인 $(TMTSF)_2PF_6$가 발견되었다. 수천 기압의 압력을 가하면 임계온도가 1[K] 정도가 된다.

1983년에는 $B-(BEDT-TTF)_3I_3$가 정상적인 압력에서 초전도를 나타내는 것이 밝혀졌다. 2007년에 유기 초전도체 중 최고의 임계온도는 33[K]로 알칼리 도핑 된 풀러렌(fullerene) $RbCs_2C_{60}$이다.

유기초전도체 연구는 계속되고 있으며, 임계온도는 아직 절대온도 33[K] 이하로서 거기에 높은 압력을 가해야 되는 경우가 많다.

6.3.3 결정구조상 분류

초전도체를 구성하는 원소의 결합상태나 결정구조에 의한 분류는 초전도체의 특성을 총괄적으로 파악하거나 새로운 초전도체의 가능성을 탐색하는데 매우 유용하므로 많은 연구가 행해지고 있다.

표 6-2는 초전도체의 결정계에 착안해서 분류한 것으로서 고용체(합금)초전도체, A-15형(β텅스텐형) 화합물초전도체, B-1(염화나트륨형) 화합물초전도체, C-15(라베스형)화합물 초전도체, 세브런형 화합물초전도체, 스피넬형 화합물초전도체, 페로브스카이트형 화합물초전도체 및 브론즈형 화합물형 초전도체 등으로 나눌 수 있다.

6.3.4 고임계온도재료

초전도 임계온도는 1911년 온네스(Onnes)에 의하여 초전도체가 발견된 이후 1985년까지 75년간 매년 상승률이 겨우 0.3[K]/년으로 14년간에 23[K]대에 머물러 있었다. 그런데, 1986년 베드노르쯔(Johannes G. Bednortz) 와 뮐러(Karl A. Muller)에 의해 La−Ba−Cu−O계에서 30[K]가 발견된 이래 1년이 안되어 100[K]를 넘었고, 과거의 임계온도 상승률과 비교해 보면 250년에 상당하는 진보를 1년에 달성하게 된 것이다.

높은 임계온도물질의 개발추세는 알기 어렵지만 현 단계에서는 100[K]~340[K]에 이르는 전기저항의 이상감소를 많은 연구자들이 관측하고 있다. 표 6-3과 같은 300[K] 전후에서의 초전도 현상에 관한 보고가 알려져 있으며, 물질로서는 Ba−Y−Cu−O계를 중심으로 여기에 Sr, Sc, F를 첨가한 것이 대부분이며 조성을 발표하지 않은 것도 있다.

그러나 표에서 보듯이 전기저항과 마이스너 효과의 양쪽측정으로부터 초전도 현상을 확인할 수 있는 경우는 드물다. 왜냐하면, 재현성이 적고 불안정하며 수일 이내에 소실하는 예가 많기 때문이다.

표 6-2 여러 가지 초전도물질

물질	결정구조	BCS 이론물질 ↔ 비BCS 이론물질
질화물 탄화물	B-1	$NbC^{11.5K}$, $NbN^{17.3K}$ $NoC^{14.3K}$(MoN)
금속간 화합물	A-15	Nb_3Sn^{18K}, V_3Ga^{16K} V_3Si^{17K}, Nb_3Al^{19K} $Vb_3(AlGe)^{21K}$ Nb_3Ge^{23K}
	C-15 (라베스)	V_2Hf^{10K} $V_2(Hf{\cdot}Zr)^{10K}$ $V_2(Hf{\cdot}Nb)^{10K}$
붕화물	세브런 육방	$ReRh_4B_4^{11.8K}$ (TiB_2, $TiB_{1.1}$)
황화물	세브런 (chevron)	$PbMo_6S_8^{15K}$ $Cu_{1.8}Mo_6S_8^{10.8K}$ $PbGd_{0.2}Mo_6S_8^{14.8K}$
	NaCl	$LaS^{0.84K}$
	스피넬	$CuRh_2S_4^{4.8K}$
	육방	$Li_xTi_{1.1}S_2^{13K}$
	체심	$La_3S_4^{8.25K}$
산화물	페로브 스카이트	$SrTiO_3^{0.55K}$ $BaPbi_{1-x}Bi_xO_3^{13K}$
	스피넬	$Li_{1+x}Ti_{2-x}O_4^{13.7K}$
	브론즈	$M_xWO_3^{6.7K}$ $Li_{0.9}Mo_6O_{17}^{1.9K}$
	NaCl	$TiO^{2.3K}$ $NbO^{1.25K}$
금속	순금속	Nb^{9K}, Pb^{7K}
	합금	$NbTi^{9k}$

단, ( )안은 미확인 물질, 물질의 윗첨자는 임계온도

표 6-3 300[K] 근처에서의 초전도현상에 대한 보고

임계온도 T_c[K]	물질계	저항 측정	자기 측정
377	$SrBaYCu_3O_{7-y}$	○	△
308	Ba－Sr－Y－Sc－Cu－?－O	?	?
305	Ba－Y－Cu－O－F	?	△
	Ba－Y－Cu－X－O	○	△
300	$Ba_2EuCu_3O_{7-y}$	○	△
299	$(Ba, Sr)Y_2Cu_3O_{7-y}$	○	?
285	Ba－Y－Cu－O	○	?
283	$Ba_2YCu_3O_{7-y}$(고압처리)	○	△
280	Ba－Y－Cu－O－F	○	-
230	$Ba_2EuCu_3O_{7-y}$	○	△
155	$Ba_2YCu_3O_6F_2$	○	△

6.4 초전도응용

초전도체의 응용분야는 다음과 같은 의료, 수송, 전자, 고에너지물리, 기계, 전력에너지 분야 등에 활용할 수 있는 첨단기술이다.

첫째, 의료응용분야로는 초전도 양자간섭소자(SQUID, superconducting quantum interference device), 자기공명영상(MRI, magnetic resonance imaging), 핵자기공명(NMR, nuclear magnetic resonance), 자기차폐장치가 있다.

MRI는 초전도코일에 의하여 강력한 자장을 신체에 투과하여 신체의 기능이상을 조기에 진단할 수 있으며, SQUID 자장센서는 지구자기장(5×10^{-5}[T])의 약 백억 분의 1에 해당하는 10^{-15}[T]의 미세자장 까지 측정할 수 있는 현재까지 개발된 가장 감도가 우수한 자장감지기이다. 이러한 미세자장 감지능력 때

문에 인간의 뇌나 심장에서 발생하는 자장을 측정하여 그 기능연구와 의료진단에 활용할 수 있으며, 항공기의 날개 혹은 바퀴의 내부균열탐지, 해저 폭발물과 지뢰탐지, 지하광맥 탐사 등 수 많은 분야에 활용할 수 있다.

둘째, 수송분야에서는 초전도 자석에 의해 발생되는 자장과 자기부상의 원리를 이용하여 친환경적인 전자추진선, 자기부상열차, 우주정거장, 엘리베이터 등으로 응용될 수 있다.

초전도자석에 의하여 발생되는 자장을 이용하면 소음 없이 고속으로 이동 가능한 잠수함을 만들고, 초전도자기부상에 의한 리니어 모터카(자기부상열차)는 시속 500[㎞] 이상까지의 속도로 주행하는 것이 가능하다.

셋째, 전자분야에서는 전류리드선, 이동통신 기지국용 및 위성통신장비, 슈퍼컴퓨터, 초전도 전자소자, 초전도 양자간섭소자 등에 응용될 수 있다.

초전도체를 사용한 디지털 전자소자는 기존의 반도체 소자보다 처리속도가 100배 이상 빠르면서도 소모 전력은 1,000분의 1 수준으로 매우 적어서 차세대 전자소자로 주목을 받고 있다. 현재 반도체 소자로서 모든 처리가 가능하지만 향후, 대용량의 정보처리가 요구되고 초고속 컴퓨터의 개발 등이 필요하게 될 경우 기존의 소자는 한계를 느끼게 되고 새로운 개념의 초고속 전자소자가 대체될 것이다.

넷째, 고에너지 물리분야에서는 대형 가속기나 방사관 장치에 이용되며, 초전도자석의 강력한 자장을 이용하여 핵융합발전을 하게 되면 인공태양과 같은 새로운 개념의 에너지를 생산할 수 있다.

21세기의 새로운 에너지원으로 주목받고 있는 핵융합발전은 해수 중에 무한히 함유되어 있는 중수소를 연료로 사용함으로써 방사성 폐기물이 거의 없는 깨끗한 에너지를 생산하고 사용 가능하게 된다.

다섯째, 기계분야에서는 초전도모터와 무접촉 자기베어링, 이를 응용한 플라이 휠(fly wheel) 등으로 응용될 수 있다. 또한 고효율, 친환경적인 전력에너지 관련기기로도 응용 가능하다.

여섯째, 전력에너지분야에서는 초전도(HTS: high temperature super-conducting) 케이블, 발전기, 변압기, 차단기 등에 초전도코일을 사용하게 되면 기본적인 설계부터 초소형, 고효율의 전력기기들을 만들 수 있다. 또한 초전도 전력저장시스템(SMES, superconducting magnetic energy storage systems)을 이용하면 심야의 잉여전력을 초전도 전력저장장치에 비축하여 에너지의 효율적 이용을 가능하게 한다. 이렇게 초전도체를 응용하게 되면 기존의 기기에 비해 전력소모와 손실이 적고 작동속도가 빠르며 환경친화적인 동시에 감도가 높아진다.

초전도 전력분야에서의 국내 기술은 선진국 기술수준이며, 핵심 연구 분야로 육성되고 있다. 2005년 기존 구리 케이블보다 3분의 1 크기, 송전 용량 5배 이상 큰 고온 초전도케이블(3상, 22.9[kV], 50[MVA])을 세계에서 두번째로 개발한데 이어 2009년 세계 최고전압 및 용량인 초전도케이블(154[kV], 1[GVA]급 HTS cable)을 개발 중에 있다. 또한 초전도 모터(100[HP]), 고온 초전도 산업용 모터(1[MW]) 개발과 함께 세계 최고 용량 고온초전도 전력저장장치(HTS SMES, 600[kJ], 150[kVA])를 개발했으며, 2010년 초전도체를 활용해 오·폐수 정화 속도를 기존보다 50배 높일 수 있는 초전도 자기분리장치를 개발했다.

또한, 최근 초전도 케이블 송전망 구축에 필요한 핵심 장치인 154[kV]급 송전용 케이블 단말 개발에 성공했으며, 세계 최대용량의 초전도 한류기(3상, 22.9[kV], 3,000[A])를 개발했다. 초전도 한류기는 도심 전력공급에 가장 많이 사용되는 154[kV] 및 22.9[kV] 변압기에 적용해 고장전류 문제를 해결할 수 있으며, 도심 전력수요 증가에 따른 변압기 용량 증대(60[MVA], 80[MVA], 100[MVA])에도 즉시 적용할 수 있는 대용량이다. 이외에도 국내 많은 기관에서 초전도 전력기기 기술개발 연구가 활발히 진행되고 있다.

제7장 광통신재료

7.1 광통신기술

7.1.1 광통신의 개요

최근 이동전화 및 인터넷의 사용을 통한 음성 또는 동영상 전송과 같은 정보량의 급증현상, 화상회의 및 고화질 TV 등의 가시화 등으로 인해 초고속 정보통신 기술에 대한 요구가 날이 갈수록 기하급수적으로 늘어나고 있다. 이로 인해 사회 전 분야에 있어서 통신 수요가 급속히 팽창하고 있으며 이를 충족시키기 위한 통신망의 전송 용량 증대가 시급히 해결해야 현안이다. 통상적으로 기존의 통신망은 동축케이블(coaxial cable)을 이용한 유선망과 마이크로파를 이용한 무선망으로 대별된다. 그러나 동축케이블을 이용한 유선망은 그 전송거리가 짧고 대역폭이 좁은 단점이 있으며, 마이크로파를 이용한 무선망은 동축케이블에 비해 대역폭은 넓으나 날씨 등 주변 환경 변화에 민감하며 정보 보안에 문제가 있다. 더구나 두 방법 모두 스위칭이나 신호처리 등에도 전기적인 방법이 사용되고 있어 통신 속도에 제한이 있으므로 급증하는 통신 수요를 만족하기에는 기술적으로 어려움이 있다. 이러한 문제를 해결하기 위하여 광통신망의 보급이 급속하게 진행되고 있으며, 미국과 일본에서는 이미 이러한 노력의 일환으로 기지국간을 광케이블로 대체하는 투자를 계속하여 왔다. 궁극적으로 광섬유가 최종 수요자에게까지 도달하는 FTTH(fiber to the home) 또는 광섬유가 통신 수요자의 근접거리까지 도달하는 FTTC(fiber to the curb)등을 실현하고 있다.

미국과 일본 등의 선진국들은 1980~1990년대 반도체와 컴퓨터의 연구 개발에 투자했던 것 못지않은 인력과 자원을 투입해서 국가 경쟁력과 산업 전반에 걸쳐 막대한 영향을 미칠 보다 빠른 초고속 광통신망의 개발 및 구축사업과 이에 필요한 광섬유 소재 및 광섬유소자 개발에 투자하고 있다. 광통신용 실리카(석영) 유리계 광섬유재료와 이를 이용한 광섬유소자 및 광집적회로 소자 등은 차세대 광통신에 필요한 핵심 광재료와 광소자라 할 수 있다.

7.1.2 광통신의 특징

광통신은 광섬유를 전송매체로 이용하는 점에서 유선통신과 유사한 반면 광이란 반송파를 이용하여 신호를 전송한다는 점에서 종래의 무선통신과 유사하다. 광통신은 이들 유선통신과 무선통신의 장점을 겸비한 것 외에도 광이라는 높은 주파수의 전자파를 이용하기 때문에 이제까지 볼 수 없었던 다음과 같은 특징을 가진다.

(1) 저손실(low loss)

동케이블은 직류저항에 의한 손실 이외에 표피효과라 하는 고주파성분 고유의 손실 증가가 있고, 동축케이블의 경우 1[㎞]당 신호전력(에너지)이 1/2로 되며 사용주파수는 10[㎒] 이하이다. 광섬유는 동케이블이나 동축케이블보다 저손실이다. 그림 7-1과 같이 광섬유의 저손실성에 의하여 전송로의 중계거리를 수~수십[km]까지 아주 길게 잡을 수 있을 뿐 아니라 건설, 보수성의 향상을 도모할 수 있다.

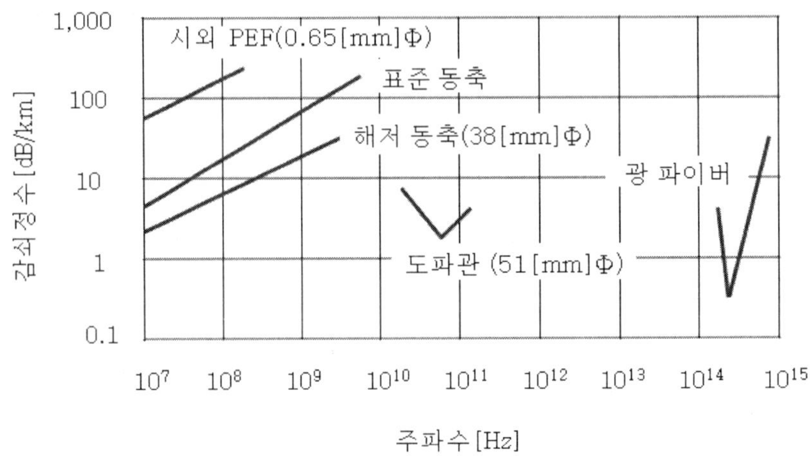

그림 7-1 각종 전송매체의 감쇠특성

(2) **광대역성**(wide bandwidth)

광섬유의 경우 굴절률 분포나 사용재료의 종류에 다라 크게 다르나, 단일모드 광섬유(SMF, single mode fiber)에서는 다른 전송매체에 비해 전송대역이 수십[GHz/km]로 대역폭이 훨씬 넓어 대용량 초고속 전송(수백[Mbps]~수십[Gbps])이 가능하다. 또한 다중전송(다중파장)이 가능하여 통신망을 경제화 할 수 있다. FT-3C(fiber optical DS3C transmission system, 90[Mbps], GI형 장파장) 광단국장치의 경우 한 쌍(2가닥)의 광섬유로 1,344 채널의 동시 통화가 가능하고, 2.5[Gbps] 동기식 광전송시스템의 경우 32,256채널의 통화가 가능하다.

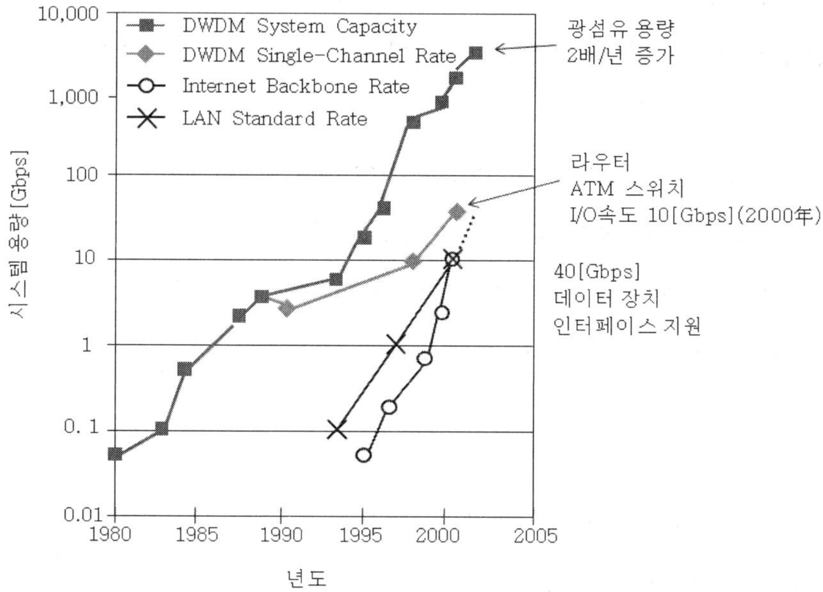

그림 7-2 광통신 시스템 용량 증가

(3) 세경(small diameter)

광섬유케이블은 동축케이블 등에 비해 매우 가늘기 때문에(예를 들면, 18심의 동축케이블에 비해 단면적이 1/30) 종래의 동선케이블보다 많은 수의 심선을 수용할 수 있다.

광섬유는 머리카락 정도보다 조금 굵은 125[㎛]가 표준으로 많이 사용되기 때문에 케이블화하여도 극히 세경화가 가능하다.

(4) 경량(light weight)

광섬유의 주요 원료인 유리는 구리의 1/4 정도 무게이고, 동축케이블 등에 비해 경량(예를 들면, 18심의 동축케이블에 비해 중량이 약 1/120)이므로 기존의 동선케이블보다 가벼워 포설에도 매우 유리하다. 약 1[㎞]의 광섬유는 지름

13[㎜], 길이 130[㎜], 대략적인 무게 40[g]이면 제조가 가능하다. 광섬유는 가소성(flexibility)이 좋아 시설공사도 용이하고 공사비용도 절감 된다

(5) 자원 풍부(natural resource conservation)

광섬유의 주성분인 석영은 귀중한 동자원에 비해서 지구상에 무한하게 존재하기 때문에 자원 부족의 어려움이 적다. 또한, 소량의 원료로 긴 길이의 광섬유를 제조할 수 있다는 장점도 있다.

(6) 기타

석영은 전기 유도체가 아니기 때문에 외부유도, 전파간섭, 접지점 간 전위차로 인한 문제가 없다. 따라서 발전소, 변전소 등의 유도가 큰 장소에서 매우 큰 장점이 된다. 또한, 광섬유의 이론적인 전송용량은 거의 무한대에 가까우므로 시스템 소자의 성능에 따라 수십~수백[Tbps]급의 전송시스템 개발이 가능하다. 광섬유는 기존 동축케이블에 비해 전송용량이 크고, 무중계 거리가 길며, 유지비용이 적게 되어 저가의 시스템 구성이 가능하다

반면에 유리라는 것, 세경이라는 것, 동케이블과 같이 광섬유로 중계기에 전력을 공급할 수 없다는 것과 광과 전기의 변환소자가 필요하며 접속에 있어서 보다 고도의 접속 기술이 필요하다는 단점도 있다.

7.2 광통신 기초원리

7.2.1 광통신 시스템 구성

광통신 시스템의 구성 방법은 원리적으로 많은 종류의 형식이 있다. 그림

7-3은 가장 일반적으로 사용되는 광통신 시스템 구성방법의 한 예이다. 광통신 시스템이 전송하는 많은 종류의 정보(음성, 화상, 계측신호, 제어신호)는 일단 전기신호로 변환된다. 원정보는 전기신호로 변환된다. 여기서 전기신호가 선택되는 이유는 이미 전기 통신 시스템이 고도로 완성되어 폭넓게 적용되기 때문이다. 전기신호로 변환된 원정보는 단국장치에 의해 다중화 등의 신호를 처리한 후 광단국장치에 보내진다. 광단국장치는 전기신호를 광신호로 변환하는 장치이며 광단국장치에 도달한 전기신호는 여기에서 광의 강약(광신호)으로 변환된다. 광신호로 변환된 후 전송로인 광섬유에 입사하여 목적지로 전송된다. 전송거리가 길고 광섬유의 신호 감쇠량이 큰 경우는 광중계장치에 의해 신호를 중계·증폭하고 감쇠를 보상한다. 광중계장치에 도달한 광신호는 다시 전기신호로 변환되고 중계장치로서 필요한 처리(파형 정형, 타이밍 보정, 파형 재생 등)를 한 후 다시 광신호로 변환된다.

광섬유의 전송손실이 극히 적음으로써 광통신 시스템의 중계간격은 길고 광중계장치를 이용하지 않은 무중계 광통신 시스템의 적용이 확대되고 있다. 이것이 광통신 시스템의 특징이다. 한편 광단국장치를 떠난 광신호는 광섬유, 광중계기 등을 경유하여 다른 쪽의 단국장치에 도달하여 여기에서 정보로 복원되어 통신의 목적이 다하게 된다.

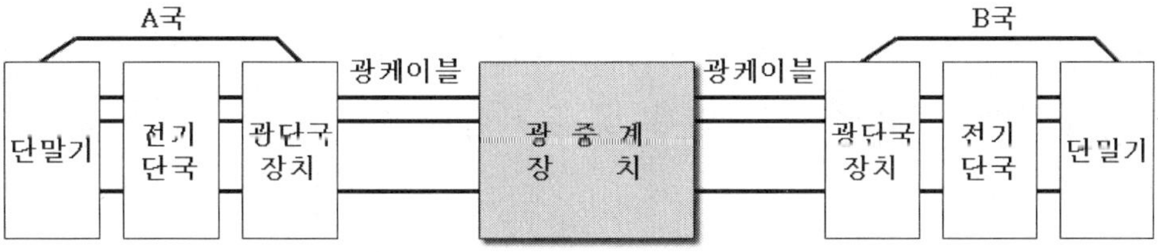

그림 7.3 광통신 시스템 구성

7.2.2 광섬유 도파원리

광섬유는 일반적으로 유리를 가늘게 섬유상으로 방사한 것으로 그림 7-4와 같이 굴절률이 높은 중심층(코어, core)과 굴절률이 낮은 외층(클래딩, cladding)으로 구성 되어 있다. 코어의 굴절률이 클래딩의 굴절률보다 조금 크게 설계되어 있어서 빛에 대해서는 큰 벽의 구실을 하고 있다. 굴절률이 높은 매질(密한 매질) 내의 광선은 여러 각도로 굴절률이 낮은 매질(疏한 매질)과의 경계면에 닿게 되고, 광선은 통상 일부는 투과하고 일부는 반사한다.

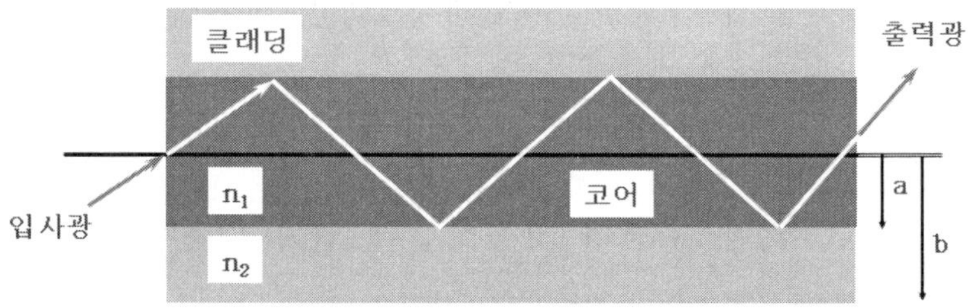

그림 7-4 광섬유의 도파원리

그러나, 광선의 임계각(θ_c)보다 큰 각도로 경계면에 닿으면 투과하는 일 없이 모든 광선이 전반사에 의하여 빛을 유도시킨다. 따라서 광섬유의 서로 다른 두 매질간의 경계면에서 일어나는 반사 및 굴절현상 중에서도 특히 전반사 현상을 이해해야 한다.

전반사는 굴절률이 높은 물질에서 낮은 물질로 빛이 입사할 때, 그 입사각(θ)이 임계각(θ_c) 보다 크면 빛은 경계면에서 전반사되어 코어 내를 지그재그 모양으로 전반하며 진행한다.

$$\theta_c = \sin^{-1}\left(\frac{n_2}{n_1}\right), \quad n_1 > n_2$$

여기서, θ_c는 임계각으로서 굴절각을 90[°]로 하는 입사각 이다.

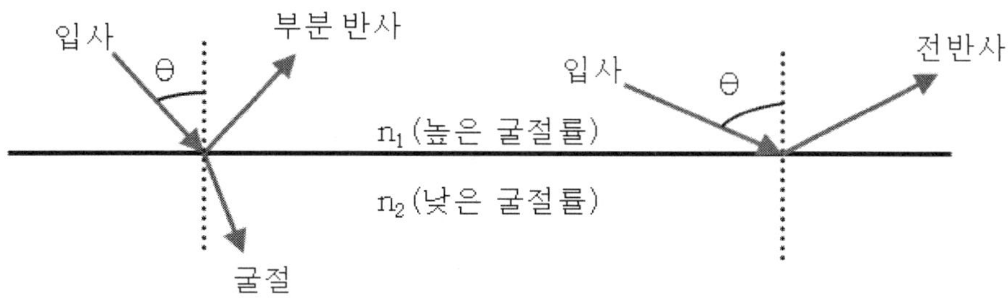

(a) 굴절 및 반사현상 (b) 전반사 현상

그림 7-5 두 매질 경계면에서의 빛의 특성

7.3 광섬유의 종류

광섬유는 그 재료조성이나 제조 방법, 굴절률 분포, 전파모드에 따라서 분류되며, 사용재료에 따라 분류하면 석영계, 다성분 glass계, 플라스틱 광섬유 등으로 구분되며, 석영계 광섬유가 가장 많이 이용되고 있다.

7.3.1 석영(silica)계 광섬유

석영계 광섬유는 SiO_2가 80~90[%]비율로 주재료로 사용되며 굴절률을 조정하기 위해 다른 재료들을 첨가하는데 굴절률을 높이기 위해 첨가하는 도핑재료

(dopant)로서는 산화인(P_2O_5), 산화알루미늄(Al_2O_3), 산화게르마늄(GeO_2) 등을 사용하고 굴절률을 낮추기 위한 도핑재료로는 산화붕소(B_2O_3), 불소(F) 등을 혼합하여 사용한다. 도핑 재료를 함유한 광섬유의 경우 산란손실을 감소시킬 수 있고 또한 내수소 특성이 향상되는 효과를 얻을 수 있다. 그림 7-6 및 그림 7-7은 석영계 광섬유의 구조 및 광섬유케이블의 외관을 나타내고 있다.

석영계 광섬유는 모드의 종류에 따라 단일모드 광섬유(single mode fiber)와 다중모드 광섬유(multi mode fiber)로 나누며 다중모드 광섬유는 계단형(step index)과 언덕형(graded index)으로 구분된다.

단일모드광섬유의 경우 코어/클래드 직경이 9/125[㎛]이며, 광섬유 속을 전파할 수 있는 모드의 수가 1개이고 진행과정에서 모드의 분산이 발생하지 않는 특성이 있기 때문에 초광대역 전송이 가능하다.

다중모드 광섬유의 경우 코어/클래드 직경이 50/125[㎛] 또는 62.5/125[㎛]이며, 광섬유 속을 전파할 수 있는 모드의 수가 2개 이상이고 진행과정에서 모드의 분산이 발생한다.

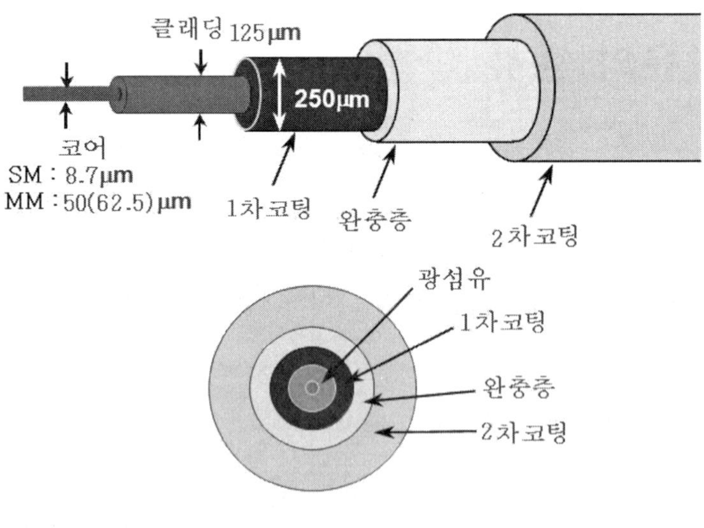

그림 7-6 석영계 광섬유의 구조

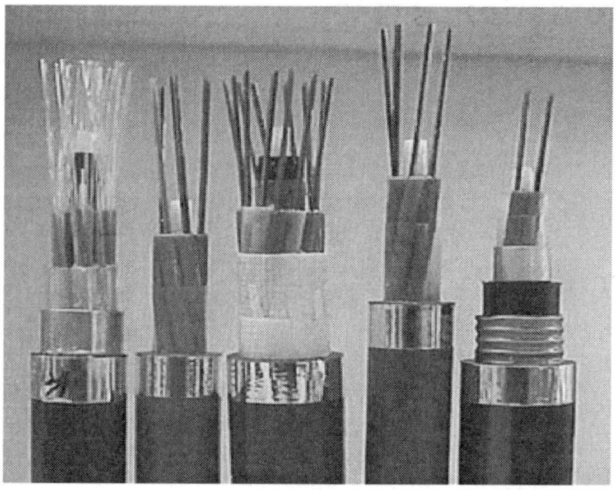

그림 7-7 광섬유 케이블의 외관

다중모드 광섬유에 빛이 입사할 때는 모드에 따라 전파경로가 달라지기 때문에 빛이 출력되어 나오는 측에서는 도달시간이 다른 광펄스가 발생하게 된다. 이들 광섬유의 손실 특성의 차이는 거의 없으나 어느 정도의 정보를 보낼 수 있는가 하는 전송대역은 다르며 단일모드 광섬유가 가장 뛰어나다. 적용분야로는 멀티모드의 경우는 구내, 빌딩내, 가입자간, 국간 중계 등 소용량이나 중용량 통신에 적용되며 단일모드의 경우는 시외전송, 해저전송 등 대용량 통신에 사용된다.

7.3.2 다성분 glass계 광섬유

주요 구성재료가 다성분계 glass(SiO_2에 R_2O, Na_2O, B_2O_3, GeO_2, CaO 등을 첨가한 glass)로 이루어진 광섬유를 말하며, 석영계 광섬유와 비교해서 전송손실이 크고 대역폭이 좁으며 양산성이 좋기 때문에 비교적 싼 가격으로 제조가 가능하다. 2[㎞] 범위내의 근거리 통신로, 구내 데이터 전송, 영상신호전송, 광계측 시스템 등에 사용된다.

7.3.3 플라스틱(plastic) 광섬유

(1) All plastic 광섬유

All plastic 광섬유란 플라스틱 화합물인 폴리메틸 메타크릴레이트(PMMA, polymethly methacrylate)로 만든 광섬유를 말하며 코어경이 1[㎜] 정도로 대구경이며 LED로부터 광입사 효율이 좋다. 절단 단면처리가 간단하고, 무게가 석영 광섬유에 비해 가볍고, 가격이 저렴하여 경제성이 좋다. 단점으로는 고온 및 내약품성이 약하며 손실, 대역특성이 나쁘다.

(2) 플라스틱 클래드 광섬유

석영계 유리로 된 코어에 플라스틱 클래드를 입힌 광섬유로서 코어와 클래드의 굴절률 차가 크다. All plastic 광섬유 및 다성분 glass계 광섬유보다 손실특성이 우수하기 때문에 데이터링크(data link), 화상전송 등에 적용하고 있다.

7.3.4. 편광유지 광섬유

편광유지 광섬유(PMF, polarization maintaining fiber)는 코어에 큰 복굴절을 유도함으로써 그 복굴절 축에 일치하여 입사되는 선형편광된 입사광의 편광을 광섬유 출력단까지 그대로 유지시키는 광섬유이다. 편광유지 광섬유는 전송하는 광의 편파면을 유지한 상태로 전송할 수 있어, 광의 간섭(interference)현상을 이용하는 전송로 및 광 집적회로와의 결합 등에 이용되며, 광의 위상 및 편광을 정보로 하여 이용하는 전계측정, 자계측정, 온도측정 등 고정밀도 계측에 의한 센서부 및 광부품으로 사용되고 있다. 또한 최근에는 코히런트(coherent) 통신용 광섬유로서 연구 개발되고 있다.

표 7-1 편광유지 광섬유의 용도

종 류	전송정보	주 용 도
기존 일반광섬유	광의 강약	일반 광통신로
편광유지 광섬유	광의 강약 광의 위상 광의 편파	일반 광통신로 간섭용 고정밀도 계측 전자계 계측, 광IC 전송통신, 편광소자

편광유지 광섬유는 표 7-2와 같이 복굴절률 광섬유와 단일편광 광섬유의 2가지로 나누며, 복굴절률 광섬유는 단일직선 편파형과 단일원 편파형으로 나눈다. 그림 7-8은 대표적인 편광유지 광섬유의 구조를 나타내고 있다.

표 7-2 편광유지 광섬유의 종류

분류	종류		
복굴절률 광섬유	단일직선 편파형	비축대칭형	타원 코어형 구형 코어형 쌍원 코어형 4등분 코어형
		stress부가형	타원 클래딩형 타원 circuit형 panda형 나비타이형
	단일원 편파형	꽈배기 광섬유형	
단일편파 광섬유	sdie tunnel형, side beat형		

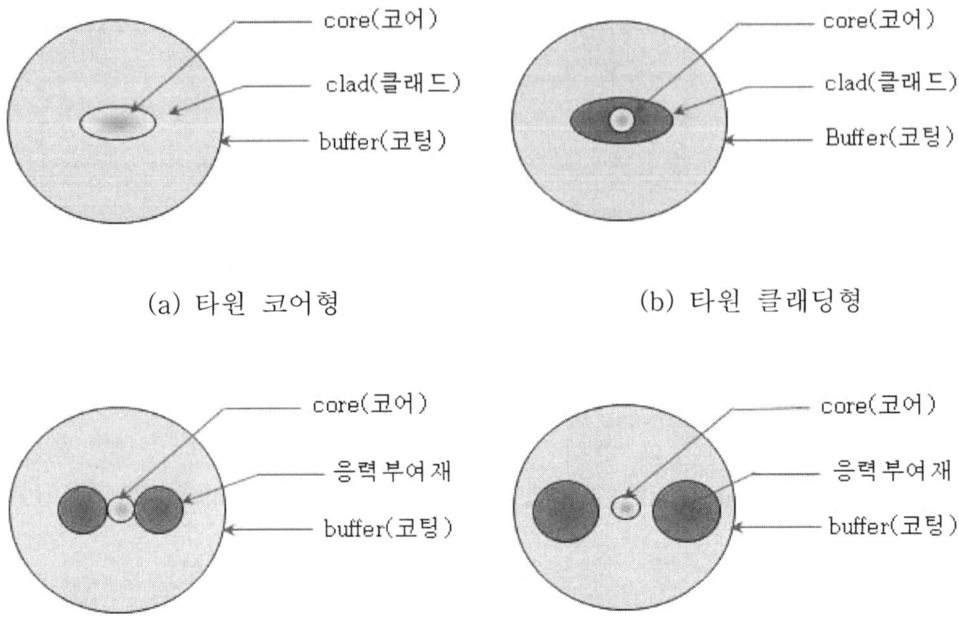

(a) 타원 코어형　(b) 타원 클래딩형

(c) side tunnel형　(d) panda형

그림 7-8 편광유지 광섬유의 구조

7.4 광통신용 광소자

광통신용 광소자(optical components for fiber optic communication)의 기술 진보는 여러 종류의 통신시스템의 개발을 촉진시켰으며, 또 그 요구에 따라 여러 다른 종류의 기술 개발로 이어져서 오늘날 광전자집적회로(OEIC, optoelectronic integrated circuit)까지 발전되어 왔다. 광 영역에 사용되는 소자는 여러 종류가 있으며 광통신, 광계측, 광가공 등 광범위하게 이용된다. 표 7-3은 광통신용 광소자의 종류 및 기능을 나타내고 있다.

표 7-3 광통신용 광소자의 종류 및 기능

구분	광소자명	종류	기능	비고
능동 소자	광원 (발광소자)	LED, LD, YAG	광신호원	> 1[GHz]
	광검출기 (수광소자)	PD, PIN, APD	광신호검출	
	광변조기	Intensity(LN-MZ), EA	광신호고속변조	
	광증폭기	EDFA, LDOA	광신호증폭	
수동 소자	광커플러	1×2, 2×2, tree, star	광출력분배/결합	쌍방향통신 광다중화 > 10[Gbps]
	WDM 커플러	1,300/1,550, 850/1,300	광파장분배/결합	
	광커넥터	FC, SC, ST	광섬유연결	
	광감쇠기	variable, fixed	광신호감쇠	
	광필터	tunable, fixed	광파장선택	
	광격리기	1,300, 1,500	리턴광제거	
선로/ 접속	광섬유	MM, SM, DSF, PM	광선로	
	광커넥터	SC, FC, ST 등		
집적 소자	OEIC	HIC, OIC, OEIC	광전자소자기능 복합화	LD+ MOD, driver

7.4.1 능동소자(active components)

광통신 전송에 있어 전기신호를 광신호로 바꾸기 위해서는 발광소자(광원)가 있어야 하며, 이 광신호가 전송매체인 광섬유, 광케이블을 통해 수신기에 도달하기 위해서는 이 광신호를 감지하는 수광소자(광검출기)가 있어야 한다. 또한 광신호를 고속으로 변조하는 광변조기와 광신호를 증폭시키는 광증폭기가 있다.

(1) 발광소자

광통신 전송기기의 발광소자(광원)로는 크게 반도체 레이저(LD, laser diode)

와 LED(light emitting diode)가 주로 사용되며 특성은 표 7-4에 나타낸 바와 같다.

반도체 레이저는 1962년 처음으로 개발되었으나 초저온에서만 동작이 가능했기 때문에 실용화는 불가능 했다. 그 후 1970년에 최초로 상온 연속발진이 성공되어 저손실 광섬유와 함께 개발이 가속화 되었다. 실온 연속동작한 것으로 최초의 반도체 레이저는 AlGaAs/GaAs계로 0.85[㎛] 피장을 갖고 있다. 그 후 석영계 광섬유의 장파장 저손실의 특성에 맞추어 레이저의 장파장화 개발이 추진되어 InGaAsP/InP계의 1.3~1.55[㎛] 디바이스가 상용화되고 있다. 또한 GaP/GaAsP를 주소재로한 발광다이오드(LED)는 비통신용 표시소자로의 위치를 굳히고 있다. 그 외 기체, 고체, 액체 레이저의 개발에 따라 고출력 레이저의 출현이 이루어져 광power를 이용한 산업용, 군사용으로의 용도로 넓혀지고 있다.

표 7-4 LED와 LD의 특성 비교

구분		스펙트럼	선폭 (FWHM)	변조 대역	광출력	반사광	가격	적용예
LED		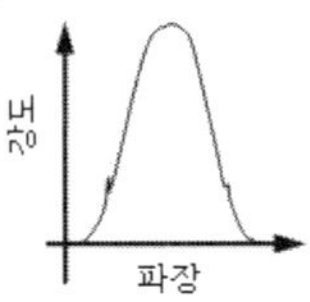	10~100 [nm]	[Mbps]	~ 0.5	無	低	단거리 LAN
LD	MM	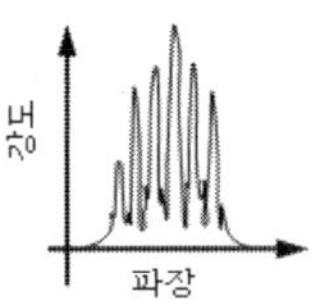	수[nm]	< 수 [Gbps]	수[mW]	中	中	중속 중거리 가입자
	SM	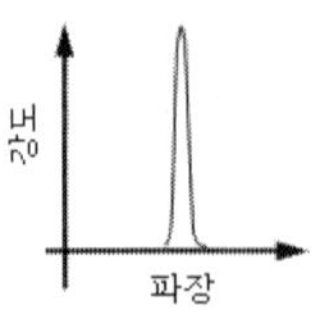	< 1[nm]	< 200 [Gbps]	수[mW]	高	高	고속 장거리 기간망

① 반도체 레이저(laser diode)

반도체 레이저는 트랜지스터나 발광다이오드(LED)와 유사하다. 대부분 반도체 레이저는 Ⅲ-Ⅴ족 화합물을 기저로 하고 있다. 이것은 주기율표 Ⅲ족과 Ⅴ족 원소들로 이루어진 화합물이다. 최초의 반도체 레이저 매질인 GaAs가 그 한 예이다. 최초의 반도체 레이저는 p형과 n형의 갈륨·비소 사이의 접합에 의한 결정으로 만들어 졌다. 이제는 주기율표 원소의 Ⅲ-Ⅴ족 원소에서 Ⅲ족 또는 Ⅳ족 원소에서 만들어진 합금으로 형성된 구조로 대신 되고 있다. 이들 합금은 3원 또는 4원 합금 화합물 반도체라고 한다. 표 7-5는 일반적인 반도체 레이저 물질을 나타내고 있으며 3원 합금의 한 예는 $Al_{1-x}Ga_xAs$이고, 4원 합금의 한 예로 $In_{1-x}Ga_xAs_{1-y}P_y$가 있다. 여기서, x와 y는 합성 매개변수로서 0에서 1까지의 값을 갖는다.

표 7-5 반도체 레이저 물질

물질	파장 범위
$Al_{1-x}Ga_xAs$	780~800[nm]
$In_{1-x}Ga_xAs_{1-y}P_y$	1,150~1,650[nm]
$Al_xGa_yIn_{1-x-y}P$	630~680[nm]
$In_{1-x}Ga_xAs$	980[nm]
$Pb_{1-x}Sn_xSe$	8~12.5[㎛]
PbSe	8[㎛]
$Pb_{1-x}Eu_xSe$	3.5~8[㎛]

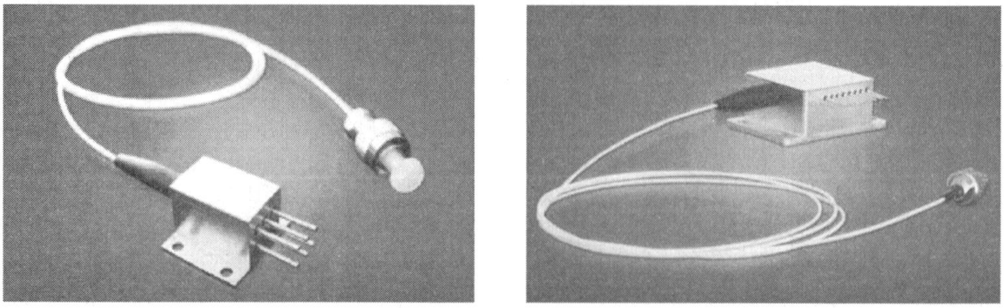

(a) 30[mW], 660[nm]　　(b) 3[W], 1,550[nm]

그림 7-9 레이저 다이오드(LD, laser diode)

3원 합금 화합물인 $Al_{1-x}Ga_xAs$계는 AlAs(x = 0)부터 GaAs(x = 1)까지 연속해서 바뀐다. 물질의 성질 또한 x, y가 바뀜에 따라서 변한다. 가장 일반적인 반도체 레이저는 $Al_{1-x}Ga_xAs$ 레이저로서 출력 파장이 합성 매개변수 x에 따라 변한다. 상업용이 780~800[nm] 출력파장까지 가능하며 광디스크, 콤팩트디스크 플레이어 및 광통신에 이용된다.

4원 합금 화합물인 $In_{1-x}Ga_xAs_{1-y}P_y$는 2개의 합성 매개변수 x와 y를 갖는다. x와 y의 값은 발진파장을 조절하기 위하여 독립적으로 변할 수 있다. $In_{1-x}Ga_xAs_{1-y}P_y$ 레이저는 1,150~1,650[nm]의 출력 파장이 가능하고 광섬유통신의 광원으로 널리 사용된다.

이외에도 $Al_xGa_yIn_{1-x-y}P$가 있으며 여기서 Al, Ga, In은 3족 원소이다. 이 합금은 가시광 스펙트럼에서 630~800[nm]의 적색부분에서 발진한다. 980[nm]에서 발진 가능한 상업용도 있으며 광통신용으로 어븀(erbium)이 도핑된 광증폭기(EDFA, erbium doped fiber amplifier)에 이용된다.

② 발광다이오드(LED)

LED(light emitting diode)는 그림 7-10과 같이 양(+)과 음(-)의 전기적 성

질을 지닌 2개의 화합물 반도체 즉, 전자가 많아 음의 성격을 띤 N(negative)형 반도체와 정공(hole)이 많아 양의 성격을 띤 P(positive)형 반도체가 얇은 층 형태로 붙어 있는 구조이다. 여기에 전압을 걸어주면 N층의 전자가 P층으로 이동해 정공과 결합하면서 에너지(빛)를 발산한다. 이때 N층과 P층의 에너지 차이에 따라 빛의 색상이 정해지는데 에너지 차이가 클 경우 단파장, 즉 파란색 계통의 빛이 나오고 에너지 차이가 작을 경우 붉은색 계통의 빛이 나온다. 가시광선 영역을 벗어나면 자외선이나 적외선이 나올 수도 있다. 이러한 에너지 차이는 화합물의 재료에 따라 달라진다.

LED는 전송거리 10~20[㎞] 이하로, 수백[Mbps] 이하의 단·중거리 광섬유 통신, LAN, computer data link, 가입자계 통신시스템, 자동차, 항공기, 선박 등의 구내 통신망에 적용되고 있다. 단파장 가시영역 LED는 단거리 통신에, 장파장 LED는 중거리 통신에 적용된다. 또한 GaAsP, GaP를 소재로 한 LED는 고효율, 친환경 광원으로서 조명용, 일반표시용, display용 등에 많이 사용되고 있다.

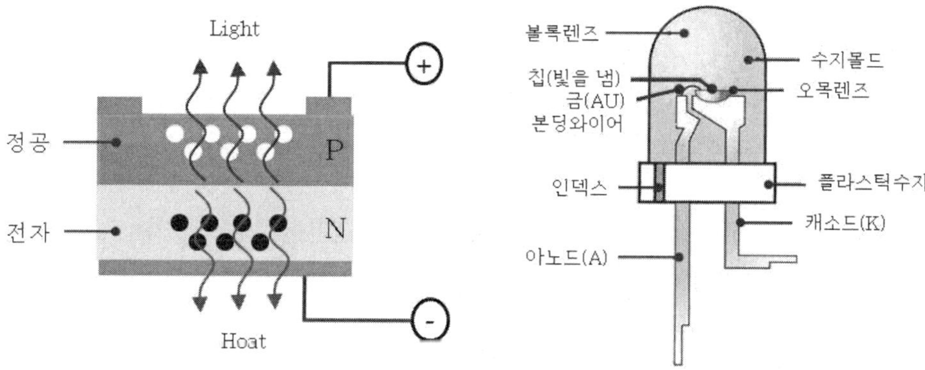

(a) 구조

(b) 외관

그림 7-10 발광다이오드(LED)

(2) 수광소자

수광소자(광검출기)는 발광소자(광원)와는 반대의 기능을 가지며 수신기 안에서 광신호를 받아 전기신호로 바꿔주는 역할을 한다.

광통신에 사용되는 수광소자는 가장 간단한 구조를 지닌 게르마늄(Ge) 수광소자를 사용할 수 있지만 파장대가 1.4~1.55[㎛]에서는 성능이 좋지 않기 때문에 핀 광다이오드(PIN-PD, PIN-photodiode)와 눈사태 광다이오드(APD, avalanche photo diode) 두 가지를 많이 사용하고 있다.

수광소자의 기본적인 검출원리는 P-N 접합에 광을 조사하여 전자·정공의 쌍이 발생되면 이 전자·정공은 서로 분리되어 반대방향으로 흐르게 되며 다시 역바이어스된 접합을 통하여 전류로 변환되는 원리를 이용한 소자이다. 수광소자는 광섬유 통신시스템에서 필수적인 소자로서 광신호를 전기신호로 복조한다. 이러한 수강신호는 다음과 같은 중요한 성능이 필요하다.

- 동작파장에서의 고감도
- 응답속도가 높다.(수 [㎓])
- 저 잡음
- 주위 환경에 따른 특성변화가 작다.

① PIN-PD

PIN-PD는 그림 7-11(a)와 같이 PN접합의 중간에 캐리어가 적어 저항이 큰 진성반도체의 층(I층, Intrinsic layer)이 설치된 구조이다. 사용시는 역 바이어스 전압을 걸어 I층은 캐리어의 공핍층으로 하고, 내부에 전기장을 만들어 두어야 한다.

P층 쪽에는 창문이 설치되어 있고, 입사한 빛은 P층을 통과하여 I층으로 들어가고, 그 에너지를 흡수하여 전기장에 따라 정공과 전자가 생긴다. 이들 캐리어는 전기장에 따라 음극과 양극을 향하여 이동하고 외부에 전류가 되어 방출

된다. PIN구조는 단순한 PN접합보다 I층 내의 높은 전기장에서 고속성이 얻어지는 특성을 가지고 있다. 비교적 값이 싸고 반응면적이 커서 대부분 200[㎛] 외경을 지닌 광섬유를 수용하며 0.4~0.7[A/W]의 반응도를 보여서 쉽게 사용하도록 보편화 된 것이다.

② APD

APD는 그림 7-11(b)와 같이 PN접합 중간에 사태(avalanche)층이 있고, 입사한 빛의 여기에 따라서 발생한 캐리어가 높은 전기장에 의해 사태층 내에서 원자에 충돌하여 새롭게 정공(hole)과 전자(elelctron)의 쌍을 만들고, 그들이 또 새롭게 충돌을 일으키는 과정에서 사태 효과를 일으켜 광전류가 증대되는 원리로 작동된다.

반응도는 PIN 광다이오드보다 백배 이상 증폭되나 온도변화에 민감하고 구조상의 복잡성으로 인하여 가격이 비싼 것이 결점이다. 그러나 광원에서 레이저와 함께 고속 또는 장거리 통신망에 있어서는 필수적이다.

따라서 고감도 수광을 목적으로 하는 장거리 통신의 경우는 통상 APD가 사용되지만, LAN 등의 중·단거리 통신에서는 특별한 전원을 필요로 하지 않는 PIN-PD가 많이 사용되고 있다.

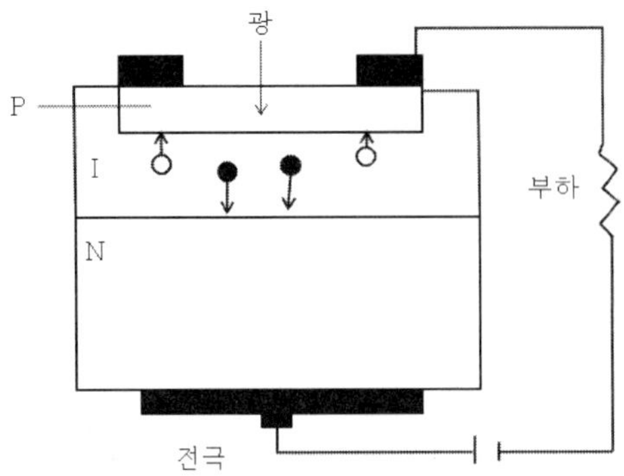

(a) PIN-PD의 구조

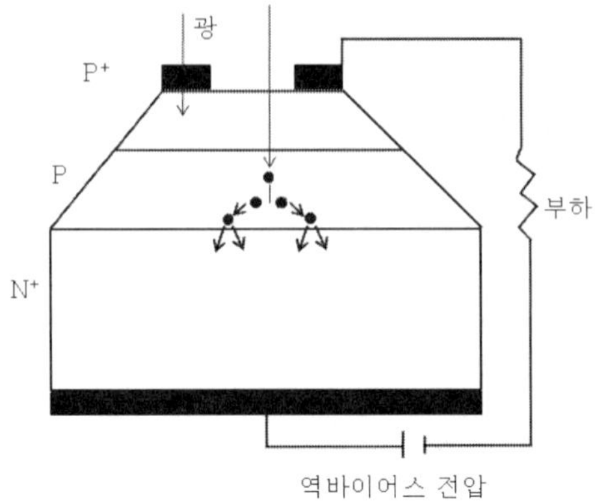

(b) APD의 구조

그림 7-11 광검출기의 구조

(3) 광변조기(optical modulator)

광 신호를 원하는 신호형태로 변조하는 기능을 가지며 일반적으로 광원에 연결하여 외부변조하며 보통 2.5[Gbps] 이상의 고속변조에 이용된다.

종류로는 LN($LiNbO_3$)계 광변조기(강도변조기, 위상변조기), GaAs, InP계 광변조기(화합물계 광변조기) 및 고분자(polymer)계 광변조기가 있다.

(4) 광증폭기(optical amplifier)

광통신 시스템에서 장거리 전송을 하는 경우 광신호는 산란, 흡수 등에 따라 감쇠는 물론 분산에 의한 파형 왜곡이 발생한다. 이와 같이 감쇠와 파형왜곡에 따른 전송품질의 열화를 보상하기 위해 광신호를 중간에 증폭하는 것이 광 증폭기이다.

광증폭기는 광중계기와는 달리 광신호를 전기신호로 변환하지 않고 직접 증폭한다. 또한, 광증폭기는 일련의 파장을 동시에 증폭할 수 있어 DWDM(dense wave division multiplexing)에 적합하다.

증폭원리에 따라 구분하면 반도체 광증폭기(SOA, semiconductor optical amplifier)와 광섬유 증폭기로 나눈다. SOA는 소형이지만 이득이 작은 반면, 광섬유 증폭기는 크기는 크지만 여기출력을 높이면 높은 증폭도를 얻을 수 있어 고속, 대용량 통신에 적합하다.

광섬유 증폭기는 EDFA(erbium doped fiber amplifier), EDWA(erbium doped waveguide amplifier), PDFFA(praseodymium doped fluoride fiber amplifier), 그리고 라만 증폭기(Raman amplifier) 등으로 구분된다.

7.4.2 수동소자(passive components)

광통신 기술의 발달로 밀집한 지역의 분배·집합되는 가입자망이나 CATV 등이 실현됨에 따라 이에 필요한 많은 부품이 필요하게 되었다. 즉, 광커넥터, 스프라이싱 이외에 광커플러(coupler), 파장분할 다중화장치(WDM) 및 광스위치 등 여러 부품들이 다양하게 요구되고 있지만 여기서는 주요부품만 다루기로 한다.

(1) 광커플러(optical coupler)

종합정보통신망(ISDN, integrated services digital network)의 실현으로 CATV나 FITL(fiber in the loop) 등의 가입자망에 있어 한곳에서 오는 신호를 여러 곳으로 분배, 또는 반대로 여러 곳에서 오는 신호를 한곳으로 집합시키는 장치가 광통신에서도 필수적으로 요구되는데 광커플러가 이를 충족시켜주고 있다. 수로 광통신망, 광통신 계측시스템, 스위치 등에 사용된다. 아주 간단한 경우 1×2(한 채널의 신호를 2개로 분할)에서 복잡한 경우 32×32(32 채널로부터 받아 다시 32 채널로 분배)까지 가능한 광 커플러가 상품화 되어 많이 축소된 간단한 통신망을 구성하게 되었다. 커플러의 종류에는 정보통신망의 구성에 따라 방향성 커플러(directional coupler; 1×2, 2×2), 가지형 커플러

(tree coupler; 1×4, 1×6, 1×8, 1×16 등), 별모양 커플러(star coupler; 4×4, 8×8, 16×16 등) 등이 있으며, 제조방법에 따라서는 광섬유를 이용한 광섬유(optical fiber)형 커플러, 광도파로를 사용한 도파로(waveguide)형 커플러, 마이크로렌즈, 거울, 필터, 프리즘 등 광학소자를 이용한 미세광학부품(micro-optics)형 커플러로 분류된다.

표 7-6은 제조방법에 따라 분류한 광커플러의 종류 및 특징을 나타내고 있다.

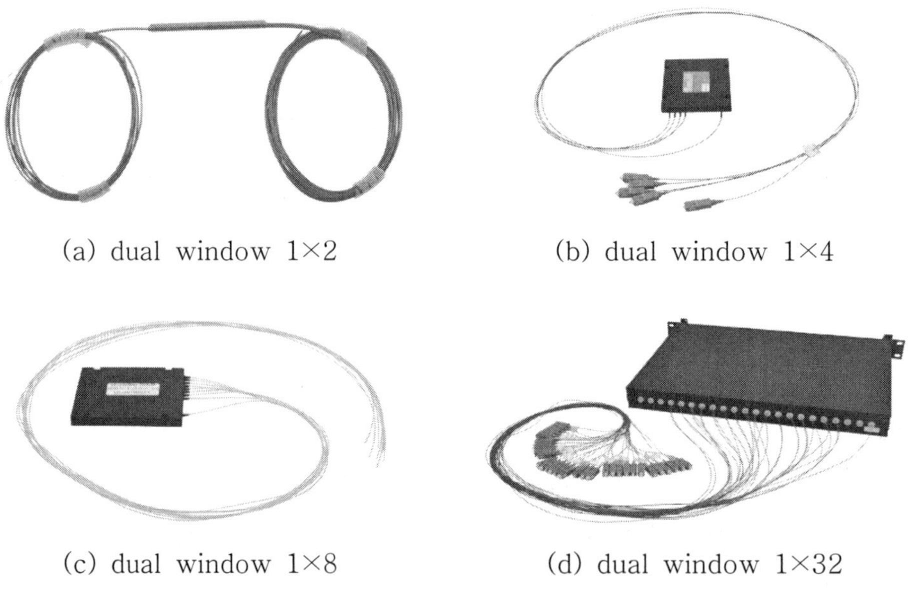

(a) dual window 1×2
(b) dual window 1×4
(c) dual window 1×8
(d) dual window 1×32

그림 7-12 광 커플러

표 7-6 광커플러의 종류 및 특징

종류	주요부품	제작방법	장단점	주요응용분야
광섬유형	광섬유	용융인장, 연마 등	공정 간단, 저가	B-ISDN CATV LAN
도파로형	glass or Si	ion exchange FHD PECVD	고집적화, 공정 복잡	B-ISDN CATV LAN
광학부품형	lens, filter 등	광학부품조립	공정 매우복잡 고가	계측, 연구

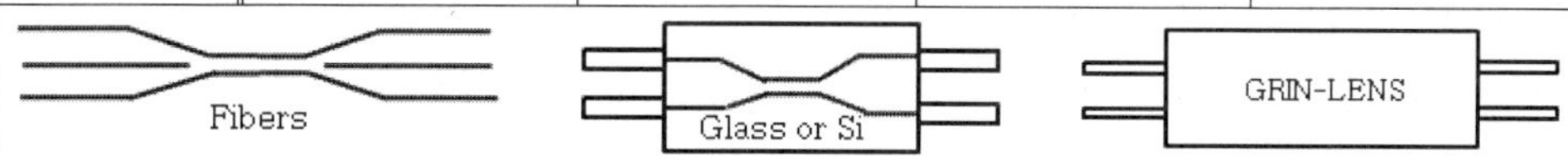

광섬유형 도파로형 광학부품형

(2) **파장분할 다중화장치(WDM)**

파장분할 다중화장치(WDM, wavelength division multiplexing)는 특수한 커플러의 하나로써 하나의 광섬유 채널을 빛의 파장에 의해서 분할하여 복수의 통신로로 사용할 수 있게 하는 장치이다.

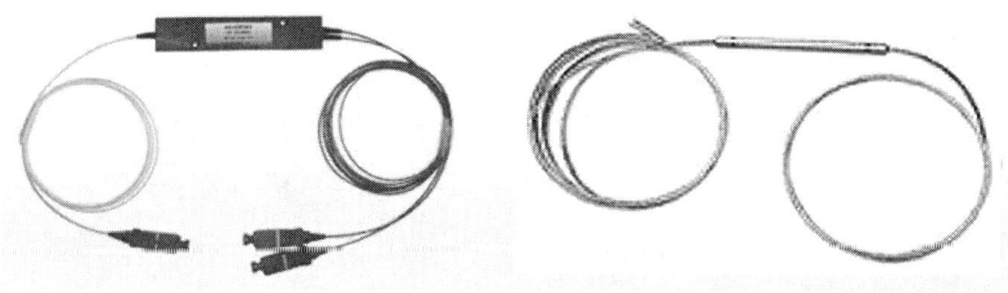

그림 7-13 파장분할다중화 장치(WDM)

예를 들면 1,550[nm] 파장으로부터 1,300[nm] 파장을 분리시켜 2개의 별도

신호를 각각 다른 파장대로 입력시켜 한 개의 채널, 즉 광섬유 케이블을 통해서 전송하여 다시 이 통합된 신호를 받아 파장분할다중화 장치를 통해서 2개의 신호로 다시 분리시켜 감지하도록 한다. 또한 하나의 광섬유 케이블로 양방향 커플러(bidirectional coupler)를 사용해 반대 방향으로도 동시에 신호를 보낼 수 있어 매우 경제적인 장점이 있다.

(3) 광커넥터(optical connector)

광커넥터는 광섬유와 광섬유, 광섬유와 발광·수광소자, 광 device를 접속시키는 역할을 하며 일반적으로 광커넥터의 요구 특성은 다음과 같다.

- 착탈 가능 및 재현성 양호
- 접속손실 최소화
- 호환성 양호
- 조작성 향상 및 신뢰성

광전송기기나 중계기에 있는 광원으로부터 전송매체인 광케이블을 연결하기 위해서는 단거리인 경우 바로 광케이블에 광커넥터를 부착(광성단케이블)시켜 시스템에 연결한다. 또한, 시스템 내에서나 각 시스템간의 연결시 단편인 한심짜리 광섬유 케이블 양쪽 끝단에 광커넥터를 부착시킨 케이블인 패치코드(patch cord)가 많이 쓰이고, 양쪽 끝단 대신 한쪽 끝단에만 광커넥터를 부착시킨 피그테일(pig tail)도 있다. 그림 7-14는 광커넥터를 부착한 광패치코드 및 광성단케이블의 외관을 나타내고 있다.

광커넥터는 삽입손실이 최소화 되도록 여러 종류의 광커넥터가 상품화 되어 있다. 종류로는 미국의 Biconic, ST, SMA 타입, 일본의 FC, D4 타입 등이 있으며 일반적인 통신용, 고속·고정밀도를 요구하는 선로 접속용으로 제작된 광커넥터에는 Biconic, ST, SMA, FC, D4 타입 등이 있다.

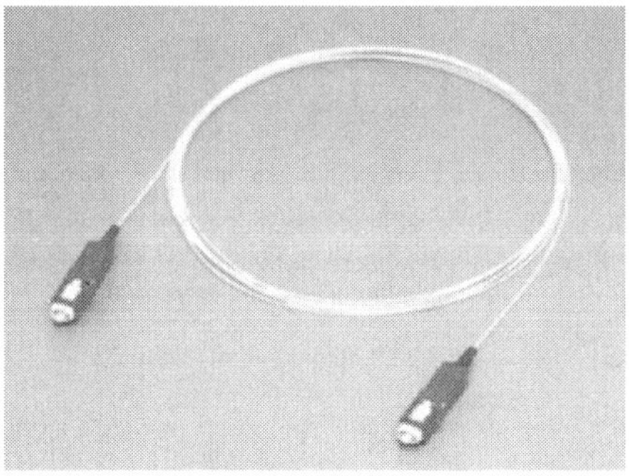

(a) 광패치코드(SC/PC-0.9)

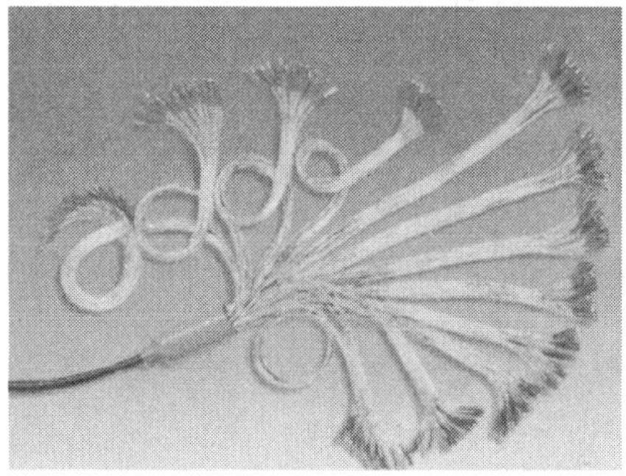

(b) 광성단케이블(144C, SC)

그림 7-14 광커넥터 연결

그림 7-15에는 FC 타입의 광커넥터의 구조를 나타내고 있다. 광커넥터에서 가장 중요한 핵심부분은 미세한 광섬유를 일정한 위치에 고정시킨 채 정밀하게 연결시키는 페룰(ferrule)이다. 이 부품은 온도변화에 따른 열팽창계수가 적고 마모성이 적으며 견고하고 정밀한 재질인데 지르코아나 알루미나와 같은 정밀을 요하는 요업제품이 사용된다.

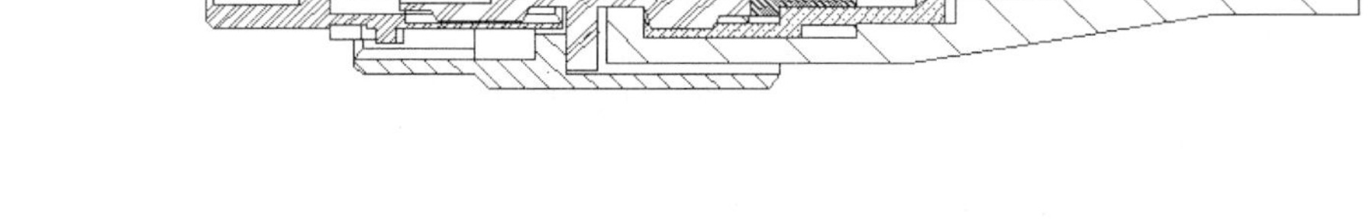

그림 7-15 FC 타입 광커넥터의 구조

(4) **광감쇠기**(optical attenuator)

광감쇠기는 광섬유 전송로의 도중에 삽입하여 광통신에 사용되는 빛의 세기를 일정한 간격 또는 연속적으로 줄여 주는 것이다. 감광 필터나 감광 소자를 사용하여 빛의 세기를 약하게 하거나 차단하여 통과하는 빛 에너지를 줄이므로 원하는 감쇠량을 얻을 수 있다. 용도에 따라 연속 가변형, 단계식 가변형, 고정형 등이 있다. 고정형은 단국장치 또는 중계장치끼리의 광전송로가 짧을 경우에 단국 또는 중계장치 입력측에 삽입하여 적정한 광입력을 얻는 데 사용된다. 연속가변형, 단계식가변형은 주로 수신 감도 및 자동 이득 제어(AGC) 측정 등을 할 때 측정기와 연결하여 사용 된다.

그림 7-16은 대표적인 3가지 타입의 광감쇠기의 외관을 나타내고 있다.

PC : 5/10/15/20±1.5dB
APC : 2/5/7/10±1.0dB

(a) SC type

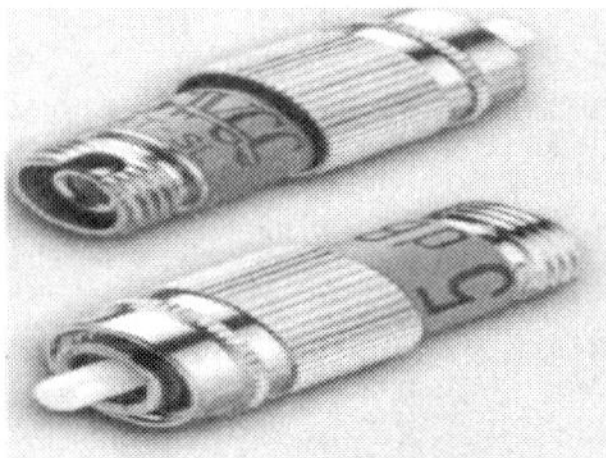

PC : 5/10/15/20±1.5dB
APC : 2/5/7/10±1.0dB

(b) FC type

SM : 3/5/7/9/11±1dB
MM : 5/7/9/11/13/15±1dB

(c) Biconic type

그림 7-16 광감쇠기

(5) **광필터**(optical filter)

광필터란 특정한 파장의 빛만을 통과시키도록 설계된 광 수동소자이며, WDM 응용에 대단히 중요한 역할을 한다.

종류로는 가변형인 훼브리페롯 에탈론 필터(fabry-perot etalon filter), 음향

광학 필터(acousto-optic tunable filter)와 고정형인 광섬유 브래그 필터(fiber bragg filter), 광학형 밴드패스 필터(optical band-pass filter)가 있다. 가장 일반적인 기능으로서 광섬유에 넓은 파장 대역 (λ_{Board})의 빛이 입력되었을 때 브래그 격자의 주기와 유효 굴절률에 부합되는 특정 파장(λ_B)의 빛을 반사시키고, 나머지 부분 ($\lambda_{Board}-\lambda_B$)의 빛은 투과시키는 기능을 한다.

(6) 광격리기(optical isolator)

반도체 레이저를 광원으로 하는 광섬유 통신시스템, 고속 디지털 전송, 아날로그 직접 강도변조방식 등의 광시스템은 광섬유회로 중에 있는 커넥터 접속점, 또는 광회로 부품에 의한 반사광이 레이저에 재입사하기 때문에 레이저 광에 반사 잡음이 발생하여 시스템 소자 설계상의 큰 문제가 되고 있다. 따라서 순방향 광은 통과시키고, 역방향 광은 되돌아오지 못하게 막아주는 역할을 하는 것이 광아이솔레이터(optical isolator) 이다.

구조는 편광자, 패러데이 회전소자, 검광자로 구성되어 있다. 편광자, 검광자는 방해석의 로션(rotion) 프리즘을 사용하고, 패러데이 재료로는 단파장(0.8~0.9[㎛])용으로는 Tb(테르비움)이 도핑된 상자성 glass를, 장파장(1.2~1.6[㎛])용으로는 YIG($Y_3Fe_5O_{12}$) 단결정을 사용하여 만든다.

응용분야는 반사잡음이 중대한 문제가 되는 고속 디지털 광전송 및 아날로그 직접강도변조 광시스템에 대하여 효과가 있다. 실제로 단일모드 광섬유를 이용한 고속 PCM(pulse code modulation) 장파장 전송, 단파장 반도체 레이저를 이용한 아날로그 직접 강도변조방식의 화상전송 등에 광아이솔레이터를 사용하여 그 효과가 확인되고 있다.

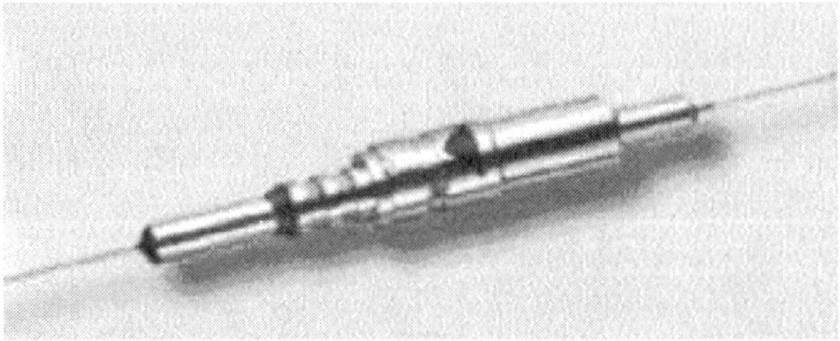

그림 7-17 광 아이솔레이터

(7) **광스위치**(optical switch)

전기 스위치와 마찬가지로 기계적으로 빛의 전파를 제어(광로절환)할 수 있는 장치로서 망구성에 따라 연쇄적으로 연결되도록 하거나 포인트-포인트 연결에 필요한 광 스위치를 응용할 수 있다. 광전송로를 직접 절환(광선로 보수)하거나 광신호 교환(광통신 교환기) 및 광 스위치(센서, 계측기) 등에 이용된다.

하나의 광섬유를 통해 서로 다른 파장을 이용한 수십 개의 데이터 채널을 전송하는 광전송 시스템에서 전화국 또는 집중국에서 필요로 하는 파장의 신호들을 전 채널 영역에서 자유롭게 추출 또는 삽입하는 기능을 수행하는 대용량 지능형 광스위치가 개발·활용되고 있다.

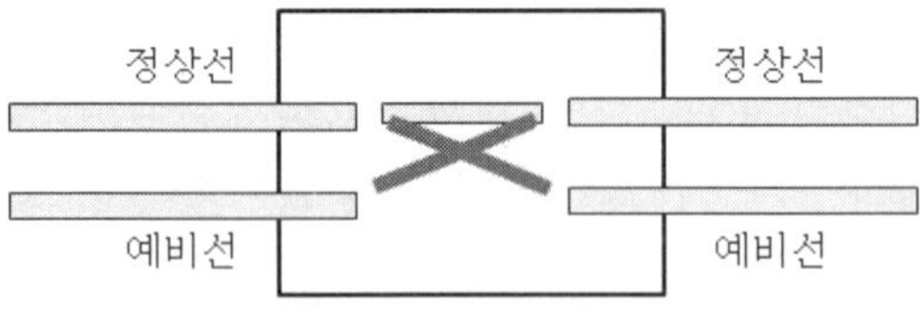

(a) 광선로 보수

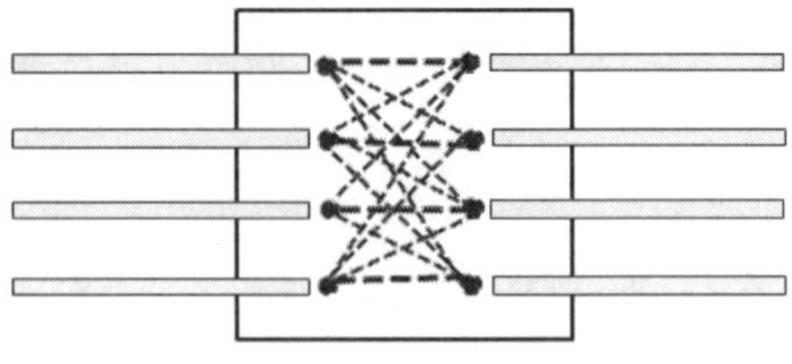

(b) 광통신 교환기

그림 7-18 광 스위치의 기능

(8) 광섬유 접속기(optical splicing)

일정한 단위의 길이로 공급된 광케이블을 연결시켜서 원하는 전송로를 이룩하려면 고도의 정밀도를 지닌 광섬유 내의 핵(코어, 클래드)끼리 정확히 맞물려서 접속손실(splicing loss)을 최소화 시켜야 한다. 장거리 통신망에서는 일반적으로 광케이블에 있는 광섬유를 핵과 핵이 맞닿도록 물린 후 고압의 Arc를 이용, 고온으로 유리 광섬유를 녹여서 영구히 융착시키는 용융접속(fusing splicing)이 보편화되어 있다. 이처럼 용융접속된 광섬유 부분을 고분자물질로 재 피복하거나 보완 처리대를 이용하여 보호한 후 접속함체(enclosure)에 넣어서 안전하게 처리한다.

광섬유 접속기(fusion splicer) 중 수동형인 경우는 고도의 숙련기술이 요구되기 때문에 취약한 현장조건에서는 사용하기 어려운 점도 있다. 그러나 그림 7-19와 같이 완전히 자동화된 것은 광섬유의 피복만 벗겨 장착시키면 절단된 단면으로부터 정밀하게 핵과 핵끼리 서로 맞닿게 되어 접속손실이 최소화 되도록 되어있어 선호되고 있다. 또한, 최근에는 고도의 기술이 없어도 편리성, 경제성 및 신뢰성이 있는 접속방법들을 통해 광케이블이나 전송장비의 연결처럼 단거리 통신망에도 자주 사용되고 있다.

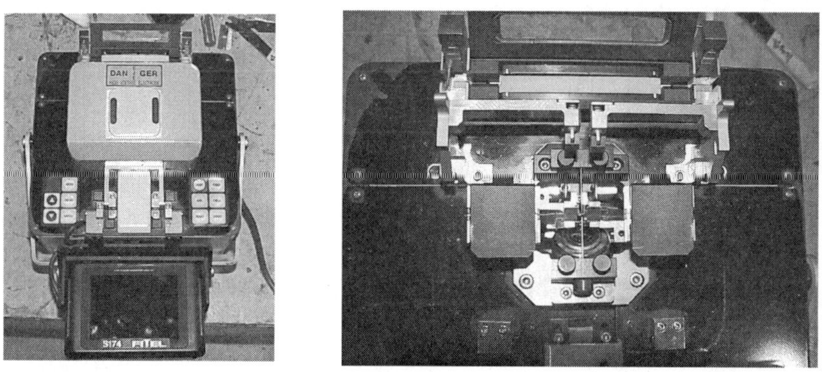

그림 7-19 광섬유 접속기(자동형)

제8장 레이저재료

8.1 레이저기술

8.1.1 레이저의 개요

레이저(Laser)라는 용어는 "Light Amplification by Stimulated Emission of Radiation"이란 영어의 각 단어 머리글자를 따서 조합한 합성어로서 "유도 방출 과정에 의한 빛의 증폭"이란 뜻이다. 일반적으로 레이저란 말은 레이저 빛을 발생하는 장치를 지칭하기도 한다.

레이저의 동작원리는 1917년 아인슈타인이 빛과 물질의 상호작용에 있어서 유도방출 과정이 있음을 이론적으로 보인 것이 시초이다. 그러나 그 후 20여년이 지난 1950년대 초 미국 물리학자 타운즈(C. Townes)가 암모니아에서 마이크로파의 유도방출이 실험적으로 가능함을 처음으로 보였다. 곧이어 가시광 영역에도 유도방출에 의한 빛의 증폭이 가능함을 타운즈와 샬로우(A. Schawlow)의 연구에서 밝혀졌고, 실제로 1960년 휴즈(Hughes)연구소의 마이먼(T. Maiman)에 의해 가시광 영역인 694.3[nm]의 붉은색인 루비 레이저 광이 최초로 발진되었다. 그림 8-1은 최초의 루비 레이저의 구성을 보여주고 있다.

루비 레이저의 발진 직후 레이저의 연구는 매우 활발하여 1960년대에는 현재 중요하게 응용되는 대부분의 레이저가 개발에 이르렀다. 1970년대와 1980년대에는 레이저 자체의 연구 외에도 레이저의 응용연구가 많은 비중을 차지하여 오늘날 다양한 방면에서 레이저가 필수적인 장치로 각광을 받게 되었다.

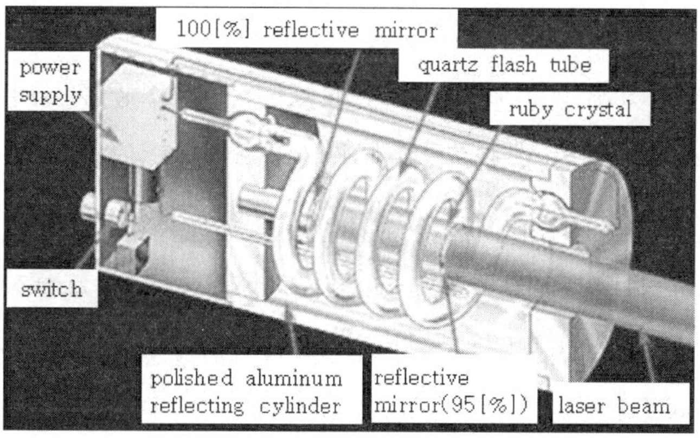

그림 8-1 마이먼(T. Maiman)의 루비 레이저

8.1.2 레이저의 원리

원자가 높은 에너지준위로부터 낮은 에너지준위로 옮길 때 그 차에 해당하는 에너지를 빛으로 방출하게 되는데 이 관계는 다음 식으로 설명된다.

$$E_1 - E_2 = h\nu$$

여기서, h는 플랑크 상수, ν는 빛의 주파수, E_1, E_2는 두 준위의 에너지 이다.

백열등(여러 파장의 빛의 집합)의 경우 원자들이 높은 에너지준위에서 낮은 에너지준위로 상호작용 없이 자연스럽게 떨어지면서 각기 다른 빛을 동시에 방출한다. 이러한 방출을 자연방출(spontaneous emission)이라 한다.

레이저의 경우는 높은 에너지준위에 많은 원자가 머물러 있다가 외부자극에 의한 강력한 상호작용을 하면서 동시에 낮은 에너지준위로 떨어지는 유도방출(stimulated emission)을 하게 된다.

높은 에너지준위에 있는 원자의 수가 낮은 에너지준위에 있는 원자의 수보다 많은 경우를 반전분포(population inversion)가 되었다고 하는데 보통 높은 에너지준위의 원자는 자연방출을 하므로 반전분포를 이루기 어렵다. 따라서 레이저에서는 펌핑된 원자가 약간의 에너지를 자연방출하면서 중간에너지 준위인 준안정상태(metastable state)에 모여 반전분포를 이루었다가 적당한 자극에 의해 유도방출을 하게 된다. 그림 8-2에 유도방출의 대표적인 경우를 보인다. 에너지를 흡수하면 낮은 에너지준위 즉 기저상태 ①로부터 여기상태 ②로 올라간다. ②의 준위에 머무는 시간은 대단히 짧으므로 자연방출에 의해 준안정상태를 ③으로 떨어진다. 충분한 수의 원자가 준안정상태에 머물러 반전분포를 이루면 유도방출에 의해 기저상태 ①로 직접 떨어지거나, 준위 ④를 거쳐 기저상태로 떨어지게 된다. 그림 8-2(a)의 경우를 3준위계, 그림 8-2(b)의 경우를 4준위계라고 한다. 4준위계에서는 준위 ④의 원자수가 준위 ①의 원자수보다 훨씬 적으므로 반전분포를 형성하기 쉽다.

레이저는 준안정준위로부터 낮은 준위로 떨어질 때 그 에너지 차에 해당되는 빛이 방출되는 원리를 이용한 것으로서 레이저에서는 일정한 파장의 빛만 나오게 된다.

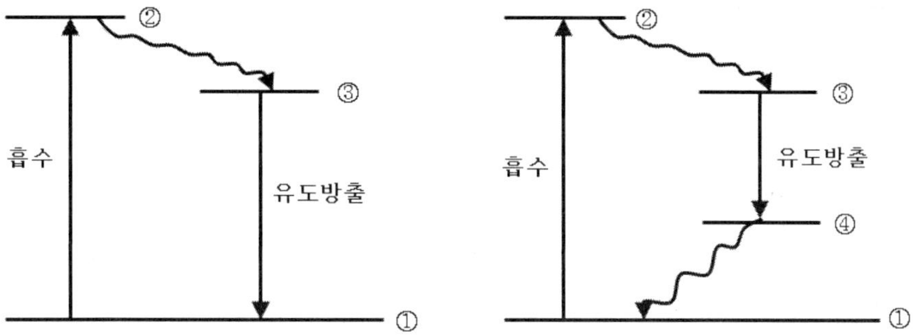

(a) 3준위계

(b) 4준위계

그림 8-2 레이저의 에너지준위

이렇게 발생한 레이저광은 인공적으로 만든 가장 양질의 빛이고 또한 빛 에너지이다. 레이저 빛은 다음과 같은 특성을 가지게 된다.

- 단색성(monochromaticity) : 파장폭이 극히 좁다.(단일파장)
- 지향성(directionality) : 발산각(회절각)이 극히 작다.
- 결맞음성(간섭성, coherence) : 시간적, 공간적 결맞음(동위상)
- 집속성(convergence) : 미소면적에 집속(파장크기) 가능
- 휘도성(brigthness) : 1[MW] He−Ne laser = 태양휘도의 100배
- 에너지밀도(high energy density) : 1[MW/㎠] = 10^{19}[J/㎛^{2}/sec]
- 편광성, 변주성, 펄스성 등이 우수하다.

8.2 레이저의 종류

1960년 마이먼(T. Maiman)이 인류 최초의 레이저광을 발진한 이래 새로운 레이저광이 발진되어 오늘에 이르고 있다. 지금까지 개발된 레이저의 종류는 수없이 많으며 개발 중인 레이저까지 생각하면 그 종류는 헤아릴 수 없을 만큼 많다. 레이저의 종류를 계통적으로 정리하면 고체 레이저, 기체 레이저, 액체 레이저, 반도체 레이저 그리고 특수 레이저로 분류되는 자유전자 레이저(FEL, free electron laser), X선 레이저, 라만(Raman) 레이저 등으로 나눌 수 있다.

레이저의 모든 가능한 파장 영역은 0.01~1,000[㎛]까지 이다. 그러나 실제 산업에서 쓰이는 영역은 0.2~10[㎛] 정도에 해당한다. 그림 8-3에는 전자기 스펙트럼과 자주 사용되는 일반적인 레이저 파장을 보여주고 있다. 레이저는 능동매질(active medium)로서 여러 가지 다른 물질을 써서 구성될 수 있다. 각각의 그러한 물질은 자신의 고유한 파장을 갖고 있다. 이러한 유용한 레이저는 다음과 같다.

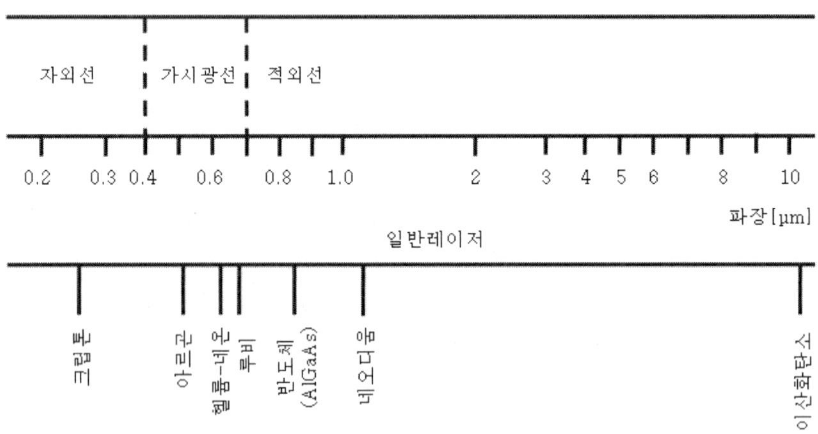

그림 8-3 주요 레이저의 발진 파장

- 원적외선 10.6[㎛]에서 발진하는 이산화탄소(CO_2) 레이저
- 근적외선 1.06[㎛]에서 발진하는 Nd-glass 레이저
- 근적외선 0.85~0.9[㎛] 파장에서 발진하는 반도체(AlGaAs) 레이저
- 가시광 영역 0.6943[㎛]에서 발진하는 루비 레이저
- 가시광 영역 0.6328[㎛]에서 적색 오렌지 빛을 내는 He-Ne 레이저
- 가시광 영역 청녹 스펙트럼에서 몇 개의 파장에서 발진하는 아르곤이온레이저
- 자외선 영역 0.249[㎛]에서 발진하는 KrF 레이저

8.2.1 고체 레이저(solid state laser)

고체 레이저란 유리(비정질)나 결정 등의 모재에 활성 원자(분자)를 균일하게 분산한 것을 레이저 매질로 한 것이다. 고체 레이저는 고체 광물질에 있는 일부 원소의 이온 매질에 의해 특징된다. 레이저 물질은 대개 양끝이 가공된 평행인 원통형 봉의 형태로 판형도 사용된다. 펌핑(pumping)은 광학적 들뜨움으로 수행된다. 전형적인 램프로 펌핑되는 고체 레이저의 구조는 그림 8-4와 같다.

램프와 레이저 봉이 나란히 놓여 있고, 내부에 대부부의 펌프 광이 고체 매질에 집중될 수 있도록 반사구조를 갖는다. 큐-스위치(Q-switch)가 펄스폭을 짧게 하고 출력을 증가시킨다.

고체 레이저의 첫 번째 모델은 루비 레이저이며, 이것이 발진된 최초의 레이저이다. 그러나 가장 일반적인 형태는 Nd-YAG 레이저가 되었다. 고체라는 용어는 통상적인 개념과 달리 절연체에 이온 불순물을 포함하는 레이저라는 의미가 있다. 보통 쓰이는 이온은 천이금속-크롬, 코발트, 히토류 등 이다. 즉, 원자번호 58에서 71까지 원소들이다. 이들 원소는 부족한 전자의 특징을 갖는데 좁은 형광선폭이다. 좁은 형광선폭은 레이저 발진에 좋고, 최소의 밀도반전에

대한 요구를 줄일 수 있다. 파장범위는 0.3~3[㎛]까지 많은 레이저선이 개발되었다.

고체 레이저에도 여러 가지가 있지만 주된 것은 루비 레이저(694[nm]), Nd-YAG 레이저(1.06[㎛]), Nd-glass 레이저(1.06[㎛]) 등이 있다.

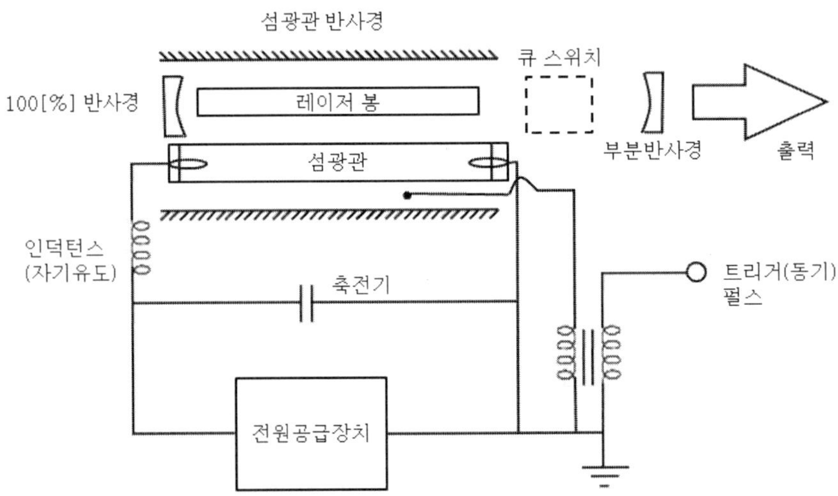

그림 8-4 전형적인 램프로 펌핑되는 고체 레이저

(1) 루비(ruby) 레이저

루비(ruby)는 1960년에 최초로 레이저 발진이 발견된 물질이다. 루비는 전형적으로 알루미늄의 0.05[%] 정도가 크롬으로 바뀐 사파이어(산화알루미늄 결정)이다. 크롬이 사파이어의 결정격자에 3가 이온(Cr^{+3})으로서 자리하며 레이저 동작은 바로 이 크롬이온에 의해 일어난다.

루비는 가시광선의 녹색과 청색의 영역에서 빛을 흡수하고 694[nm] 파장의 적색 형광을 낸다.

그림 8-5에서 보는 바와 같이 루비 레이저는 3준위계이며, 전자의 50[%]

이상이 밀도반전을 하게 된다. 이처럼 루비의 레이저 문턱값이 상대적으로 높아서 강한 광학적 펌프가 요구된다. 동작을 보면 플래시램프에 의해 전자들이 기저준위 $^4A_2$에서 $^4T_2$와 $^4T_1$ 준위로 여기되며 T_2 준위의 수명은 대개 $10^{-9}[s]$로서 짧은 시간 머무르다가 광자방출 없이 E준위로 전이된다. 이때의 수명은 대개 3[ms]로 준안정상태라 한다. 이처럼 한번의 펌핑광펄스로 많은 전자를 E준위에 모을 수 있고 펌핑광의 광자의 세기가 충분할 때는 기저상태에 대한 밀도반전이 이루어진다. E준위와 2A준위에 적어도 Cr^{+3} 이온의 50[%] 이상이 여기 되었을 때 레이저 방출이 시작된다.

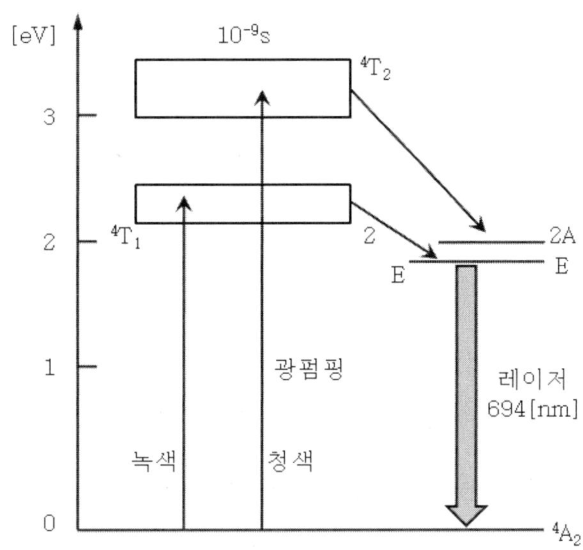

그림 8-5 루비 레이저 에너지준위(3준위)

루비는 높은 열전도율을 가지며 잘 흩어져 버린다. 그러나 높은 문턱값과 강한 펌핑은 너무 많은 열을 발생시켜 높은 평균 출력값에서 발진을 불가능하기 때문에 실용적인 목적의 루비 레이저는 주파수 1[Hz] 이하의 낮은 반복률을 갖는 펄스 레이저이다. 루비 레이저는 상대적으로 단순하고 작은 규모이면서 매우 높은 피크값의 펄스를 만들기는 쉽다. 그러나 수백 [MW] 이상에서는 높은 광 출력이 루비의 결정을 손상시킬 수도 있음에 주의해야 한다. 루비 레이저는 3준위계 레이저이므로 효율이 비교적 낮아서 재료가공 등과 같이 많은 에너지가 필요한 분야에는 별로 사용되지 않으나 높은 첨두출력의 가시광이 필요한 분야에 많이 사용된다.

(2) 네오디움 야그(Nd−YAG) 레이저

네오디움 야그(Nd−YAG, neodymium-doped yttrium aluminium garnet) 레이저는 여러 해 동안 가장 널리 사용되어 왔다. 레이저용으로 네오디움 이온은 주로 야그금속, 유리에 사용되고 있다. 이 이온은 4f 부껍질에 부분적으로 전자가 채워져 있다. 자유이온에 의한 이 전자배치는 LS결합(LS coupling)에 의해 다양한 에너지 상태를 나타내게 된다. 이 이온의 중요한 레이저전이는 $^4F_{3/2}$ 와 $^4I_{11/2}$ 사이이며 파장 1.064[㎛]가 발생된다. 비선형 광학원소의 사용으로 기본적인 1.064[㎛] 파장보다 짧은 파장을 만들 수 있으며 숙주 YAG는 화학식이 $Y_3Al_5O_{12}$이다.

그림 8-6의 에너지준위에서 보는 바와 같이 네오디움 야그 레이저는 4준위계 레이저이다. 4준위계에서는 준안정상태($^4F_{3/2}$ 준위; 수명 약 240[ns])에서 유도방출에 의해 에너지를 레이저광으로 방출하고 하위 레이저준위($^4I_{11/2}$)로 떨어진 이득 매질의 원자는 다시 기저상태($^4I_{9/2}$)로 떨어지며 이 때의 수명(30[ns])은 매우 짧으므로 낮은 상태에 머물러 있는 원자의 수는 3준위계 레이저에서의 낮은 상태 에너지준위인 기저상태에 있는 원자의 수에 비하여 매우 적다. 따라서 반전분포를 쉽게 이룰 수 있으므로 고체레이저로서는 효율이 매우 높은 편에 속한다.

YAG는 굳고 안정적인 등방성 물질로서 광학적으로 잘 가공이 된다. 또한,

유리의 10배 정도의 높은 열도전성을 지니고 있어 발생된 열을 제거하기가 상대적으로 쉽다. YAG의 높은 열전도율은 더 높은 평균 출력을 가능하게 하며 연속발진과 높은 반복률 모두 가능하다. 다른 많은 결정체 들이 Nd을 위한 숙주 물질로 하여 개발되었으나 YAG가 가장 널리 사용된다. 좋은 광학적 성질, 높은 열전도성, 안정성, 그리고 좁은 형광선폭들로서 YAG가 가장 우수한 매질이다.

응용분야로는 산업용(절단, 글씨새김, 집적회로 제작 등), 의료용(환부절개, 소삭, 내시경을 이용한 수술 등), 군사용(거리측정, 미사일 유도 등), 연구용(여기광원, 광학현상 응용 등) 등에 널리 사용되고 있다.

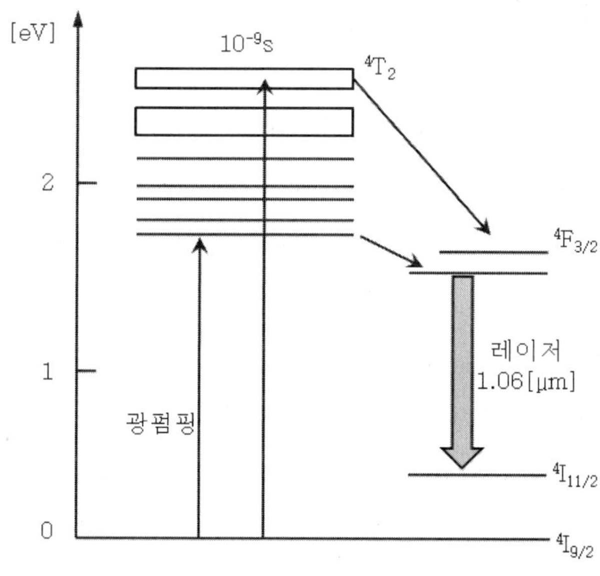

그림 8-6 네오디움 야그 레이저 에너지준위(4준위)

(3) 네오디움 글래스(Nd−glass) 레이저

네오디움 글래스(Nd−glass, neodymium-doped glass)는 또 다른 중요한 고체 레이저 매질로서 좋은 특성을 지니고 있다. Nd−YAG 레이저와 같이 네오디움 이온을 증폭물질로 사용하지만, 모재로 결정체가 아닌 유리를 사용한다는 것이 다르다. 높은 광학적 품질로 여러 가지 크기와 형태(수 [㎛] 지름의 광섬유로부터 1[m] 이상의 봉, 얇은 판 형태)로 제작 가능하다. 일반적으로 비정질을 모재로 사용하는 경우 열전도율이 낮고 형광 스펙트럼 선폭이 넓어서 이득이 작다는 불리한 점이 있으며 결정체에 비하여 강도가 경도가 떨어지는 경우가 많다. Nd−YAG 레이저와 비교해 보면 연속발진은 불가능하고, 펄스반복률도 낮다고 할 수 있다. 그러나 비정질은 단결정성장 과정이 필요 없고 광학적인 특성도 우수하며 광 펌핑시에는 흡수파장 대역이 넓어 펌핑 에너지의 이용률이 높고 증폭물질의 농도를 임의로 높일 수 있다.

네오디움은 여러가지 유리류인 실리케이트(silicates) 유리, 포스페이트(phosphate) 유리, 플루오로 포스페이트(fluorophosphate) 유리와 같은 것들과 잘 어울린다. 알칼리-알칼라인을 기저로 하는 유리류는 상대적으로 긴 형광수명, 높은 형광효율, 좋은 유지성 등의 최상의 결합을 한다. 예로써 루비듐(Rb), 바륨(Ba), 실리케이트(silicates) 유리는 상대적으로 긴 형광 수명과 단위 체적당 큰 에너지를 저장할 수 있다.

대형, 고출력화가 가능하므로 높은 첨두출력이 요구되는 핵융합용 레이저에 이용된다. 따라서 열핵융합 연구에 필요한 매우 큰 레이저는 대부분 주파수 중첩 또는 3중첩된 Nd−glass 레이저이다.

8.2.2 기체 레이저(gas laser)

기체 레이저는 만들기 쉽다는 장점을 갖고 있다. 다른 레이저에 비해 기체 혼합물을 시험하는 것이 용이하므로 레이저 매질을 위한 이상적인 혼합물을 쉽게 발견할 수 있다. 그래서 특정한 형태의 기체레이저를 위한 최적의 기체 혼합물에 따라 상당히 많은 종류의 레이저가 존재한다.

레이저 매질로 기체 물질을 사용하는 레이저들이 가장 보편적이다. 기체를 사용하는 주된 이유는 매질의 체적을 단결정이나 반도체 레이저와는 대조적으로 크게 할 수 있기 때문이다. 상대적으로 물질의 가격이 저렴하고 고출력 고체 레이저의 경우와 달리 매질의 손상이 없다. 매질이 균일하여 고체 레이저에서 일반적으로 생기는 비균질성의 문제를 피할 수 있으며 레이저 동작 영역에서 가열된 기체를 교환함으로써 신속하게 열을 제거할 수 있다. 어떤 레이저는 기체를 흐르게 함으로써 고출력이 가능하다.

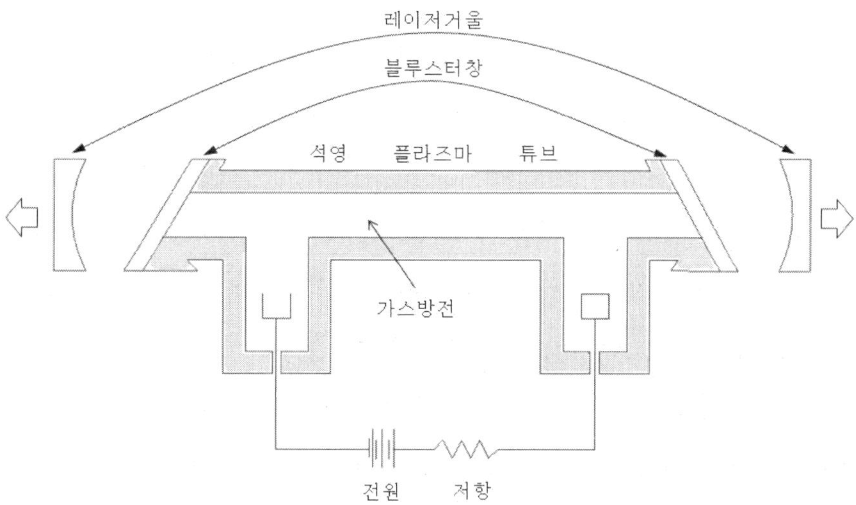

그림 8-7 방전에 의한 여기 방식의 기체 레이저

그림 8-7에 방전여기방식을 사용하는 기체 레이저의 구조를 보이고 있다. 기체가 들어 있는 관의 양측을 공진기를 구성하는 반사 거울이나 축과 브루스터각(Brewster's angle)을 갖는 창으로 봉하고 기체속으로 방전을 시키면 전기방전에 의해 빠른 속도로 움직이는 전자가 기체와 충돌하면서 기체의 에너지를 높은 에너지 준위로 높인다. 기체 레이저는 이득 매질로 사용하는 기체의 상태와 종류에 따라 중성 기체 레이저(헬륨-네온 레이저), 분자 기체 레이저(이산화탄소 레이저), 이온화된 기체 레이저(아르곤 이온 레이저), 엑시머 기체 레이저(크립톤 플루오라이드 레이저), 금속 증기 레이저(구리 증기 레이저) 등으로 분류된다.

(1) **헬륨-네온 레이저**(He-Ne laser)

1961년 최초로 1.15[㎛]에서 동작하는 He-Ne 레이저인 중성기체 레이저(neutral gas laser)가 만들어 졌다. 이것은 1962년 잘 알려진 633[nm] 발진에 이어졌으며 가장 일반적인 레이저가 되었다.

He-Ne 레이저는 기체 레이저로 가장 많이 사용된다. 원자는 가시광 영역에서 수많은 스펙트럼을 방출한다. 수소원자도 365~656[nm]까지 다양한 스펙트럼을 방출하지만 아직까지 수소원자는 레이저 매질로써 품질이 좋은 매질은 되지 못한다. 왜냐하면 수소는 상온에서 안정된 수소분자를 이루므로 기체방전시 먼저 수소분자를 원자로 분리시켜야 하고 동시에 여기 하여야 하기 때문이다. He-Ne 레이저는 전형적인 중성원자 기체 레이저이며, 역사상 최초의 기체 레이저, 연속발진 레이저로서 적외선 영역의 1.15[㎛] 파장을 방출했다. 현재는 가시영역의 632.8[nm]를 많이 사용하고 가장 널리 분포된 레이저이다. He-Ne 레이저의 중요한 에너지 준위를 그림 8-8에 나타내었다.

레이저 전이(transition)는 네온원자에서 일어난다. 많은 전이들 중 가장 강하게 나타나는 선들은 다름과 같은 전위로 주어진다.

- 가시광 영역 : 632.8[nm], 543.3[nm], 594.1[nm], 611.8[nm]
  상위 레이저 준위 : Ne 3S 준위 및 하위 레이저 준위 : Ne 2P

- 적외선 영역 : 1.15[μm], 1.52[μm]
  상위 레이저 준위 : Ne 2S 준위 및 하위 레이저 준위 : Ne 2P

He－Ne 레이저는 신뢰성이 높고 가격이 저렴하여 널리 사용되고 있다. 단색성과 높은 코히런스(coherence)가 요구되는 홀로그램 제작을 비롯하여 학교의 실험실습용으로 주로 사용된다. 산업용으로는 정밀계측, 속도측정, 구조물의 응력분석 등에 사용되며, 특히 옥소(Iodine) 첨가에 의한 안정화 레이저는 표준원기에 버금가는 정밀도를 유지할 수 있으므로 측정 표준기로도 사용된다.

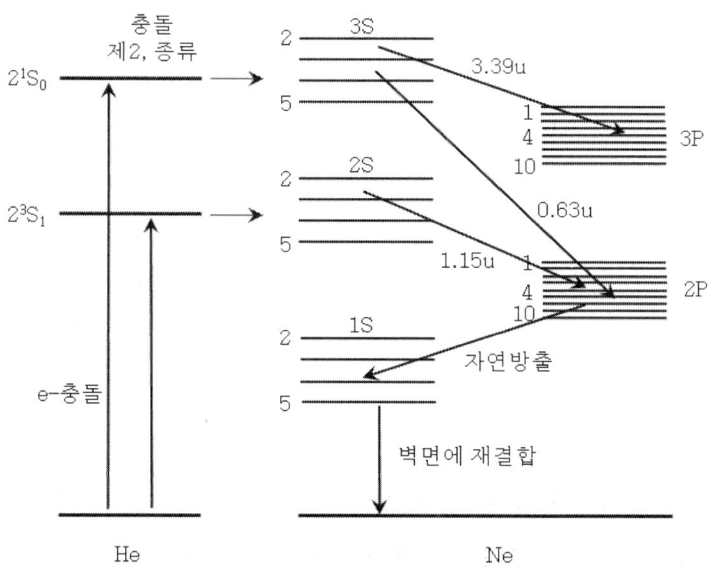

그림 8-8 헬륨-네온 레이저의 에너지 준위

(2) 이산화탄소 레이저(CO_2 laser)

가장 중요한 분자 기체 레이저(molecular gas laser)는 이산화탄소(carbon dioxide) 기체를 레이저 매질로 사용한다. 다양한 시스템의 개발로 여기방법을 최적화시키고 기체 냉각을 효율적으로 하여 효율이나 광(beam)의 질이 상당히 개선되었으나 아직까지 모든 요구조건이 충족 되는 것은 없다. 이산화탄소 기체가 레이저 발진도 잘 되고 효율도 높지만 이 기체만으로 방전을 하면 만족스럽지 못하다.

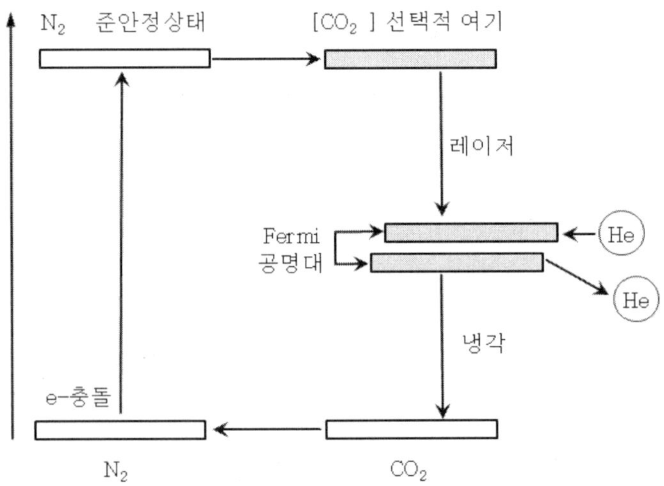

그림 8-9 이산화탄소 레이저의 에너지 준위와 원리

효과적인 이산화탄소 레이저 활동은 이산화탄소, 질소 그리고 헬륨의 혼합기체를 펌핑함으로써 이루어진다. 그래서 9.6[㎛]와 10.6[㎛] 주위에 수많은 레이저선이 기본적인 진동과 분자들 사이의 진동 및 회전준위에서 발생된다. 기본준위에서 수백선 이상이 나타난다.

질소는 방전에 의해 전자들과 충돌하여 주 안정상태의 상위 레이저 준위인 진동 준위에 올라가고 그 결과 방전의 많은 에너지가 직접적으로 레이저 에너지로 변환되는 효율적인 레이저이다. 그러나 하위 레이저 준위에서 조금 높은 위치에 있는 페르미 공명대(Fermi resonance) 때문에 이곳의 에너지를 헬륨기체가 냉각시켜 되는 3준위 레이저로 작동된다.(그림 8-9)

산업응용 분야에서 중요한 레이저로 고출력, 고효율을 이용하여 각종 재료의 절단, 용접, 열처리 등 가공분야에 사용된다. 이외에도 의료분야 및 핵융합 분야에서도 주목을 받고 있다.

(3) 아르곤이온 레이저(argon-ion laser)

아르곤이온 레이저는 1964년에 처음으로 실현 되었다. 아르곤이온 레이저는 높은 전류밀도와 저효율 때문에 방전관이 기술적으로 복잡하게 이루어진다. 따라서 레이저 값이 상대적으로 비싸다. 이온기체 레이저(ionized gas laser)의 전형적인 이 레이저와 중성 기체 레이저와의 차이점은 매질로 원자대신 이온을 사용한다는 점이다. 레이저 전이(transition)는 한번 이온화된 아르곤 원자의 높은 여기상태 사이에서 일어난다. 첫 번째 전자충돌은 중성원자에서 이온을 형성하고, 두 번째 전자충돌은 이 이온을 더 높이 여기 시킨다. 이런 과정이 효과적으로 일어나기 위해서는 중성원자 레이저보다도 상당히 높은 방전전류 밀도가 요구된다. 또한 냉각 시스템 및 방전관의 제작에 기술적이 많은 어려움을 야기 시킨다. 아르곤의 상위 레이저 준위의 중요한 여기과정을 그림 8-10에 나타내었다. 두 번째의 전자충돌에 의해 아르곤이온은 상위 레이저 준위로 여기 된다. 상위 레이저 준위(4P)는 다음 3가지 다른 방법으로 채워질 수 있다.

- 기저상태에 있는 아르곤 원자를 전자충격으로
- 준안정상태의 이온을 전자충격으로
- 상위 준위에서의 빔 방출

아르곤이온 레이저의 용도로서는 라만 분광학, 반도체용 마스크 가공, 의학용 응결장치(coagulator), 피부 치료 및 홀로그래피 등에 널리 사용된다. 또한, 색소 레이저를 비롯한 다른 레이저의 광 펌핑용 및 최근 보급되고 있는 레이저 쇼에도 크립톤(Kr) 레이저와 함께 사용된다.

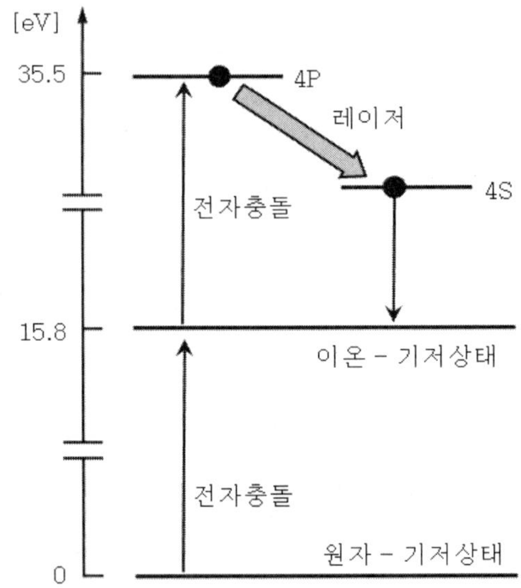

그림 8-10 아르곤이온 레이저의 두 단계 여기

(4) 엑시머 레이저(excimer laser)

엑시머 레이저는 자외선 영역의 고출력 레이저로서 고효율을 낸다. 엑시머란 두 원자의 결합에 의해 만들어진 이원자 분자를 의미하는 단어 2분자체(dimer)로부터 나왔다. 만일 분자가 들뜬(excited) 상태에 있다면 들띄워진 이분자체 또는 엑시머로 본다.

엑시머 레이저의 대표적인 경우는 희기체가 할로겐 원자(F, Cl 등)와 결합하여 기체 할로겐 화합물 엑시머를 형성하는 레이저이다. 이중 특별히 ArF(191

[nm]), KrF(249[nm]), XeCl(308[nm]), XeF(351[nm])를 들 수 있다. 이것들은 자연에는 존재하지 않고 적절한 기체 혼합물을 통과하는 전기방전을 통해 만들어지는 것으로 모두 자외선 영역의 빔을 방출한다. 이러한 분자들은 매우 유사하여 동일한 기구에서 레이징(lasing)을 위해 사용될 수 있다.

엑시머 분자는 매우 특이하다. 전기적으로 들뜨게 되면 두 성분의 원자는 서로 안정한 분자를 이루기 위해 서로 끌어당긴다. 그러나, 바닥상태에서 두 원자는 서로 척력을 미친다. 엑시머가 여기상태에서 바닥상태로 떨어질 때 두 원자사이의 힘은 인력에서 척력으로 바뀌며 분자는 깨어진다. 이러한 특이한 에너지준위 구조는 엑시머를 매우 좋은 레이저 물질로 만든다. 바닥상태는 본질적으로 존재하지 않기 때문에 들뜬 상태에 있는 분자들이 존재하는 한 밀도반전이 유지된다. 그러므로 엑시머가 존재한다면 레이징을 위한 좋은 조건이 된다.

들뜬 상태에서 희기체(희gas) 할로겐 화합물이 쉽게 형성되는 이유는 들뜬 희기체는 화학적으로 할로겐 원자와 쉽게 반응하는 알칼리 원자와 비슷한 성질을 갖기 때문이다. 엑시머 레이저는 동위원소 분리와 같은 고도의 기술을 요구하는 광화학 (photochemical) 과정에서 응용될 수 있고 강하고 효율이 높은 자외선 광원을 필요로 하는 경우에 매우 유용하다.

(5) 금속증기 레이저(metal vapor laser)

상업용 금속증기 레이저는 구리(511[nm], 578[nm]), 금(628[nm]) 등이다. 실험실용은 납(723[nm]), 망간(534[nm]), 바륨(1,500[nm]) 등이다. 짧은 펄스를 갖는 크기가 작은데도 이를 파장이 가능한 것은 새로이 많은 응용 가능성이 있음을 보여주고 있는 것이다. 예를들면 의료용 광열치료, 고속 사진 등이다. 짧은 파장과 고출력은 초점을 작게 만들어 높은 복사열을 운반할 수 있다.

상업용 구리증기 레이저는 수[W]~100[W]까지 평균 출력을 낼 수 있으며 511[nm]와 578[nm]의 2개의 파장이 동시에 나온다. 출력의 2/3는 더 짧은 파장이다. 출력은 10~40[ns]의 펄스폭, 20[㎑]의 주파수로서 크기는 작게는 수 [㎾]가 요구되는 출력에 대하여 약 16[㎾]이다. 상업용 금 증기 레이저는 평균 출력 수[W]이며 다른 특성은 구리증기 레이저와 같다.

8.2.3 액체 레이저(색소 레이저)

액체 레이저는 거의 색소 레이저(dye laser)를 말한다. 색소 레이저는 가시광 범위에서 가장 폭넓게 파장 가변 할 수 있는 레이저이다.

이 레이저의 능동매질(active medium)은 액체용제(solvent)에 용해된 형광성(fluorescent) 유기색소이며, 색소는 다중 링 구조를 포함하는 큰 분자들로 이루어져 있고 중요한 색소들은 모두 화학적으로 유사한 구조를 갖는다. 또한 용제 역시 중요한 요소인데 메탄올과 디메틸(dimethyl) 황화물 같은 유기 용제가 쓰인다.

고체 레이저와 마찬가지로 섬광등이나 외부 레이저에 의한 광펌핑이 유일한 여기(excitation) 기술이다. 복잡한 분자들은 강한 빛에 의해 분해되는 경향을 보인다. 레이저 펌핑의 낮은 효율에도 불구하고 높은 질의 출력을 낼 수 있기 때문에 비교적 많이 사용된다. 이 레이저의 가장 큰 강점은 튜닝 가능한 출력 파장과 극초단 펄스나 매우 좁은 선폭을 만들 수 있다는 것이다. 최초의 액체 레이저는 1963년에 만들어졌고 초기엔 613.1[㎚]의 파장을 내놓았다. 1966년 유도 라만방출(raman shifting)을 연구하는 과정에서 염화알루미늄 프톨로시아닌 용해액에서 755.5[㎚]의 파장을 갖는 레이저빔이 발견되었다. 이후로 쿠마린(coumarin)이나 로다민(rhodamine), 플루오레세인(fluorescein)같은 형광성 색소 용해액이 적외선에서 자외선까지의 파장을 내는 레이저를 만들기 위해 사용되었다. 에탈론(etalon)이나 회절격자를 이용함으로써 발진 파장을 변화시킬 수 있다. 색소들 중 가장 유용한 것은 로다민6G(Rh6G, rhodamine 6G)로 가장 형광성이 좋다. 전형적인 색소분자는 원자수가 50개 이상으로 구성된다. 로다민6G는 분자 질량이 479이다. 이것들은 보통 펄스모드에서 동작하며 가시광선 영역의 어떤 파장에도 맞는 레이저가 만들어질 수 있을 정도로 수많은 유기염료가 존재한다.

8.2.4 반도체 레이저

접합 레이저(junction laser) 또는 다이오드 레이저(diode laser)라고 불린다. 첫 번째 반도체 레이저는 펄스동작으로 낮은 온도에서 작동되었다. 반도체 레이저의 특징은 전류를 직접 레이저 광(beam)으로 변환할 수 있으며 높은 변조 주파수를 가지는 점이다. 또한 크기가 아주 작고 미분 레이저 효율(임계펌핑을 지나 펌핑출력 대 레이저출력을 의미)이 다른 레이저와는 달리 매우 높으며 50[%]에 도달한다. 이 의미는 임계펌핑을 넘어서 펌핑출력의 50[%]가 가간섭(결맞음) 레이저 광으로 변환된다는 점이다.

(1) 반도체 레이저의 동작원리

반도체 레이저는 P-N 접합면에 주입되는 전자와 정공에 의해서 빛을 유도방출 시키는 광원의 일종이다. 그림 8-11은 반도체 레이저의 구성을 보여주고 있다. P와 N 반도체 사이의 아주 좁은 영역은 밀도반전을 형성하는 곳이다. 레이저방출은 P-N전이의 아주 작은 영역에 한정된다. 레이저 광이 나오는 쪽은 연마가 되어 있고 양쪽면은 연마가 되어 있지 않아 원치 않는 방향으로 증폭을 감소하는데 도움을 준다. 연마된 쪽도 반도체의 굴절률이 높기 때문에 거울 없이도 된다. 레이저 광이 아주 좁은 영역에서 방출되므로 방출빔은 굴절 때문에 발산이 아주 크다. 반도체 레이저의 세기는 전류의 세기에 의존하며 그림 8-12처럼 레이저의 세기는 문턱전류를 넘어서면 전류 증가에 따라 급속히 증가한다.

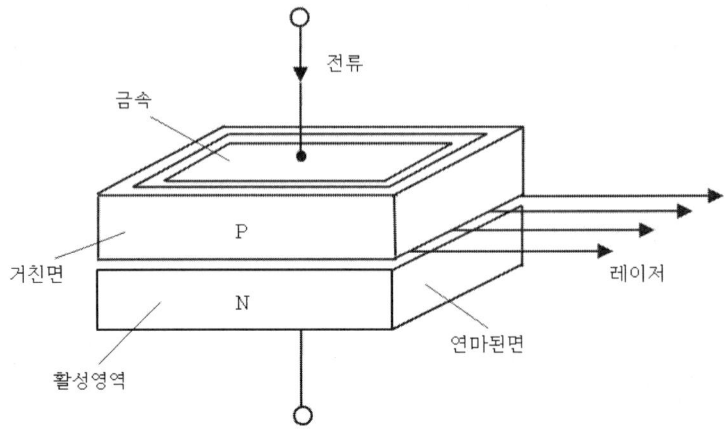

그림 8-11 반도체 레이저의 구성

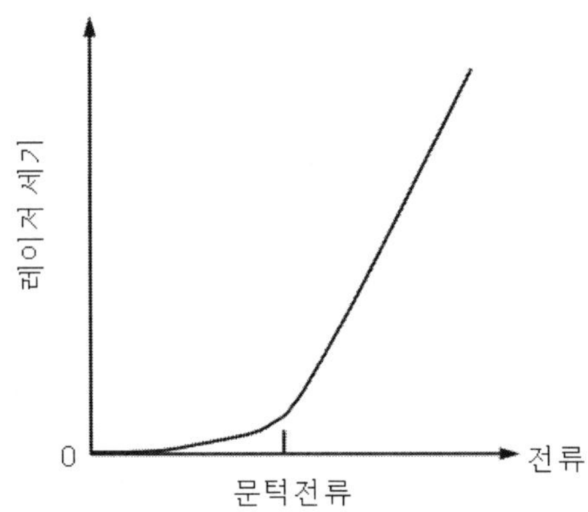

그림 8-12 반도체 레이저의 전류와 레이저 세기의 관계

(2) 반도체 레이저 제조 방법

액상증착법(LPE, liquid phase epitaxy), 기상증착법(VPE, vapor phase epitaxy), 유기금속화학 기상증착법(MOCVD, metal organic chemical vapor deposition) 및 분자선 증착법(MBE, molecular beam epitaxy)의 방법이 있으

며 각 제조방법별로 비교해 보면 표 8-1과 같다.

표 8-1 반도체 광원 제조 방법 비교

방법	장점	단점
LPE	■ 장치간단, 시설비 적음 ■ 성장이 쉬움 ■ crystal이 좋음	■ 양산에 부적합 ■ 두께 조정이 어려움 (d = 0.1[㎛])
VPE MOCVD	■ 양산성 ■ 두께조정 용이 ■ 성장속도 0.05~1[㎛/min] ■ layer uniformity 좋음 ■ multi-layer 성장가능	■ 유독가스 사용 ■ 배기가스 처리 문제
MBE	■ 두께조정 용이 ■ 성장속도 0.1~1[㎛/min] ■ 낮은 성장온도 ■ 성분제어 용이 ■ 선택적 성장과 patterning 가능	■ 설비 가격이 높음 ■ 인(P) 가스압 control 어려움 ■ 고진공 vacuum 설비

(3) 적용분야

반도체 레이저의 특징은 단색성, 집광성, 지향성, 가간섭성에 더하여 소형 경량으로서 저소비전력, 장수명, 또 직접변조가 가능하다는 이유로 그 응용분야는 넓어지고 수요가 확대되고 있다. 표 8-2는 반도체 레이저의 적용분야를 나타내고 있다.

표 8-2 반도체 레이저의 적용분야

구분	적용분야
토목기술	거리측정, 조준, 기기제어, 지반 지각 변동 감시
공업, 계측제어	간섭, holography 계측, 비파괴검사, 이동체 계측, POS scanner
R&D	원격계측, 검사, 광섬유 센서, 초고속 분광계측, 광스위치, 연산 교환
광 디스크	컴팩트 디스크, 광비디오 디스크, 광 디스크 메모리
프린터	레이저 프린터
광통신	광통신 전송장치
기타	의료, 군사, 병기

제9장 센서재료

9.1 센서기술

9.1.1 센서의 개요

센서는 라틴어로 “느낀다”, “지각한다” 등의 의미를 갖는 “sens"에서 유래된 것으로 보통 “측정대상의 물리량이나 화학량을 선택적으로 포착하여 유용한 신호로 변환·출력하는 장치”로 정의하고 있다. 센서는 인간의 오감에 대응하는 것으로서 인간의 눈에 대응하는 것이 광센서, 귀에 대응하는 것이 압력센서, 자기센서, 촉각에 대응하는 것이 온도센서, 압력센서, 후각에는 가스센서, 온도센서 등이 대응 된다. 표 9-1은 인간의 오간을 센서와 대응시켜 놓은 것이다.

센서는 모든 정보 및 에너지의 검출장치이며 그 규모는 비교적 작은 파워의 것을 말한다. 센서는 인간의 오감처럼 온도, 습도, 압력, 진동, 회전수, 자기, 빛, 가스, 방사선, 위치 등의 물리량을 측정 및 제어 가능한 전기량으로 변환하는 소자이다. 전기량으로 변환하는 이유는 증폭, 귀환, 연산, 전달, 기억, 지시,

원격조작 등이 용이하고, 제어장치나 정보처리장치에 도입하기가 용이하기 때문이다.

최근에는 센서기술의 발전에 따라 센서는 가전제품, 자동차 전장품, 경보기 등 생활주변에서 쉽게 볼 수 있을 뿐 아니라 각종 전자기기, FA, OA, 로봇, 공해방지·방재기기, 항공기, 우주·해양탐사, 농업·의료기술 등 모든 산업분야에서 센서의 수요가 급증하고 있다.

표 9-1 인간의 감각과 센서와의 비교

감각	센서	물리현상	
시각(눈)	광센서	광기전력효과 광도전효과 광량자 방출효과 photo drag 효과	
청각(귀)	압력센서 자기센서	홀효과 자기저항효과 조셉슨효과	압전효과 피에조 저항효과 표면탄성파
촉각(피부)	온도센서 압력센서	압전효과 광전효과 초전효과	열저항효과 피에조저항효과 표면탄성파
후각(코)	가스센서 온도센서	흡착효과	
미각(혀)	미(맛)센서	-	

9.1.2 센서의 특성평가

센서는 외부로부터의 자극이나 신호를 선택적으로 감지해야 하는 본질적 기능과 이 감지된 원초적 신호를 유용한 전기적 신호로 변환하는 기능을 갖추고 있어야 하며 기본적으로 우수한 감도, 선택도, 안정도, 복귀도 등을 갖추어야 하며 이외에도 높은 기능성 적용성, 규격성, 생산성, 보존성 등 다양한 요건을 구비해야 한다.

모든 요구 성능조건을 만족시키는 이상적인 센서는 존재하지 않으며 일반적으로 센서의 특성평가를 위해서는 다음 사항들이 고려된다.

(1) **감도**(sensitivity)

감지하고자 하는 대상, 즉 센서의 입력이 ΔX 만큼 변화 했을 때 출력이 ΔY 만큼 변화 했다면 감도는 $\frac{\Delta Y}{\Delta X}$로 주어진다. 감도는 측정대상의 양이 변화했을 때 센서의 출력이 얼마나 많이 변화하느냐를 나타내는 것으로 측정 정밀도 및 정확도를 결정짓는 중요한 요소이다.

(2) **동작범위**(dynamic range)

센서가 어느 정도의 입력범위에서 동작을 하느냐, 즉 감도를 나타내느냐 하는 것을 나타낸다.

(3) **직진성**(linearity)

입력과 출력의 관계가 1차함수의 관계가 되면 센서출력으로부터 직관적으로 입력의 크기를 알수 있고 신호처리도 간편하기 때문에 바람직하다.

(4) **히스테리시스**(hysterisys)

히스테리시스는 센서가 이전 상태의 영향을 받고 있는 것을 나타내므로 일종의 기억효과(memory effect)라 할 수 있다. 히스테리시스는 강자성체, 강유전체를 이용하는 센서에서 많이 나타난다.

(5) **선택도**(selectivity)

센서는 측정대상에만 반응을 하는 것이 이상적이다. 그러나 센서는 측정대상

뿐 아니라 다른 요소에 의해서도 출력이 변화하는데 다른 요소보다 측정요소에 대해 얼마나 더 민감하게, 감도 높게 반응하느냐 하는 정도를 선택도라 한다.

(6) 안정성(stability)

시간에 따라 출력이 변화하는 드리프트(drift) 현상이 얼마나 작은가 하는 정도를 나타낸다.

(7) 응답속도(response time)

입력의 변화에 대해 센서의 출력이 얼마나 빨리 변화할 수 있는가 하는 정도를 나타낸다. 보통 센서출력이 최종값의 90[%]에 도달하는 시간으로 나타내는 경우가 많다.

9.2 센서의 종류

센서는 측정 대상물의 한계가 무한정한 만큼 센서에 사용되는 재료와 그 기능이 아주 많지만 응용 면에서 용도별로 분류하면 광센서, 온도센서, 자기센서, 압력센서, 초음파센서, 습도센서 등으로 분류된다.

9.2.1 광센서

광센서는 광에너지를 전기신호로 변환하는 일종의 트랜스듀서(변환기)이다. 광센서는 광전효과를 이용하여 센서로 응용하고 있다.

광전효과는 광에너지와 물질 사이에는 물리적인 상호작용이 있어 물질이 광자(광에너지)를 흡수하고 그 결과 전자를 방출하는 현상이다. 광전효과가 일어나면 반도체의 접합부에 전압이 나타나는 광기전력효과와 광에너지에 의해 캐리어가 발생하고 물질의 도전성 즉 내부 저항값이 변화하는 광도전 효과 및 광전자 방출을 일으키는 광전자방출효과도 있다.

(1) 광기전력효과

광기전력효과는 PN접합에 빛을 조사하였을 때 기전력이 발생하는 현상이다. p형반도체와 n형반도체를 접합하면 각각의 페르미 준위가 일치하면서 그림 9-1과 같이 n형반도체의 자유전자와 p형반도체의 정공이 결합하여 캐리어가 존재하지 않는 공핍층을 만든다. 이 공핍층에 광이 입사하여 전자·정공대가 생성되면 전자는 n형반도체의 전도대에, 정공은 p형반도체의 가전자대로 이동하여 n형반도체는 전자과잉, p형반도체는 정공과잉의 상태가 되면서 기전력이 형성된다.

PN접합 기전력을 응용한 소자로는 포토다이오드이며 그의 발전형으로서 포토트랜지스터, 포토 IC, 포토인터럽터 및 CCD(charge coupled device) 등이 있다. 일반적으로 고속, 고감도이지만 파장대역이 좁기 때문에 고속의 광 현상을 취하는 데에는 매우 유리하다.

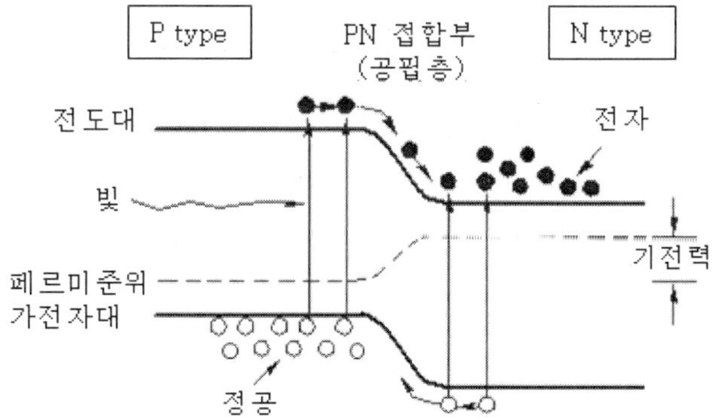

(a) 빛 조사시 PN접합 에너지밴드

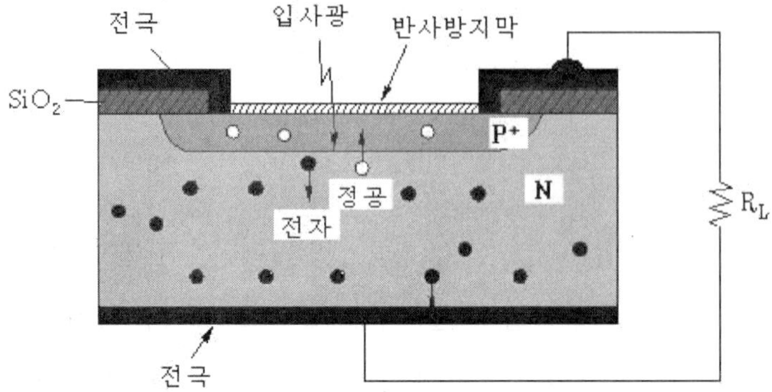

(b) 포토다이오드 구조

그림 9-1 포토다이오드의 구조 및 동작원리

(2) **광도전효과**

광도전효과를 이용한 것으로 대표적인 것으로는 황화카드뮴(CdS)을 응용한 CdS셀이 있다. CdS 광도전셀은 조사광에 의해 내부저항이 변화하는 일종의 가변저항기라고 생각할 수 있다. 따라서 포토다이오드나 포토트랜지스터에 비해 회로적으로는 훨씬 다루기 쉬우며 광센서이면서도 일반 저항처럼 사용할 수 있다. 단, 그다지 응답특성이 좋지 않기 때문에 응용으로는 느슨한 조도변화(사진의 조도계, 가로등 자동점멸장치 등)에 한정된다.

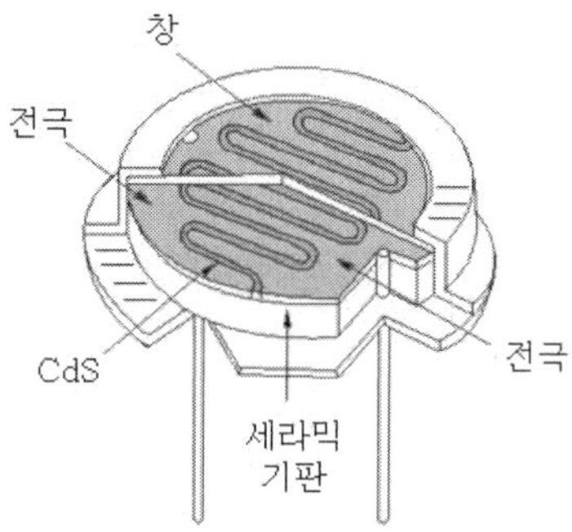

그림 9-2 CdS의 기본구조

(3) 광전자방출효과

진공속에 놓여있는 금속이나 반도체에 빛을 조사할 때 그 표면으로부터 진공속으로 전자가 방출되는 현상으로 이때 방출되는 전자를 광전자(photo electron)이라 한다. 광전자방출을 이용한 것으로는 광전관(phototube)이나 광전자증배관(photomultiplier)이 있다. 광전관은 다른 센서에 비해 전류는 작지만 감도가 안정되고 빛의 세기에 대해서 직진성이 좋으므로 정밀한 측광에 사용된다. 감광면이 크게 되면 자외선 영역에 높은 감도를 가지며 응답성이 좋은 특징을 갖는다. 광전자 증배관은 현존하는 광 검출기 중에서 최고의 감도를 가지며 광전면으로부터 전류출력을 외부 증폭회로 없이 증폭하면 잡음을 감소시킬 수 있으며 고이득, 고속응답이 가능하다. 높은 감도, 빠른 응답속도를 가지기 때문에 극미약광의 검출기로써 의학, 이과학 및 정밀 계측분야에 널리 사용된다.

그림 9-3은 광전자의 방출효과 이용한 광전관의 구조 및 동작회로를 나타내고 있으며 음극에는 빛에 대해 높은 감도를 갖는 Cs등으로 만들어진 광전면이 있고, 여기에 빛이 입사하면 광전자가 방출된다. 양극에는 정전압을 인가하여

방출되는 광전자를 수집하고 입사광의 세기에 비례하는 양극 전류가 흐르게 되는 원리이다.

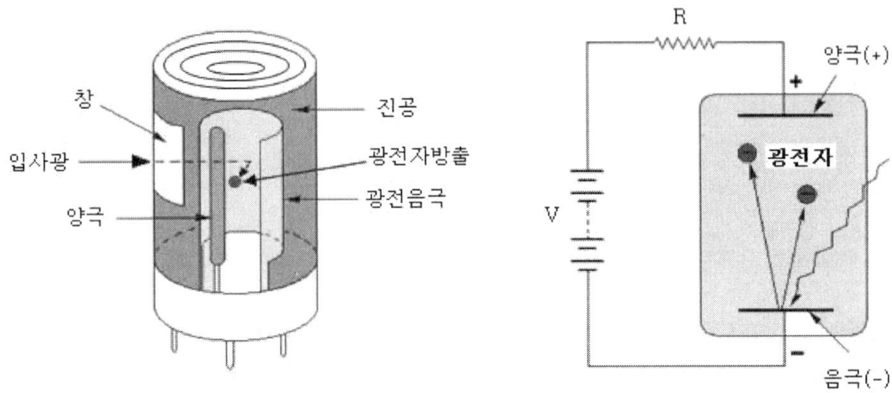

(a) 구조 (b) 동작회로

그림 9-3 광전관의 구조 및 동작회로

(4) 초전효과(적외선센서)

어떤 물질에 온도변화를 주면 그 물질의 표면에 온도의 변화에 따라 전하가 발생한다. 이 현상을 초전효과 또는 파이로효과(Pyro effect)라고 한다. 초전형 적외선센서는 초전물질의 초전특성을 이용한 것으로 이것은 모든 물체에서 방출되는 적외선 에너지를 검출하는 센서이다. 여기서 초전특성이란 PZT(지르콘산티탄산납)등의 결정구조의 온도변화에 대응하여 표면전하가 변화하는 특성인 것이다.

초전형센서의 재료로는 PZT, 티탄산바륨($BaTiO_3$) 등의 강유전체 세라믹, 또는 탄탈산리튬($LiTaO_3$)등의 단결정, PVDF(poly vinylidene fluoride) 등의 유기재료가 초전효과를 보이는 물질이다.

초전효과는 일반적으로 저속, 저감도이며 대단히 넓은 범위의 파장대역을 가지고 있다. 따라서 센서 엘리먼트는 그대로 두고 수광창의 광학필터를 교체하는 것만으로 매우 광범위한 광에너지를 검출할 수 있다.

초전형 적외선센서로의 응용시 감도는 온도에 따른 변화가 매우 작기 때문에 실용상 사용범위에서 온도변화는 무시되며, 분광감도특성은 열혈 검출 소자이므로 파장 의존성은 없지만 사용하는 창의 재료의 투과 특성에 따라 파장 영역이 결정된다.

9.2.2 온도센서

온도센서는 크게 열전쌍, 백금 측온 저항체, 반도체 온도센서 등으로 나누어지며, 사용방법에 따라서는 접촉형과 비접촉형으로 구분한다. 접촉형은 온도를 측정해야 할 고체, 액체, 기체 등에 센서를 접촉시킨 것으로서 피측온체의 열에너지가 센서로 이동하므로 피측온 물질의 온도변화를 초래한다. 특히 접촉물체가 작아 열에너지가 적은 경우에는 이 영향이 현저하여 정확한 측정을 할 수 없다.

비접촉형은 측정대상에서 떨어진 점에 센서를 설치하여 그것에서 방사되는 적외선(열선)을 검출하는 것이다. 이 방식은 멀리 떨어져 있는 물체의 계측도 렌즈 등의 광학계를 통하여 할 수 있다.

표 9-2는 온도센서 재료의 종류별 물리현상과 이용재료를 나타낸 것이다.

표 9-2 온도센서 재료의 종류

<table>
<tr><th>소자</th><th>물리현상</th><th>소자</th><th>재료</th></tr>
<tr><td rowspan="5">반도체</td><td rowspan="2">벌크의 저항변화</td><td>서미스터
(thermistor)</td><td>금속산화물, Si, Ge 유기반도체</td></tr>
<tr><td>보로미터
(bolometer)</td><td>상동, InSb, Hg-Cd-Te,
Sn-Pb-Te</td></tr>
<tr><td>PIN 다이오드, TR
SCR의 특성변화</td><td>PIN다이오드, SCR,
트랜지스터(TR)</td><td>Si, Ge, GaAs</td></tr>
<tr><td>P, N사이의 기전력</td><td rowspan="2">열전력</td><td rowspan="2">Bi_2Te_3, Bi_2Se_3, PbTe, InSb,
Hg-Cd-Te, Sn-Pb-Te</td></tr>
<tr><td>반도체의 금속
사이의 기전력</td></tr>
<tr><td rowspan="3">유전체</td><td>유전율의 변화</td><td rowspan="2">강유전체</td><td>PZT, PLZT, $BaTiO_3$</td></tr>
<tr><td>전압, 역전압 효과</td><td>TGS, PZT, $PbTiO_3$, $LiTiO_3$</td></tr>
<tr><td>집진효과</td><td>일렉트릭/강유전체</td><td>PVF_2</td></tr>
<tr><td>자성체</td><td>투자율 변화</td><td>강자성체</td><td>페라이트(Mn-Cu, Ni-Zn)
합금(Fe-Ni-Cr-Si, Ni-Cu)</td></tr>
</table>

9.2.3 자기센서

자기에너지는 빛이나 소리와 달리 사람의 감각으로 감지할 수는 없지만 여러 가지 물리현상을 이용함으로써 간접적으로 알 수 있다. 이것을 가능하게 해주는 것이 자기센서이다. 표 9-3에는 다양한 자기현상과 여기에 관련된 센서의 종류를 보이고 있으며 홀소자, 홀 IC, 자기저항효과 소자, 자기 트랜지스터, 서치코일, 리드스위치, SQUID, 광파이버 등을 이용한 자기센서가 많이 실용화 되고 있다.

표 9-3 자기센서의 종류

자기현상(작용)	종류
전자기유도장치	자기헤드, 커런트 트랜스, 태코 제너레이터, 서치코일, 마그네 스케일, 자기포화소자, 차동트랜스, 인덕토신, 리졸버, 맴돌이 전류센서
전류자기효과 (자전변환작용)	자기트랜지스터, 홀소자(홀 IC), 마그넷 다이오드, 자기저항소자(반도체 MR, 강자성체 MR), IC화 MR, 복합화 MR, 자기 인코더
자기작용 (자기흡인 반발작용)	리드 스위치(리드 릴레이), 자침(컴퍼스), 자석, 자성유체, 자성분체
초전도효과	SQUID(초전도 양자간섭장치·조셉슨 효과)
핵자기공명	광펌핑형, 프론트형(MRI, CT)
자기·광작용	자이레이터(자기버블 도메인), (광파이버를 사용한 광패러데이 효과)
자기·열작용	서모페라이트, 서모스탯, 온도릴레이
자왜현상 (탄성파이용)	자외선 센서(일반 자기센서에 비하여 장척)

9.2.4 압력센서

압력센서는 기체, 액체, 고체 등의 물질 간에 작용하는 역학적 에너지를 검출하기 위한 센서이며 대기압보다 낮은 압력을 측정하는 진공계 등도 있다. 압력센서는 압력 외에 물체의 중량, 힘, 회전력을 나타내는 토크 등의 역학량 모두를 검출할 수 있다.

압력센서의 종류를 정리하면 스트레인게이지(로드셀), 압전소자, 가압도전시트(고무), 감압폴리머(중합체), PD(감압다이오드), 다이어프램(박막형 압력센서, 확산형 반도체 압력센서), 부르동관, 벨로즈, 차동트랜스(토크 트랜스듀서), 토션바(광학위상차방식, 자기위상차방식), 수정식 압력센서가 있다.

압력센서의 주된 용도로는 중량계(체중계), 혈압계, 기압계, 가스압계 저울,

감압스위치, 감압센서, 유체압센서, 진공계, 공기압기기, 유압기기, 프레스기기, 청소기, 터치스위치 등에 응용되고 있다.

9.2.5 초음파센서

초음파센서는 비교적 높은 영역의 음향에너지를 검출하기 위한 센서의 총칭으로 20[㎑]~1[㎒] 정도의 주파수 대역을 검출 대상으로 한다. 일반적으로 초음파센서에는 강유전체를 이용한 압전재료가 사용되고 있다. 구체적으로는 압전세라믹스의 압전효과(piezoelectric effect)를 응용한 것으로서 소자재질에 따라 수십[㎑]~수[㎓]까지도 검출이 가능하다.

압전세라믹스의 대표적인 재료로는 티탄산바륨계, 티탄산납계, 지르콘산티탄산납(PZT)계 등이 있으며 최근에는 PZT에 다른 성분을 가한 3성분계가 주류를 이루고 있다.

응용분야를 보면 초음파는 빛이나 전파와 같은 파동에너지 이지만 전파속도가 늦고 반사하기 쉬운 특징 때문에 각종 거리계, 소너(sonar), 진단장치 등에 이용되고 있다. 또한, 큰 음향에너지를 전송할 수 있어 각종 가공기, 용착기, 세정기 등에도 사용되고 있다. 그 외에도 해충 구제, 살균, 동물의 포획에도 이용되고 있다.

9.2.6 습도센서

습도센서는 쾌적한 분위기 조성, 반도체·정밀기기의 생산, 식품가공 산업등 광범위한 분야에서 응용되고 있는 화학센서 중의 하나이다.

습도를 검출하는 일반적인 방법으로는 건습구식, 모발식, 수정 진동자식, 고분자계 센서, 금속산화물계 센서 등이 있다. 이 중 모발식 및 건습구식은 비교적 대형으로 센서로서의 스마트성이 떨어지며, 고분자계, 금속산화물계는 전자회로와의 상응성도 좋고 소형이기 때문에 센서로서의 조건을 만족하고 있다. 표 9-4와 같이 전기적인 양의 변화를 이용하는 센서가 주로 개발되고 있다.

표 9-4 습도센서의 종류

방식	현상	재료
전기 저항식	프로톤 전도형 벌크 저항체	세라믹스, 무기박막, 고분자막, LiCl
전기 용량식	물에 의한 겉보기의 유전율 증가	세라믹스, 무기박막, 고분자막
기전방식	농담 전지	$SrCeO_4$계 세라믹스
서미스터	열방산의 온도 의존성	산화물 반도체 세라믹스
이슬점식	염의 포화 증기압	LiCl

9.2.7 기타 센서

(1) 가스센서

가스센서는 기체 중에 혼재되어 있는 특정의 기체를 검지해서 그것을 적당한 전기신호로 변환하는 디바이스의 총칭이다. 실용화 되고 있거나 연구대상이 되고 있는 재료를 분류하면 다음과 같다.

- 세라믹스(반도체 가스센서, 고체 전해질 센서, 접촉 연소식 센서)
- 단결정(반도체 화학센서)
- 유기화합물(유기반도체 가스센서, 고분자 전해질 가스센서)
- 액체(전기화학식 가스센서)

(2) 바이오센서

바이오센서란 생체가 가지고 있는 분자인식 기능을 이용하여 화학물질을 측정하는 소자나 장치를 말하며 분자인식 소자에는 효소, 항체, 미생물, 세포 등이 있다. 생물학적 변화를 전기신호로 변환하는 트랜스듀스로는 주로 전극이 사용되는데 이것을 전극형 바이오센서라 부르며 환경오염의 검사나 의료관계에 사용되고 있다. 또한 산화환원 요소의 반응에 의해 생긴 과산화수소(H_2O_2)와 루미놀, 과산화효소의 반응에 의해 일어나는 발광작용을 포토다이오드로 감지하는 바이오센스도 있다. 이 외에도 pH 측정용 트랜지스터도 연구되고 있다.

(3) 냄새센서

냄새센서는 광센서나 자기센서에 비해 실용화가 늦었지만 근래에는 냄새도 판별이 가능하게 되었다. 사용되고 있는 센서로서는 산화주석(SnO_2)계 후막 반도체센서(암모니아 판별), 냄새 산화주석계 열선형 소결 반도체센서(냄새전반 판별) 등이 있다. 요즘은 휴대용 냄새센서까지 개발되어 있으며 탈취장치의 효과 확인과 유지보수, 공장 등의 환경관리, 하천·공장배수의 수질관리 등에 사용되고 있다.

9.3 센서용 재료

센서의 검출 능력(물리량, 화학량, 생화학량)은 재료가 갖고 있는 특성에 크게 의존하며, 기본 센서재료로서 많이 사용되고 있는 재료는 표 9-5에 나타낸 바와 같이 크게 무기재료, 유기재료 및 복합재료로 분류된다.

표 9-5 센서재료의 종류

재료		검출정보	센서소재
무기재료	금속	변위, 각도	포텐쇼미터, 차동트랜스
		접촉	레벨스위치, 리밋스위치
		변형, 압력	금속함 변형 게이지관
		자기	코일(와전류센서)
		온도	열전대, 바이메탈
	반도체	광	포토다이오드, 이미지센서
		변형, 압력	확산형 반도체 스트레인 게이지
		자기	홀소자, 자기저항소자
		온도	서미스터, PN접합센서
	아몰퍼스 (금속) (반도체)	광	아몰퍼스 실리콘
		변형, 압력	아몰퍼스 금속리본
		자기	아몰퍼스 자성체
	세라믹스 (금속산화물) (반도체)	압력	압전 세라믹스
		자기	소프트 페라이트
		습도	다공질 세라믹스
유기재료	고분자	광	폴리불화비닐리덴, 폴리비닐카아바졸
		압력	폴리불화비닐리덴, 플라스틱 광섬유
		온도	폴리염화비닐리덴, 플라스틱 서미스터
		습도, 가스	폴리비닐 알콜, 나일론 4
복합재료		압력	압전성 복합재료, 도전성고분자 복합재료
		온도	바이메탈

9.3.1 금속재료

물리량을 검출할 수 있는 형으로 변환하는 부분에 금속재료가 사용된다. 변환 부분은 스프링, 바이메탈, 변형이 생기는 강판, 자석, 코일, 회전원판 등이 있다. 이것들의 기계적 동작은 접점의 접촉과 분리, 저항값의 변화, 전자적 결합 등 전기신호에의 변환기구에 전달된다. 빛의 단속이나 강약의 정도로 변환되는 것도 있다.

표 9-6에 금속재료를 이용한 각종 센서의 예를 나타내고 있다.

표 9-6 센서용 금속재료

분류		금속재료	응용
전기 저항 재료	측온저항체	Pt, Cu, Ni. W (가는선, 박, 박선)	온도센서, 유속센서
	왜형저항체	Ni, 망가닌, 콘스탄탄, Pt-Ir 합금, 어드밴스 ,니크롬 V	외형게이지, 로드셀
	강자성 자기저항체	퍼멀로이, Ni-Co 합금(박막)	자계센서, 자기버블 검출기
도전 재료	도전재	Cu, Al, Ag, Au, Pt, Ni, Ti, Ta, W (선, 판, 박만, 인쇄, 도체 등)	계기·자심 등의 코일, 리드선, 압전체·반도체·유전체의 전극
	접점재	Ag, Ag 합금, Cu-Pb 합금, Rh, Ru	리드 릴레이, 마이크로스위치, 바이메탈, 온도스위치
	초전도재	Pb, Nb	SQUID, 고감도 자속계, 심자계, 적외선, 마이크로파 검출
전기화학/물리화학 전극		Pt, Ag, Pd, Hg, 스테인레스강	pH계, 효소센서, ZrO_2산소센서
열전대 재료	열전대	Pt-13Rh/Pt, Pt-10Rh/Pt, 크로멜-알루멜, Cu-콘스탄탄, 크로멜-콘스탄탄, Fe-콘스탄탄, Pt-30Rh/Pt-6Rh, Ir/Ir-40Rh, W-5Re/W-26Re, 크로멜/Au-Fe0.07	열전대 온도센서, 열전형 보호 릴레이, 전력계, 전열식 진공계
	보상도선	Cu-2Ni, Cu, Cu30N	
자성 재료	경질자성체	78.5 퍼멀로이(PA) 45 퍼멀로이(PB) Mo 퍼멀로이(PC), 터프폼	릴레이, 자기실드 자기헤드, 고감도 릴레이
	반경질자성체	49Co-2~5V-bal Fe	래칭릴레이, 리드스위치
	웨갠트와이어	10V-52Co-32Fe, 50Ni-50Fe	자기회전센서
	영구자석 (경질자성체)	알니코계, 히토류-코발트계(Sm-Co)	마이크로폰, 진공센서, 가동코일 계기, 픽업

9.3.2 반도체재료

반도체의 특성은 온도나 자기, 빛에 큰 영향을 받기 쉬운 성질을 가지고 있으며, 이 성질을 반대로 이용하면 센서가 얻어지는 것으로 이것이 반도체 센서이다. 반도체에 빛을 조사하면 내부에 흡수되어 빛의 에너지에 따라서 캐리어의 움직임에 영향을 준다. 이것이 반도체 광센서이다. 반도체의 캐리어 농도는 온도가 높아지면 증가하기 때문에 저항이 감소한다. 또 양단에 온도차가 생기면 캐리어 농도의 차이로써 캐리어의 이동과 축적이 발생하여 전압이 나타나게 된다. 이 현상은 2종류의 이종금속 간의 열기전력효과(제벡효과)에 대비되어 온도센서의 원리가 된다. 자계에 대한 홀효과가 있다. 이것은 전계에 의한 캐리어의 흐름에 수직으로 자계를 가하면 캐리어의 힘이 작용하여 흐름에 수직인 방향으로 전압이 발생한다. 이것이 자기센서이다. 실리콘 등의 결정에 외력이 작용하면 결정격자에 변형이 생겨 캐리어의 수와 이동에 의해서 스트레인 게이지 또는 압력센서가 만들어진다. 이것은 피에조 저항효과라 불린다.

반도체 센서는 IC(집적회로)를 제조하는 기술을 이용하여 구성할 수 있으므로 소형화, 고감도화, 인텔리젠트화에 매우 유리하며, 스마트 센서에 응용된다. 표 9-7에 센서에 사용되는 대표적인 반도체재료를 나타내고 있다.

표 9-7 센서용 반도체 재료

분류				반도체재료
광센서	광도전 효과형 재료	촬상관용 광도전셀	자외광용	Se계, As_2Se_3계(X선 등, PbO)
			가시광용	Sb_2S_3, PbO, CdSe, As-Te계, ZnS, CdTe계, Cds, CdSe, ZnO, Se(X선, γ선 등, CdS)
			적외광용	PbO, PbO-Sb_2S_3, PbO-Pbs, Pbs, InSb, CdHgTe, Ge
	광기전력 효과형 재료	포토아이오드 CCD포토 트랜지스터	자외광용	Si, Ge
			가시광용	Ge, SiInP, GaAs, InSb, InAs
			적외광용	Au-ZnS, Ag-ZnS, Si

분류		반도체재료
자기 센서	홀효과형 소자재료	InSb, InAs, Si, Ge, GaAs
	자기저항형 소자재료	InSb, InAsBi
압력 센서	압전반도체 재료	Si
	피에조 저항효과형 재료	Si, Ge, GaAs, GaSb

9.3.3 아몰퍼스재료

아몰퍼스재료란 그림 9-4와 같이 통산의 금속과 같은 원자배열에 규칙성을 갖추지 않은 비결정 재료이다. 아몰퍼스재료는 같은 재료일지라도 결정체와는 다른 성질을 나타내고 있어 센서로서 이용할 수 있다. 예를 들면 아몰퍼스 금속은 자왜특성을 나타내기 때문에 가시광, 컬러, 이미지센서로 이용할 수 있다.

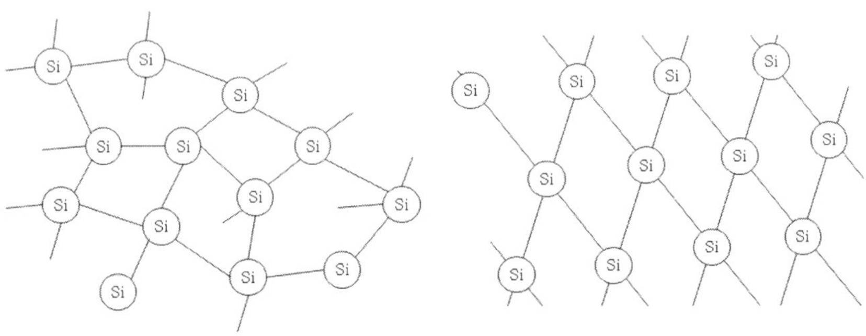

(a) 아몰퍼스 실리콘　　(b) 단결정 실리콘

그림 9-4 실리콘의 원자결합

9.3.4 세라믹재료

세라믹스란 벌크라 불리는 결정입을 소결한 것으로서 공간과 계면이 장착된 구조로 되어 있다. 다공질인 것이기 때문에 치밀성과 다양한 성질을 나타낸다. 세라믹재료를 센서의 기능재료로 이용하는 경우 결정자체의 성질을 이용하거나 입자간 경계 및 입자의 성질을 이용하거나 또는 표면의 성질을 이용하게 되는데 대체로 세라믹 본래의 특성인 내열성, 내식성, 내마모성이 센서의 우수한 기능을 살려주고 있으며 검출 가능한 정보도 전기, 자기, 열, 빛, 가스, 습도, 이온 등 다양하다.

센서의 재료가 센세에 응용된 재료들을 보면 안정화 지르코니아, 티탄산바륨 반도체, 산화주석, CaO－MgO계 고용체 등이 있다.

표 9-8은 센서용 세라믹 재료를 나타내고 있다.

표 9-8 센서용 세라믹 재료

센서	출력	효과		재료	비교
온도센서	저항변화	캐리어 농도의 온도변화	NTC	NiO, FeO, CoO-Al_2O_3, SiC (벌크, 후막, 박막)	온도계, 브로미터
			PTC	반도성 $BaTiO_3$ (소결체)	과열보호센서
		반도체-금속상전리		VO_2, V_2O_3	온도스위치
	자성변화	페리자성-상자성전리		Mn-Zn계 페라이트	온도스위치
위치, 속도 센시	반사파의 파형변화	압전효과		PZT: 지르콘산 티탄산납	어군감지기, 탐상기, 혈류계
광센서	기전력	초전효과		$LiNbO_3$, $LaTaO_3$, PZT, $SrTiO_3$	적외선 검출
	가시광	형광		ZnS(Cu, Al), Y_2O_2S(Eu)	컬러TV 브라운관
				ZnS(Cu, Al)	X선 모니터
		열형광		CaF_2	열형광 선량계

센서	출력	효과	재료	비교
가스센서	저항 변화	가연성 가스접촉 연소 반응열	Pt촉매, 알루미나, Pt선	가연성 가스농도계, 경보기
		산화반도체의 가스흡탈착에 의한 전하이행	SnO_2, ZnO, r－Fe_2O_3, $LaNiO_3$, (La, Sr) CoO_3등	가스 경보기
		산화물 반도체의 화학량논적 변화	TiO_2, CoO－MgO	배기 가스센서
	기전력	고온 고체 전해질 산소 농담 전기	안정화 지르코니아 (ZrO_2－CaO, －MgO, －Y_2O_3, －La_2O_3 등) 토리아(ThO_2, －Y_2O_3)	배기 가스센서 불완전연소 센서 산소분석계
습도센서	저항	흡습 이온전도	LiCl, P_2O_5, ZnO－Li_2O	습도계
		산화물 반도체	TiO_2, $NiFe_2O$, ZnO, $MgCr_2O_4$＋TiO_2 Ni 페라이트, Fe_3O_4 클로미드	습도계
	유전율	흡습에 의한 유전율 변화	Al_2O_3	습도계
이온센서	기전력	고체 전해질막 농담전지	AgX, LaF_3, Ag_2S, 유리박막, CdS, AgI	이온농담센서
	저항	게이트 흡착효과 MOSFET	Si(게이트재 H^+용:Si_3N_4/SiO_2 S_2^-용:Ag_2S, X용:AgX, PbO	이온 민감성 FET (IS FET)

9.3.5 고분자재료

고분자센서는 일반적으로 플라스틱이나 폴리에틸렌이라고 하는 각종 재료의 연신, 분극, 처리 또는 각종 물질의 혼합에 의해서 발생되는 전기전도성, 압전성, 초전성, 가스투과성 등에 의해 만들어진 센서이다. 고분자 센서로는 폴리염화비닐에 이온전도성 캐리어를 혼합한 감온소자(플라스틱 서미스터), 폴리불화비닐리덴(PVF_2)에 의한 압전소자 등이 있다. 또한 나일론11, 나일론12의 투과율의 온도변화, 융점을 이용한 감열소자, 온도퓨즈도 있다.

고분자재료는 유연성이 높고 성형성도 양호하기 때문에 선상이나 박막상으로 만들 수 있어 로봇의 피부감각이나 인간을 이용하는 기기의 맨머신(man machine) 센서로 유효하게 이용될 것이다.

9.3.6 복합재료

고분자재료는 무기재료와 비교하여 유연성, 성형성이 우수하지만 안전성, 재현성 등 신뢰성 면에서 떨어진다. 따라서 분산질 재료와 결합제를 조합함으로써 유기재료와 무기재료의 장점을 겸비한 복합재료가 개발되었다.

센서재료로 응용되고 있는 복합재료의 예로서 압전성 복합재료(초음파센서), 도전성 고분자 복합재료(압력센서), 바이메탈(온도센서) 등이 있다.

참 고 문 헌

1. 李鍾根, 窯業原料學, 半島出版社, 1983.
2. 百式貞幹, 回轉機絶緣, 日本電氣學會誌 Vol. 95, No 5. 1975.
3. 川上正光 外 2人, フェライトとその應用, 電波技術社, 1957.
4. 電子材料工業會編, フェライト應用技術, 誠文堂新光社, 1972.
5. 家田, 新田 著, 電氣絶緣材料の化學, 培風館, 1983.
6. 素目洋一, わかうやすい工業用陶磁器, 技報堂 日本東京, 1975.
7. 柳田博明 外, エレクトロセラミックス セラミックセイエンスミクーズ2 , 技報當, 日本東京, 1984.
8. 吉岡, 耐熱性 高分子材料, ミーエムミー社, 1984.
9. 성영권, 電氣電子材料, 동명사, 1986.
10. 홍종휘, 금속재료, 보성문화사, 1977.
11. 박창엽, 전기재료, 보성문화사, 1983.
12. 광통신시스템이론, LG전선, 1996.
13. 오신무, 광통신, 하이테크정보, 1996.
14. 김석원, 레이저응용, 淸文閣, 2005.
15. 崔世崑, 전기전자재료공학, 보성각, 1997.
16. 전기전자재료이론, 한국산업인력공단, 2000.
17. 김용혁, 재미있는 전기세계, 技多利, 1997.
18. 진경시, 센서의 기초, 태영문화사, 2003.
19. 김한근, 최신센서공학, 기전연구사, 2003.

20. 姜衡富, 電氣·電子材料, 淸文閣, 1995.
21. 超傳導의 基礎와 應用, 大韓電氣協會, 1993.
22. 韓國原子力硏究院 초전도연구실, 자료, 마이스너 효과(사진)
23. 장동욱, 박현준 외, 테마기획 전기철도기술; 철도분야의 고분자애자, 한국철도기술 5, 6월호, 2004.
24. 홍종휘 외, 비철금속재료, 탑출판사, 1981.
25. 윤문수 외, 電氣材料綜合硏究 報告書, 韓國電氣硏究所, 1987.
26. KT서브마린(Ktsubmarine.co.kr), 해저전력케이블 구조도
27. 오철한, 레이저과학, 두양사, 2005.
28. 박창엽, 전자재료, 韓國科學技術硏究所 技術情報室編, 1977.
29. 한병성, 최신전기전자재료, 동일출판사, 2009.
30. 고분자학회 著, 고분자신소재편람, 대광서림, 1998.
31. 류형기, 최신전력공학, 영진출판, (주)한국교육콘텐츠정보, 2008
32. 電氣工學辭典編纂委員會 編, 電氣工學大辭典, 한국사전연구사, 1997.
33. Wikipedia 사전, 초전도체의 비열과 비저항(그림)
34. 김보연, 新세라믹스, 한진, 2007.
35. 吳明, 레이저應用, 淸文閣, 1987.
36. 奉慶市, 電氣·電子材料, 機電硏究社, 1997.
37. 電氣百科事典 第一公社, 昭和 53.
38. 최춘언, 전자재료, 한국과학기술연구소 기술정보실편, 1977.
39. 전기서원 편집부, 最新 ハンドヴック, 전기서원, 1976.
40. 李德出 外 2人, 電氣電子材料 및 部品, 正祐社, 1978.
41. 大原 著, 電氣材料, 東京電機大, 1979.
42. 李憲用, 閔南基, 成萬永, 電氣電子材料, 二友出版社, 1986.
43. 김종훈, 전자공학개론, 도서출판 정림사, 1998

찾 아 보 기

D

E

F

H

M

N

O

P

S

T

W

X

Y

ㄱ

ㄴ

ㅈ

ㅊ

ㅋ

ㅌ

신편 전기전자재료공학

발 행 / 2019년 8월 8일

판권 소유

저 자 / 우성훈, 임헌찬 공저
펴 낸 이 / 정 창 희
펴 낸 곳 / 동일출판사
주 소 / 서울시 강서구 곰달래로31길7 (2층)
전 화 / (02) 2608-8250
팩 스 / (02) 2608-8265
등록번호 / 제109-90-92166호

ISBN 978-89-381-0919-4-93560

값 / 18,000원